JN086636

ざっくりわかる
数学
用語事典
佐々木 淳

ベレ出版

はじめに

数ある数学の書籍のなかから、本書を手に取ってくださりありがとうございます。

本書は、数学で大事になる用語のポイントを「ざっくり」と解説した事典です。主に、次のような方を対象としています。

・数学の用語を調べつつ、ピンポイントでざっくり理解したい方
・実務で中学・高校の数学が必要となり、ざっくりと効率的に学び直したい方
・中学・高校の数学に挫折してしまった方
・中学・高校の数学で問題は解けたけど、意味がよくわからなかった方

近年はデータサイエンスや人工知能（AI）の進化が目覚ましく、特にChatGPTを始めとする生成AIについては顕著です。AIの技術には数学が使われているため、AIの進化とともに数学の重要性がますます高まってきています。

そこで、数学の学び直しの需要も高まっていますが、高等学校までの数学を一から学ぶには多くの時間がかかります。また、高等学校までの数学は、「公式を覚えて問題を解くことが主」になりがちで、例えば、「因数分解はできるけど、その意味や目的がわからない。そもそも因数とは何？」といったようなことが起こります。これでは数学の学習がAIの学習に活かせません。

本書は、そうならないように、そして短時間で理解できるように、必要となる数学の用語を「ざっくり」と解説し、イメージがわくように図を多く取り入れています。

本書は事典ですから、必ずしも1ページ目から読む必要はありません。必要なページからめくっていってください。そして「ざっくり」と理解し

たら、ぜひ実務で数学を活用してください。

本書を執筆するにあたり、ベレ出版の永瀬氏には大変お世話になりました。永瀬氏の尽力なしに本書が生まれることはありませんでした。この場を借りて厚く御礼を申し上げます。

佐々木 淳

もくじ contents

第9章 統計にまつわる数学用語

第10章 微分積分にまつわる数学用語

第11章　ベクトルにまつわる数学用語

第12章　図形にまつわる数学用語

第 1 章

大学入試でも使う算数用語

約数・公約数・最大公約数(gcd)

それぞれの違いと目的を知ろう

約数とは、ある整数(N)を割り切る整数のことをいいます。

例えば、10は2で割ると「10 ÷ 2 = 5」と割り切れるので、2は10の約数です。しかし、10は3で割ると「10 ÷ 3 = 3余り1」と割り切れないので、3は10の約数ではありません。

約数は、正の数(自然数)だけではなく負の数もありますが、正の数(自然数)に限定することが多いです。

例えば、4の約数は4を割り切る整数なので、本来、1、2、4、−1、−2、−4の6つありますが、通常は正の数1、2、4だけにします。そのため本書も、約数は正の数(自然数)で考えていきます。

それでは、12と18の約数とその個数を求めてみましょう。

12の約数は、1、2、3、4、6、12の6つです。

18の約数は、1、2、3、6、9、18の6つです。

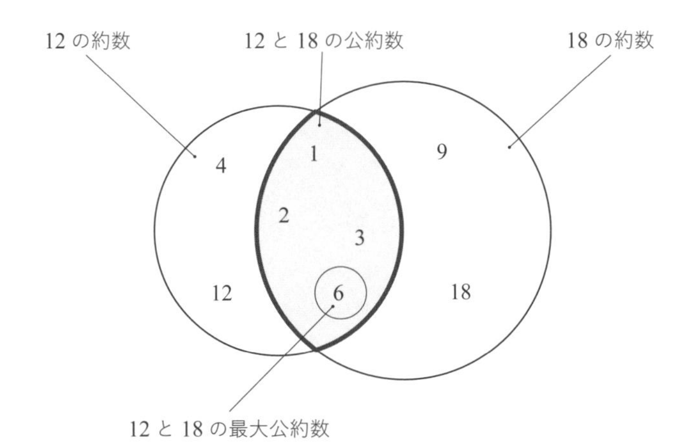

12と18の約数に注目すると、1、2、3、6が共通しています。このように、2つ以上の自然数に共通している約数を**公約数**といい、公約数のなかで最大のもの（12と18の場合は6）を**最大公約数**（gcd：greatest common divisor）といいます。

aとbの最大公約数を、gcd(a, b)と表します。12と18の最大公約数6を記号で表すと gcd(12, 18) = 6 です。

最大公約数は次のような「すだれ算」を用いることで簡単に求めることができます。36と54の最大公約数を求めてみましょう。

まず、2つの数字を横に並べます　　36　54

▼

36と54のどちらも割ることができる最小の数字2と「)」を左に書きます。

2) 36　54

▼

実際に割ります。

2) 36　54
　 18　27

▼

割れなくなるまで何回も割ります。共通に割れる数がなくなったら、今まで割ってきた数をかけることで最大公約数を求めることができます。

2) 36　54
3) 18　27
3) 6　 9
　 2　 3

よって、36と54の最大公約数は　$2 \times 3 \times 3 = 18$

記号で表すと、gcd(36,54) = 18です。

なお、2つ以上の整数に共通する倍数を**公倍数**といい、公倍数のなかで最小の自然数を**最小公倍数**といいます。最小公倍数は、先ほどのすだれ算で求めた数をL字型にかけ算することで求めることができます。36と54の最小公倍数は、2と3と3と2と3をかけ算して108となります。

素数

1が素数ではないのはなぜ?

私たちは自然数を偶数と奇数に分けて考えることがありますが、自然数を分ける方法の一つとして**素数**(prime number)があります。

素数は、1より大きい自然数で、自分自身と1だけで割り切れる数です。正の約数が2つだけである自然数と言い換えることもできます。

例えば、3は正の約数が1と3の2つ、5は正の約数が1と5の2つなので、いずれも素数です。

それに対し、正の約数が3つ以上あるものを**合成数**といいます。例えば、

4は約数が1と2と4	⇒	約数の個数3	⇒	合成数
6は約数が1と2と3と6	⇒	約数の個数4	⇒	合成数
16は約数が1, 2, 4, 8, 16	⇒	約数の個数5	⇒	合成数

合成数は素数の積で表せます。上記の例を素数の積で表すと、

$$4 = 2^2、\quad 6 = 2 \times 3、\quad 16 = 2^4$$

となります。合成数の元となっている素数のことを、特別に**素因数**と呼びます。**素因数分解**は、かけ算の順序を気にしなければ、1通りで表すことができます。この事実を「**素因数分解の一意性**」と呼びます。数学では、1通りに表せることはとても大切です。

素数は「1より大きい自然数」という条件が含まれていて、1は含まれないのですが、その理由は、素因数分解を1通りで表すためです。1が素数に含まれると、素因数分解が無限に存在してしまいます。

先ほど、$6 = 2 \times 3$と素因数分解されましたが、もし、1が素数だった場合は、

$$6 = 1 \times 2 \times 3 = 1 \times 1 \times 2 \times 3 = 1 \times 1 \times 1 \times 2 \times 3 = \cdots$$

と、表し方が無限に存在することになります。このような例外的な状況を除くために、1を素数に含めていないのです。なお、2以外の素数は必ず奇数となるので、**奇素数**と呼ばれています。

素数は無限にありますが、その証明はユークリッドが、紀元前300年頃に行なっていますので紹介します。証明は難しい部分があるので、飛ばしても構いません。

無限にあることを証明するのは困難なので、素数は有限個しかないと仮定して、矛盾を導いていきます。

最後の素数(一番大きい素数)をpと仮定します。

最初の素数2から最後の素数pまでをすべてかけると、

$2 \times 3 \times 5 \times 7 \times 11 \times \cdots\cdots \times p$となります。この数に1を加えると、

$$2 \times 3 \times 5 \times 7 \times 11 \times \cdots\cdots \times p + 1$$

この数字は、p以下のどんな素数で割っても1余るので、割り切れません。

例：$2 \times 3 + 1 = 7$　　3よりも大きい素数

$2 \times 3 \times 5 + 1 = 31$　　5よりも大きい素数

$2 \times 3 \times 5 \times 7 + 1 = 211$　　7よりも大きい素数

$2 \times 3 \times 5 \times 7 \times 11 + 1 = 2311$　　11よりも大きい素数

つまりこの数は、pより大きい素数で割り切れるか、この数が素数か、どちらかになります。そのため、pが最後の素数(一番大きい素数)であるという仮定と矛盾します。したがって、最後の素数はないため、無限に存在する、となるのです。なお、この証明のように、「命題が正しくないと仮定して、矛盾を導き、命題は正しい」という流れで証明を行う方法を**背理法**(はいりほう)といいます。

先ほど、2以外の素数は奇素数と説明しました。奇素数を小さい順に並べると、

3, 5, 7, 11, 13, 17, 19, 23, 29, 31……

と続きますが、3と5、5と7、11と13、17と19、29と31のように、隣り合う奇数となっている部分がいくつか見られます。この隣り合う奇素数、つまり、差が2の素数のペア（pと$p+2$）を**双子素数**（twin prime）といいます。

双子素数には面白い性質があります。3と5の双子素数のペアを除く双子素数に着目してみると、5と7、11と13、17と19、29と31……のように、6の倍数に±1した（$6n-1$）と（$6n+1$）（nは特定の自然数）のペアとなっています。

先ほど、素数が無限にあることを示しましたが、では、双子素数のペアは無限にあるのか？ それとも有限なのでしょうか？ これについては、まだ完全な解決はされていませんが、双子素数のペアは無限であろうと考えられていて、これを**双子素数予想**と言います。

なお、双子素数には派生形があり、差が4の奇素数のペア（pと$p+4$）を**いとこ素数**（cousin primes）、差が6の奇素数のペア（pと$p+6$）を**セクシー素数**（sexy primes）といいます。

いとこ素数の例：
3と7、7と11、13と17、19と23、37と41、43と47……など

セクシー素数の例：
5と11、7と13、11と17、13と19、17と23、23と29……など

双子素数があるならば、**三つ子素数**も考えられそうです。そこで、連続する3つの奇素数のペア（pと$p+2$と$p+4$）を三つ子素数と定義しそうで

すが、三つ子素数のペアは(pと$p+2$と$p+4$)ではありません。

なぜなら、(pと$p+2$と$p+4$)の1つは、必ず3の倍数になるからです。そのため、3の倍数で素数となるのは、$p=3$のときだけ3つのペアが3、5、7と素数になりますが、$p=5$のときは5、7、9、$p=7$のときだけ7、9、11と、3以外の3の倍数が現れ、素数のペアではなくなります。このような事情から、三つ子素数は、3個の素数のペアで、

(pと$p+2$と$p+6$)または(pと$p+4$と$p+6$)のタイプのもの

という、少々特殊な定義となっています。

(pと$p+2$と$p+6$)のタイプの三つ子素数：
5と7と11、11と13と17、17と19と23……など

(pと$p+4$と$p+6$)のタイプの三つ子素数：
7と11と13、13と17と19、37と41と43……など

エラトステネスのふるい

昔から伝わる素数の求め方

前節で、素数が無限にあることを紹介しました。ここでは、素数の求め方について考えていきます。

残念ながら、まだ素数を求める公式は見つかっていません。しかし、素数を求めるための方法は考えられていて、古典的で有名な方法が、「**エラトステネスのふるい**」です。エラトステネスのふるいは、指定された整数以下のすべての素数を求めるためのアルゴリズムで、古代ギリシャのエラトステネスが考案した方法です。選択肢のある問題を消去法で求めるように、合成数をどんどんふるい落として素数を求めていきます。

1から60の間の素数を求めてみましょう。

	2	3	4	5	6	7	8	9	10	11	12
13	14	15	16	17	18	19	20	21	22	23	24
25	26	27	28	29	30	31	32	33	34	35	36
37	38	39	40	41	42	43	44	45	46	47	48
49	50	51	52	53	54	55	56	57	58	59	60

まず、素数の2に○を付け、2の倍数をふるい落とします。

	②	3	4	5	6	7	8	9	10	11	12
13	14	15	16	17	18	19	20	21	22	23	24
25	26	27	28	29	30	31	32	33	34	35	36
37	38	39	40	41	42	43	44	45	46	47	48
49	50	51	52	53	54	55	56	57	58	59	60

次に、素数の3に○を付け、3の倍数をふるい落とします(該当するのは、9、15、21、27、33、39、45、51、57)。

	②	③		5		7		9		11	
13		15		17		19		21		23	
25		27		29		31		33		35	
37		39		41		43		45		47	
49		51		53		55		57		59	

4は合成数なので飛ばし、素数の5に○を付け、5の倍数をふるい落とします(該当するのは、25、35、55)。

	②	③		⑤		7				11	
13				17		19				23	
25				29		31				35	
37				41		43				47	
49				53		55				59	

6は合成数なので飛ばし、素数の7に○を付け、7の倍数をふるい落とします(該当するのは49)。

	②	③		⑤		⑦				11	
13				17		19				23	
				29		31					
37				41		43				47	
49				53						59	

以下同様に繰り返し、残った数に着目すると……

2, 3, 5, 7, 11, 13, 17, 19, 23, 29, 31, 37, 41, 43, 47, 53, 59

と素数が求まります。

04 互いに素・既約分数

最大公約数が鍵

「**互いに素**」とは、共通部分がないことをいいます。数学では、整数関係と集合の問題で使われます。集合における「互いに素」は、後の章で詳しく紹介します。

整数関係の問題では、2つの整数aとbを共に割り切る整数が1しかないことで、最大公約数が1(共通の約数が1だけ)の場合と考えることもできます。式で表すと、$\gcd(a, b) = 1$ の場合です。

例えば、14と15を共に割り切る整数は1だけなので、14と15は互いに素です。

$14 = 2 \times 7$、$15 = 3 \times 5$ から、$\gcd(14, 15) = 1$ より、14と15は互いに素

12と15は、共に割り切る整数として3があるので、互いに素ではありません。

$12 = 3 \times 4$、$15 = 3 \times 5$ から、$\gcd(12, 15) = 3 \neq 1$ より、
12と15は互いに素ではありません。

もちろん、すだれ算を用いて $\gcd(12, 15) = 3$ を求めることもできます。

$$\begin{array}{r|rr} 3 & 12 & 15 \\ \hline & 4 & 5 \end{array}$$

分数において、約分ができない分数を**既約分数**(きやくぶんすう)といいます。既約分数 $\frac{a}{b}$ は、分子の a と分母の b の最大公約数が1のとき、つまり、a と b が互いに素 $\gcd(a, b) = 1$ のときと言い換えることもできます。

既約分数に対して、約分できる分数を**可約分数**といいます。

$\frac{14}{15}$ は、14と15が互いに素 $\gcd(14, 15) = 1$ なので、既約分数です。

$\frac{12}{15}$ は、12と15が互いに素ではない $\gcd(12, 15) = 3$ なので、可約分数

で、最大公約数である3で約分できます。

$$\frac{12}{15}=\frac{12\div 3}{15\div 3}=\frac{4}{5}$$

「互いに素」という言葉を初めて耳にするのは、高校数学の無理数の証明でしょうか。ここで、数にまつわる用語を確認していきましょう。

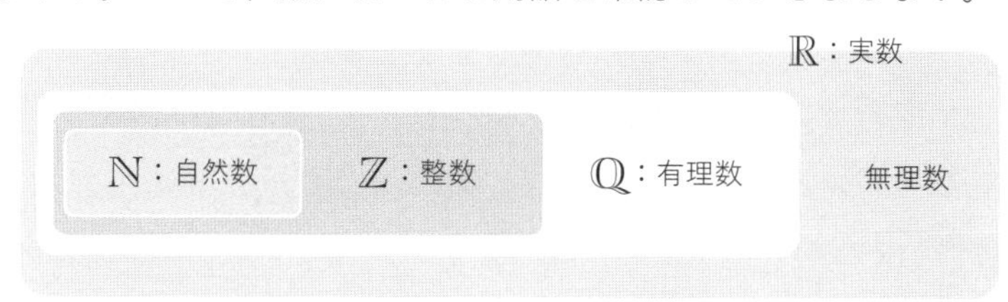

自然数(Natural number)は、1、2、3……と個数や順番を数える数です。0を含める流儀もありますが、本書では1から始める流儀に従います。自然数は無限にあるので、自然数全体を表す集合はℕやNを用います(記号の由来はNatural numberの頭文字のNです)。

整数(integer)は、……－3、－2、－1、0、1、2……と自然数に0を加え、マイナスしたものを含めた数です。整数全体を表す集合はℤやZを用います。記号の由来はドイツ語の整数Ganze Zahlとされています。

有理数(Rational number)は、整数の比(分数)で表すことができる実数です。有理数全体を表す集合はℚやQを用います。記号の由来は、イタリアの数学者ペアノが、商を表すイタリア語Quozientreの頭文字をとって有理数を表記したことからとされています。

実数(Real number)は、$\sqrt{2}$ やπなど、整数の比(分数)で表すことができない数を含んだ数です。実数全体を表す集合はℝやRを用います。

実数のなかから、有理数を除いた数(分数で表すことができない数)を**無理数**(Irrational number)といいます。

なお、上記で記載したℕ、ℤ、ℚ、ℝを黒板太字といいます。本来は、**N**、**Z**、**Q**、**R**のように太字を用いますが、黒板に先生がチョークなどで書くときに、太字をなぞるのは大変なので、文字の一部の線を2本にすることで、太字を表しているのです。

完全数

シンプルなのに未解決問題

私たちは日常でさまざまな数を扱いますが、そのなかに完全数と呼ばれる数があります。**完全数**(perfect number)は、その数自身を除いた正の約数の和に等しい正の整数のことを指します。具体的で見ていきましょう。一番小さい完全数は6です。6の正の約数は、1、2、3、6ですが、6を除いた正の約数の和は1 + 2 + 3 = 6となります。

6の正の約数　1,　2,　3,　6 → 完全数
　　この和　(1 + 2 + 3)　　一致

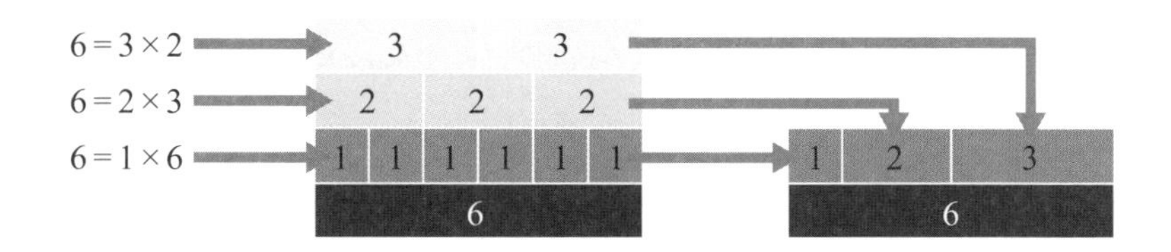

完全数は、自分自身を加えると2倍になるので、「整数Nの正の約数の和が$2N$になる数」と言い換えることもできます。

完全数はほかに、28, 496, 8128, 33550336, 8589869056……と続きます。28が完全数であることを確かめると、次の通りです。

28の正の約数　1,　2,　4,　7,　14,　28 → 完全数
　　この和　(1 + 2 + 4 + 7 + 14)　　一致

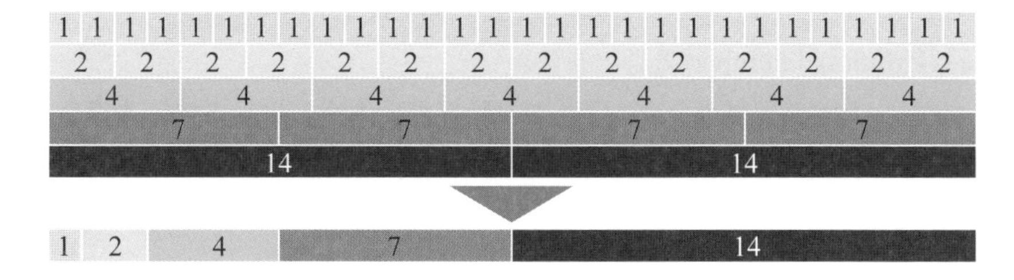

完全数は、「万物の根源は数である」と提唱したピタゴラスが命名したとされています。古代ギリシャ時代には、4つの完全数6, 28, 496, 8128まで知られていました。

ここまでの完全数を見ると、すべて偶数となっています。奇数の完全数があるのか、それともないのか、まだわかっていません。そして完全数は無限にあるのか、それとも有限なのかもわかっていません。

完全数の定義はシンプルですが、このようにシンプルなものにも未解決な問題が多く残っているのです。

現在までに見つかった完全数はすべて偶数ですが、偶数の完全数は「$2^{n-1}(2^n-1)$」の形で書けることが証明されていて、**ユークリッド・オイラーの定理**と呼ばれています。

偶数の完全数なら「$2^{n-1}(2^n-1)$」の形になりますが、「$2^{n-1}(2^n-1)$」であれば完全数であるわけではありません。条件があります。

その条件に関係するのは「$2^{n-1}(2^n-1)$」にある(2^n-1)で、**メルセンヌ数**と呼ばれています。メルセンヌ数(2^n-1)が素数になるときを、特別に**メルセンヌ素数**といい、(2^n-1)がメルセンヌ素数のときに、$2^{n-1}(2^n-1)$が完全数になります。具体的に見てみると次の通りで、メルセンヌ素数と完全数が対応していることがわかります。

n	2^n-1	メルセンヌ素数	$2^{n-1}(2^n-1)$	完全数
1	1	×	$2^{1-1}(2^1-1)=1\times1=1$	×
2	3	○	$2^{2-1}(2^2-1)=2\times3=6$	○
3	7	○	$2^{3-1}(2^3-1)=4\times7=28$	○
4	$15=3\times5$	×	$2^{4-1}(2^4-1)=8\times15=120$	×
5	31	○	$2^{5-1}(2^5-1)=16\times31=496$	○
6	$63=3^2\times7$	×	$2^{6-1}(2^6-1)=32\times63=2016$	×
7	127	○	$2^{7-1}(2^7-1)=64\times127=8128$	○
…	…	…	…	…
13	8191	○	$2^{13-1}(2^{13}-1)=33550336$	○
…	…	…	…	…

部分分数分解

「通分の計算」の反対を探る

$6 \div 3$は整数で割り切れるので2という答え(商)を求めることができますが、$5 \div 3$は割り切れません。割り切れない数を表す方法として、$\frac{5}{3}$のような分数があります。$\frac{5}{3}$は、分子のほうが分母より大きいので**仮分数**となります。分子より分母のほうが大きい分数は**真分数**といいます。

ここで、冒頭の$6 \div 3$を無理やり分数にすると、

$$6 \div 3 = \frac{6}{3}$$

となりますが、この$\frac{6}{3}$と2は同じ値です。$\frac{6}{3}$が$\frac{6 \div 3}{3 \div 3} = \frac{2}{1} = 2$にできるように、分数は分母と分子に同じ数をかけたり、割ったりすることができます。特に分母と分子を同じ数で割ることを**約分**といいます。

分数は、分母が違う数を下の式のように足し算・引き算することはできません。

$$\frac{2}{3} + \frac{5}{7} = \cancel{\frac{7}{10}}$$

では、なぜダメなのでしょうか？ もちろん次の式のように「具体的に小数にできる数を使って」、おかしいことを確認することもできます。

$$\frac{1}{2} + \frac{1}{2} = \frac{2}{4} = \frac{1}{2}$$

$\frac{1}{2}$は0.5ですから、$0.5 + 0.5 = 1$とならなくてはなりませんが、この式は$0.5 + 0.5 = 0.5$となっていますからおかしいですね。しかし、まだ納得できない人もいるでしょう。そこで、少し違う観点から見ていましょう。

ここで一つ質問があります。

$2_{(cm)}$と$5_{(m)}$を足し算するとどうなりますか？

$2_{(cm)} + 5_{(m)} = 7_{(cm+m)}$とはしませんね。cmとmで単位が違うので、まず単位をそろえるはずです。$5_{(m)} = 500_{(cm)}$なので、この問いの場合は、

$$2_{(cm)} + 5_{(m)} = 2_{(cm)} + 500_{(cm)} = 502_{(cm)}$$

とします。分数の足し算・引き算もこれと同じ発想をします。ここで、分数の計算をする前に、分数の意味付けをしてみましょう。

$\frac{2}{3}$は、$\frac{1}{3}$が2つあるので、$\frac{2}{3}=2\times\frac{1}{3}$と考えることができます。同様に、$\frac{5}{7}$は、$\frac{1}{7}$が5つあるので、$\frac{5}{7}=5\times\frac{1}{7}$と考えます。つまり、

$$\frac{2}{3}+\frac{5}{7}=2\times\frac{1}{3}+5\times\frac{1}{7}$$

とすることができます。$\frac{1}{3}$と$\frac{1}{7}$は、先ほどの2(cm)と5(m)を足し算する問題における、単位が違う状態です。先ほどの問題で単位を合わせたように、この計算問題では、分母を合わせなくてはいけないのです。そして、2つ以上の分数の分母を共通にすることが**通分**でした。通分には最小公倍数を利用します。$\frac{1}{3}$の分母3と$\frac{1}{7}$の分母7の最小公倍数は$3\times7=21$なので、

$$\frac{2}{3}+\frac{5}{7}=\frac{2\times7}{3\times7}+\frac{5\times3}{7\times3}=\frac{14}{21}+\frac{15}{21}=\frac{29}{21}$$

と計算できます。計算できる理由は、下の式のように変形して、

$$\frac{2}{3}+\frac{5}{7}=\frac{14}{21}+\frac{15}{21}=14\times\frac{1}{21}+15\times\frac{1}{21}$$

「$\frac{1}{3}$が2個」と「$\frac{1}{7}$が5個」の計算を「$\frac{1}{21}$が14個」と「$\frac{1}{21}$が15個」と、分母をそろえた(単位を合わせた)からです。

なお数学には、一方向の計算方法に名前があれば、その逆方向の計算方法にも名前があります。通分による計算の逆方向の計算を、**部分分数分解**といいます。つまり、通分でまとめた分母を、元の式に戻すことです。

高校以降で、後に紹介するΣの計算や微分積分を学習しますが、それらの計算で活用します。

通分

$$\frac{2}{3}+\frac{5}{7}=\frac{14}{21}+\frac{15}{21}=\frac{29}{21}$$

部分分数分解

円周率

言葉は知っているのに、意外と答えられない定義

円周率は小学校で約3.14と学びますが、定義を問われると、すぐに回答できない方も多いのではないでしょうか？ 円周率は、

円周率＝(円周の長さ)÷(直径)

ですが、この円周率にまつわる大学受験のエピソードを紹介します。それは、2003年の東京大学の入試問題で、

「円周率が3.05より大きいことを証明せよ」

というものです。当時の受験生はきっと驚いたと思います(解答は次のコラムで行ないます)。この問題は「円周率の定義は何か？」を間接的に聞いているのです。

円周率の定義をきちんと教えてもらった人もいるかもしれませんが、多くの人の記憶に残っているのは、「3.14」という数やπという記号だと思います。そのため「円周率の定義は何ですか？」と問われたときに「3.14じゃないの？」と思った受験生もいたのではないでしょうか。

この「3.14」という数字は「円周率の定義にもとづいて計算した結果」であって、「円周率の定義は何か？」という問いには答えていないのです。しかし、普段は円周率といえば「3.14」としか思っていないので、問われたら驚くわけです。

先ほど円周率の定義を述べましたが、この定義を覚えていなかった場合、どのようにして導いていくのでしょう。まず円周率という言葉から、探ってみましょう。「率」という言葉があるので、何かを割り算した値と予想できます。そして「円周」率ですから、「円周」を利用するのではないかと？ と考えます。次に円周率が入った公式を思い浮かべてみます。例えば「円周の長さ」があります。

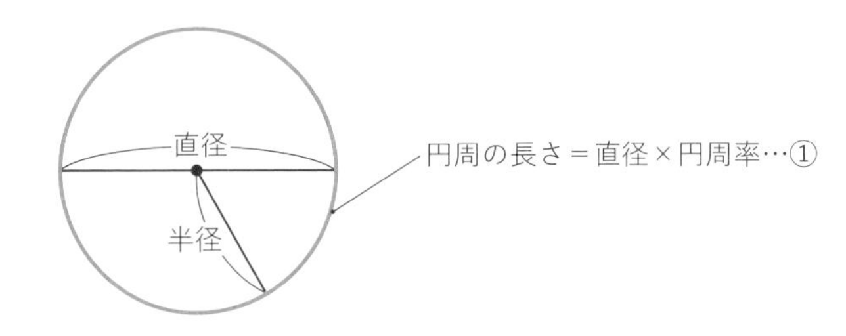

学校では円周率をπ、半径をr（直径は半径の2倍なので$2r$）として、円周の長さ＝ $2\pi r$と「公式」で習った方も多いと思います。

①の円周の長さの公式において、両辺を直径（$2r$）で割り算すると、

（円周の長さ）÷（直径）＝（直径）×円周率÷（直径）

下線部分の（直径）÷（直径）は1となるので、

（円周の長さ）÷（直径）＝1×円周率

左辺と右辺を入れ替えて、

円周率＝（円周の長さ）÷（直径）

と導くことができます。ここから、学校で「円周の長さの公式」と習ったものは、じつは円周率の定義を式変形したものだったことがわかります。数学の公式はよく覚えているのに、定義はあまり覚えていない人がけっこう多いものです。しかし、学校で私たちは公式の使い方をみっちり学習していますから、これを使わない手はありません。

本来の使い方ではありませんが、公式から定義を逆算できるものもあるのです。

コラム

東京大学の入試で出た円周率の問題

先ほど紹介した「円周率が3.05より大きいことを証明せよ」という問題を解いていきましょう。

円周率の定義がわかっていても、この問題をどのように考え、どのように解けばよいのか見当がつかない人もいると思います。この問題は「円」周率の問題ですから、幾何学(図形)が関係します。幾何学(図形)の問題は、センスが必要な場合が多々あり難しいですね。そこで「幾何学の王道」である「座標」を使いましょう。

かつてユークリッドは「幾何学に王道なし」と言いましたが、デカルトは「座標を用いること」で、幾何学にも王道があることを教えてくれました。

この問題はピタゴラスの定理を使うので、定理を確認しましょう。

ピタゴラスの定理

直角三角形があり斜辺の長さがc、その他の2辺の長さがa、bのとき、

$$a^2 + b^2 = c^2$$

が成り立つ。

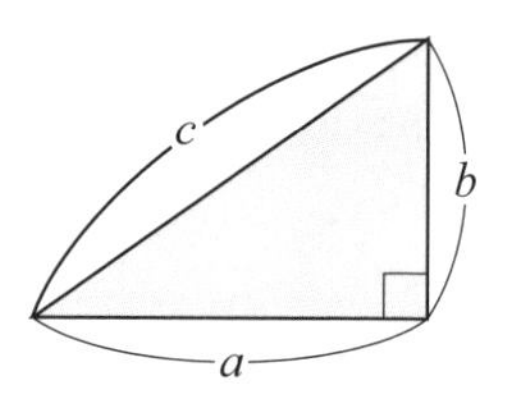

辺の長さが3、4、5である直角三角形が有名です。

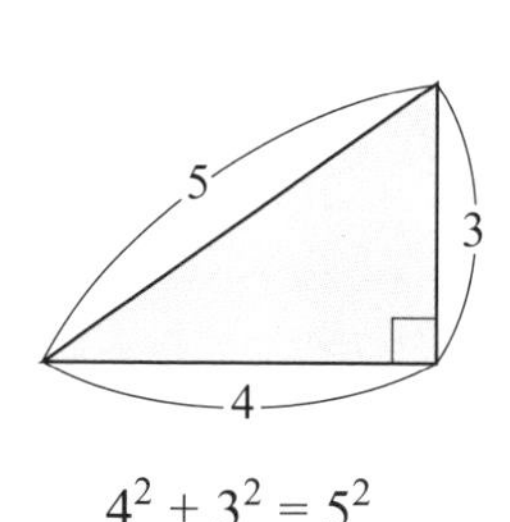

$$4^2 + 3^2 = 5^2$$

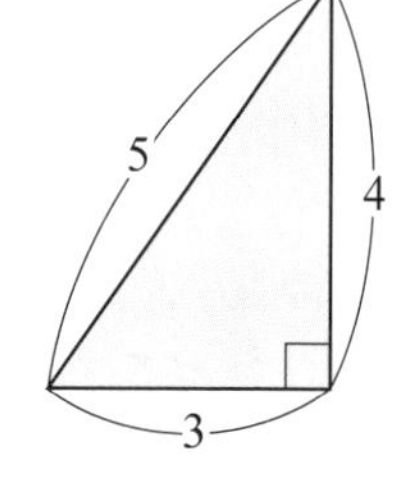

$$3^2 + 4^2 = 5^2$$

円周率πの長さに関する問題なので、座標平面上に、中心が原点の円を描きます。計算を簡単にするため、直径を10(半径を5)とします。円は対称な図形なので、全体の1/4の部分を考え、この円を通る点を設定します。半径が5なので、2つの点A(5, 0)とD(0, 5)を通ります。他にB(4, 3), C(3, 4)も円を通ります。点BとCが円を通るのは、先ほど紹介した「辺の長さが3・4・5」の直角三角形を利用します。この三角形の斜辺の長さは5であり、この円の半径5と同じなので、BとCは円上の点となります。

直角三角形の斜辺(5)と円に半径(5)が同じ

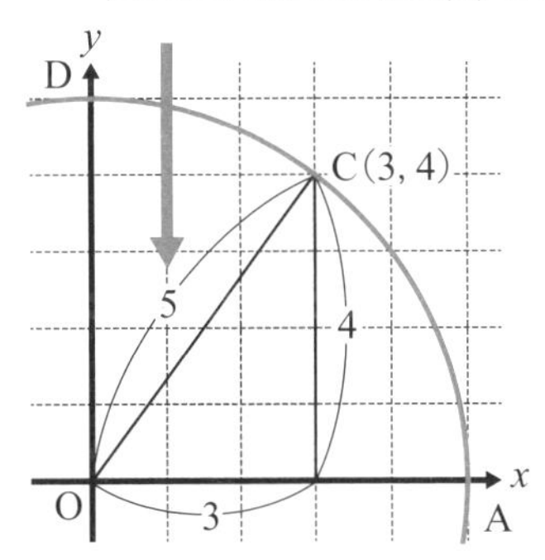

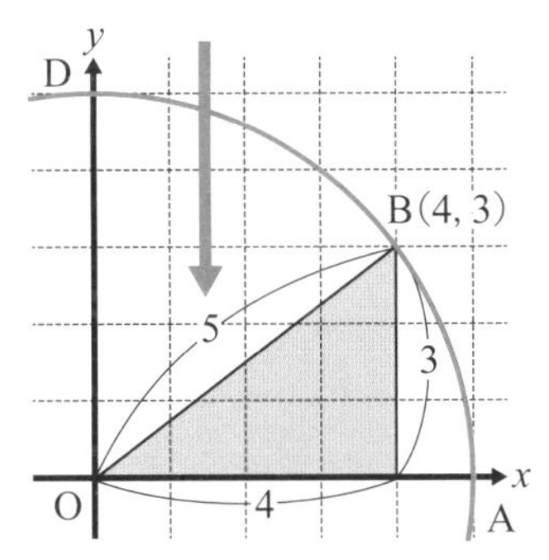

円周上のA、B、C、Dを結びます。

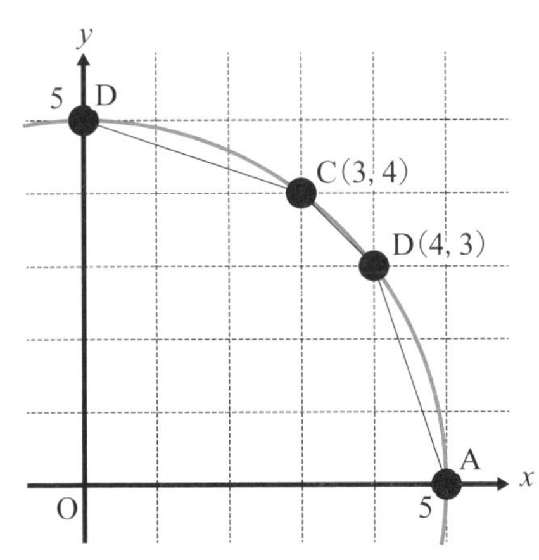

円弧ADの長さは、線分AB、BC、CDの合計よりも大きいことがわかります。円弧ADの長さは（直径）×（円周率：π）を1/4倍して

$$10 \times \pi \times \frac{1}{4} = \frac{5}{2}\pi$$

です。次に線分AB、BC、CDの長さをピタゴラスの定理で求めます。

$$AB = \sqrt{1^2 + 3^2} = \sqrt{10}$$

$$BC = \sqrt{1^2 + 1^2} = \sqrt{2}$$

$$CD = \sqrt{1^2 + 3^2} = \sqrt{10}$$

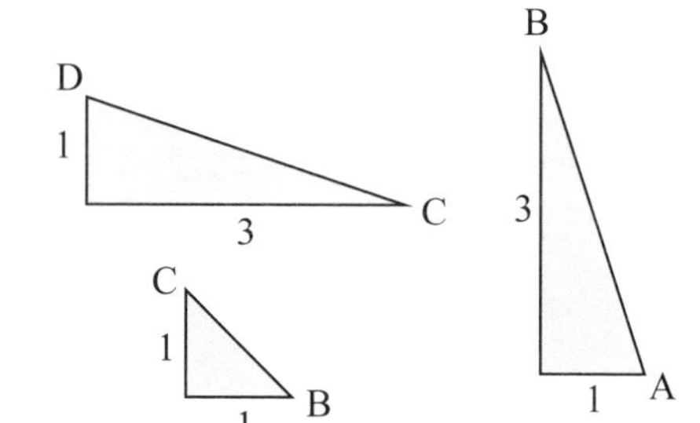

「円弧ADの長さ」は「線分AB、BC、CD」の長さを合計したものよりも長いので、

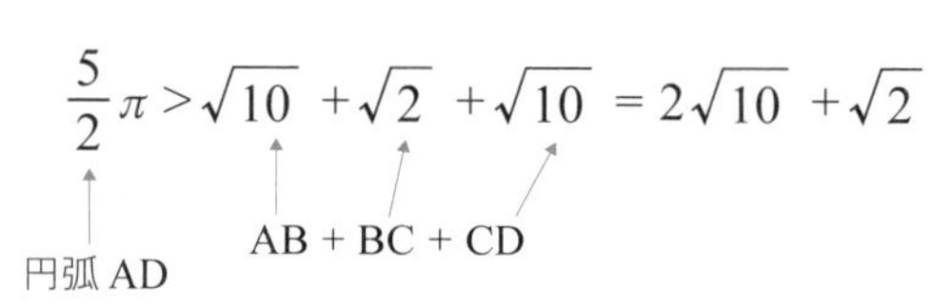

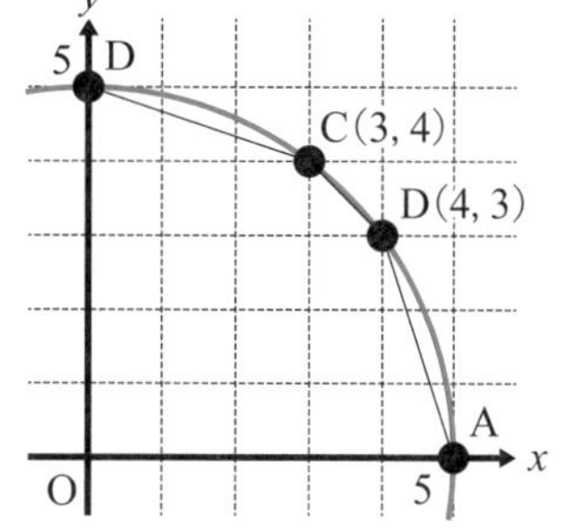

$\sqrt{2}$は、2乗して2となる正の数で、1.41421356を「ひとよひとよにひとみごろ」と覚えた方もいるかもしれません。

$$\sqrt{2} = 1.41421356\cdots\cdots$$

下線部分を切り捨てると、$\sqrt{2}$ は1.41より大きくなります。

$\sqrt{10}$ は、2乗して10となる正の数で、3.16228を「みいろにならぶや」という覚え方があります。

$$\sqrt{10} = 3.16228\cdots\cdots$$

下線部分を切り捨てると、$\sqrt{10}$ は3.16より大きくなります。

$$\frac{5}{2}\pi > 2\sqrt{10} + \sqrt{2} > 2 \times 3.16 + 1.41 = 7.73$$

両辺を2/5(= 0.4)倍すると、

$$\pi > 3.092$$

したがってπは3.092より大きい値なので、問題文にある3.05より大きいことがわかりました。

度数法、弧度法とラジアン

角度を長さで測る理由

30°や45°のように、私たちが普段使う度(°)を用いて角度を測る表し方を、**度数法**もしくは**60分法**といいます。

度数法は慣れ親しんでいるためわかりやすいのですが、あまり応用できないという弱点があります。度数法の弱点を補うものが弧度法です。

弧度法は、角度を円の弧の長さで測る方法です。半径1の円において、「半径と等しい長さ1の弧に対する中心角の大きさ」を**1ラジアン**[rad]または**1弧度**と定義します。そのため、弧の長さθに対応する中心角の大きさはθ[rad]です。度数法の°は省略されませんが、弧度法の[rad]は省略することが多いです。ラジアンは、半径を意味するラテン語radiusが由来で、イギリスの工学者トムソンによって導入されました。

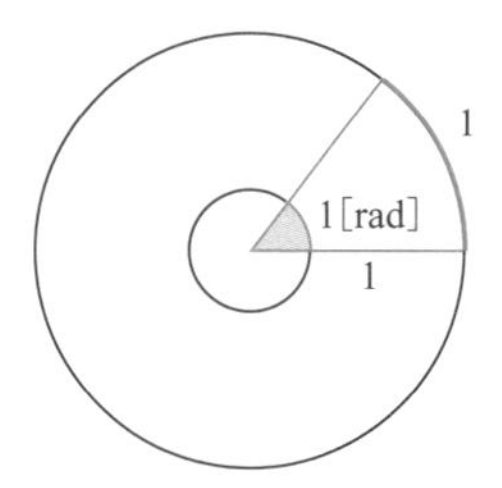

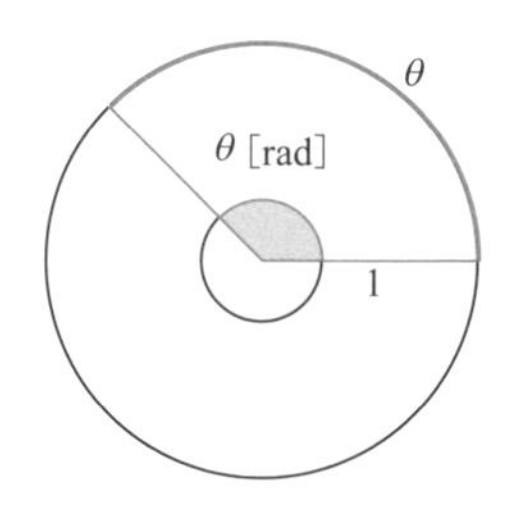

それでは、度と弧の長さの関係を見てみましょう。

左下図のように、半径1の円の半径を1周させると360°となります。

右下図のように、半径1の円の円周の長さを求めると、$2\pi r$のrに1を代入して、$2\pi \times 1 = 2\pi$となります。

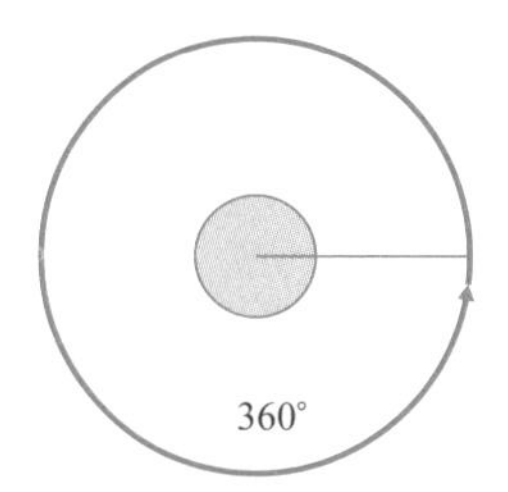

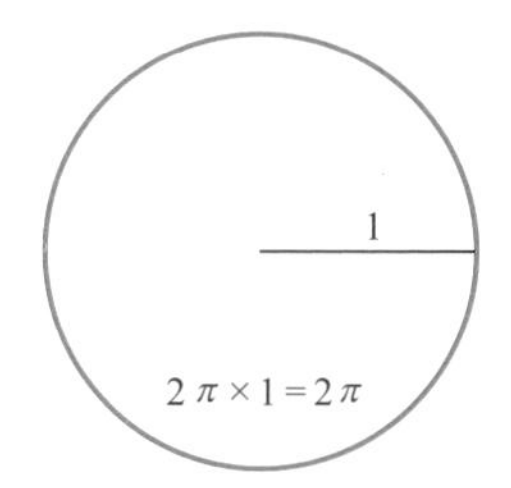

360°と2πは同じ部分を指しているので、次の式が成立します。

$$360^\circ = 2\pi$$

この両辺を2で割って、

$$180^\circ = \pi \cdots\cdots ★$$

となります。この★の式が、度数と弧度の関係式となります。

弧度を度数にする場合は、★を直接使います。

$$\frac{\pi}{3} = \frac{180^\circ}{3} = 60^\circ、\quad \frac{3\pi}{4} = \frac{3 \times 180^\circ}{4} = 3 \times 45^\circ = 135^\circ$$

度数を弧度にする場合は、★の両辺をかけ算(もしくは割り算)します。例えば、45°を弧度にする場合は、★の両辺を1/4倍します。

$$45^\circ = \frac{\pi}{4}$$

なお、私の教え子で、円周率の3.14……と180°が同じなんて納得できないと言った学生がいました。この疑問はとても鋭く、これは弧度法の単位が省略されているため起こるものです。例えば「12 = 1」と書いてあれば、おかしな式だと思う人は多いと思います。そこで、この違和感のある式に、単位を補足すると納得できるでしょう。

12[本] = 1[ダース]

弧度法も本来は、π[rad] = 180°と、単位が省略されていることを、頭の片隅に置いておいてください。

度数法はわかりやすいのですが、角の大きさを「長さ」として使う三角関数などで応用する際は、やや面倒になります。特に、三角関数を微分や積分する際に、計算が面倒になります。そこで活用するのが弧度法です。

名称が難しい回転体

円錐台、中空円柱、円環(トーラス)、一様双曲面

長方形を下図のように軸に合わせて回転させたものを円柱といいました。おなじみの形です。

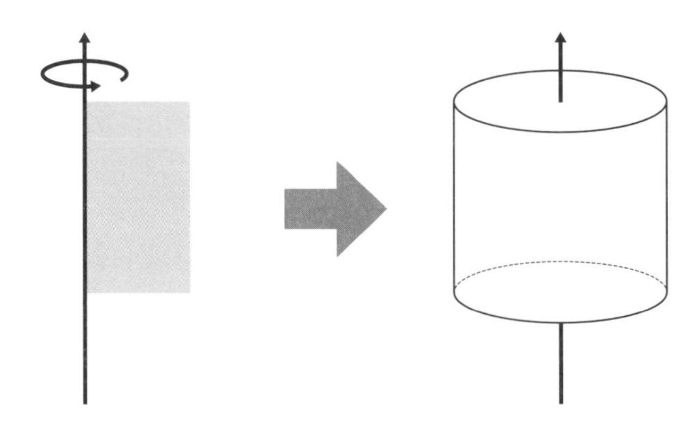

長方形を軸から少し離して回転させると、トイレットペーパーやバームクーヘンのような形になります。この形を**中空円柱**といいます。

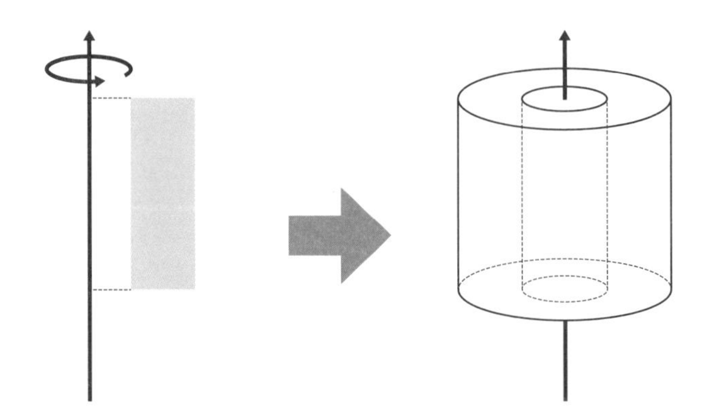

直角三角形を下図のように軸に合わせて回転させたものを円錐（えんすい）といいました。

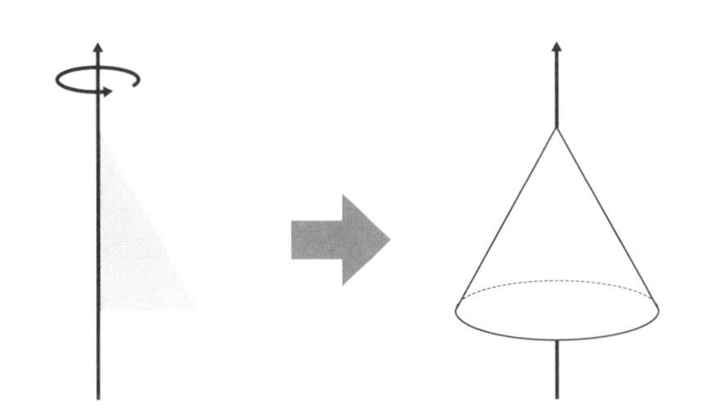

なお、錐を「すい」と読むのは音読みですが、訓読みは「きり」です。円錐も錐（きり）も、先が尖っている点で共通しています。

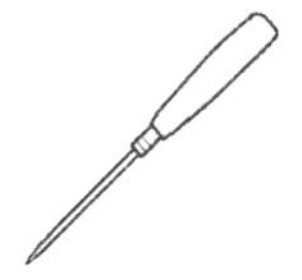

台形を下図のように軸に合わせて回転させた、紙コップやプリンのような形をした図形は**円錐台**（えんすいだい）といいます。円錐と台形が組み合わさった、覚えやすい名称ですね。

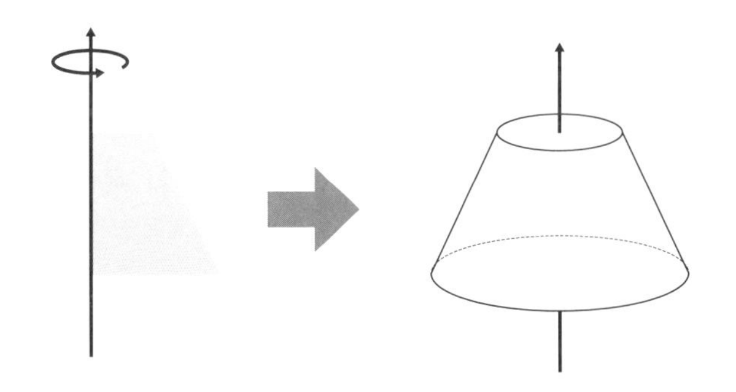

ところで、円錐台である紙コップをよくよく眺めてみると、気になる点が3つほどあります。紙コップは、なぜよく知っている円柱ではなく円錐台なのでしょう。また、上辺のリングと底が浮いている理由も気になりますね。

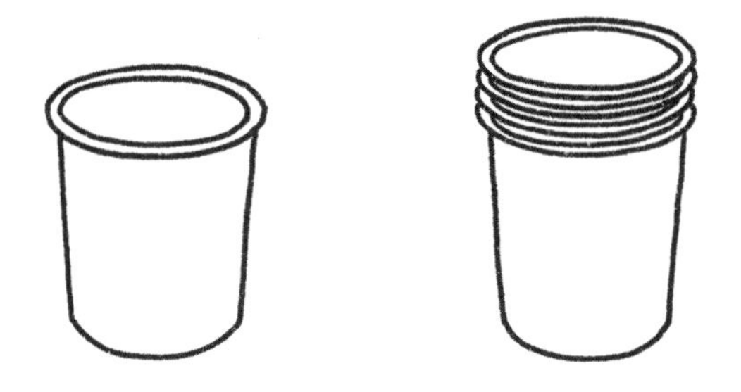

まず円錐台である理由の一つは、紙コップを重ねられるようにするためです。円柱の場合は重ねてコンパクトにすることができません。また、底が浮いている理由の一つは、重ねてある紙コップを取り出す際、底が浮いていないと取るのが大変だからです。実際に、底が浮いていない紙コップを重ねて取り出そうとするとわかると思います。

上辺のリングは、紙コップで飲み物を快適に飲むための補強材です。上辺のリングがないと、紙コップに強度がないので、飲み物を入れて手で持とうとするとコップが歪んで、飲むのがとても大変になります。もちろん上辺のリングがないと、口を切ってしまう可能性もありますね。

円を左右対称となる軸で回転させれば球となりますが、

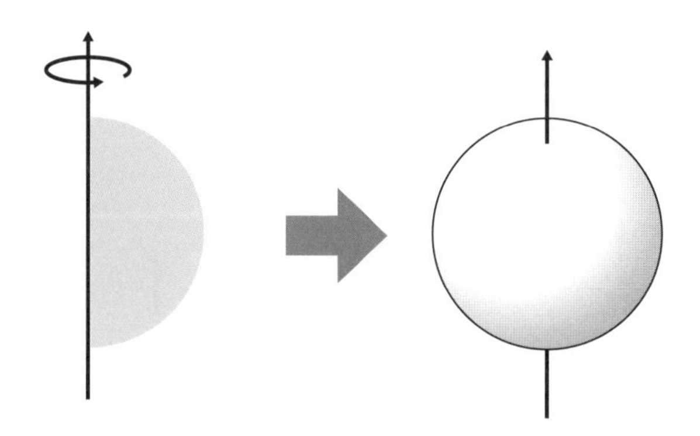

円を軸から離して回転させると、ドーナッツのような形となり、**円環（トーラス）**と呼ばれます。

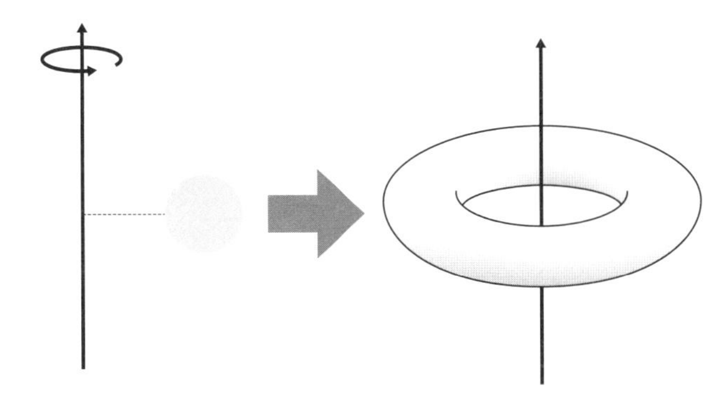

昔のPRG(ロールプレイングゲーム)では、船に乗って一番東の地点に進み、さらに東に進むと、世界地図の一番西の地点にワープする現象がありましたが、この世界は球体ではなく、トーラス(ドーナッツの形)型をしたものになっています。

平行でなく交差もしない2つの直線の位置関係をねじれの位置といいますが、

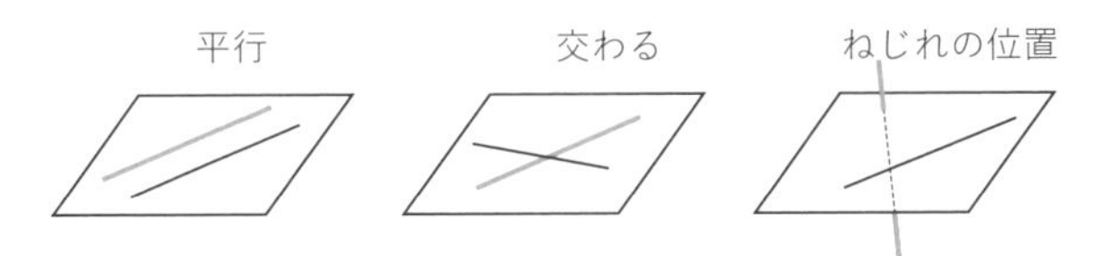

左下図のように回転させる軸(直線)とねじれの位置にある直線を回転させると、一葉双曲線と呼ばれる美しい図形ができます。

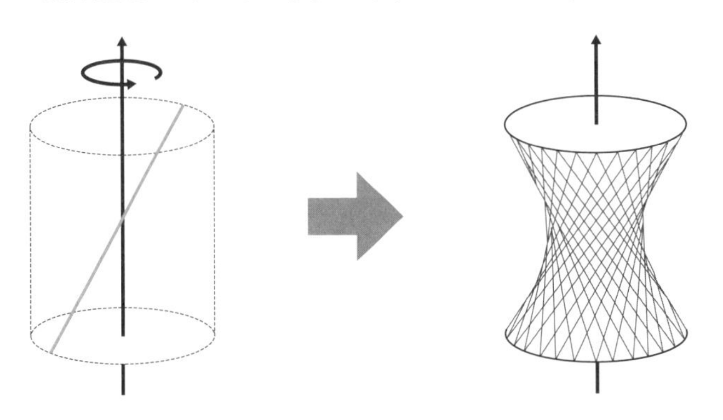

第 2 章

√ にまつわる数学用語

平方根の定義

平方根の定義でよく忘れてしまうもの

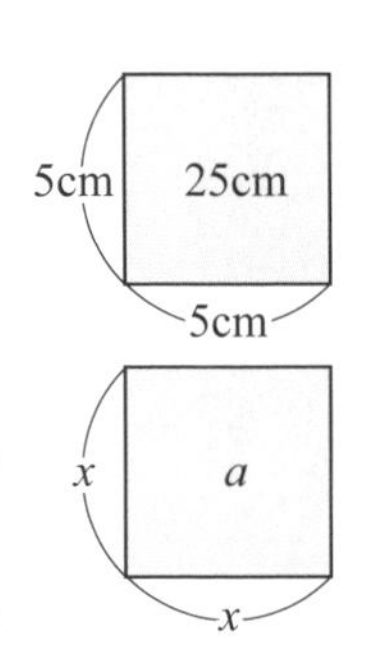

一辺の長さが5cmの正方形の面積は、$5^2 = 25\text{cm}^2$です。cm^2を平方cmといい、平方は2乗を表す言葉です。

ある数xを2乗するとaになるとき、つまり$x^2 = a$のとき、xをaの**平方根**(square root)といいます。

平方根は2つあり、正の平方根を$x = \sqrt{a}$、負の平方根を$x = -\sqrt{a}$と表します。$\sqrt{\ }$を**根号**または**ルート**(root)といいます。なお、$\sqrt{\ }$の記号は、rootの頭文字rを変形させたものが由来とされています。

$5^2 = 25$、$(-5)^2 = 25$より、5も−5も2乗すると25となるので、25の平方根は5と−5となります。

数学の定義は厳密であるため、混同してしまうものが多々あります。

例えば、「36の平方根」と「$\sqrt{36}$」です。

「36の平方根」といえば、6と−6の2つで、$\sqrt{36}$は6だけですが、学習の初期段階では$\sqrt{36} = \pm 6$と間違えてしまうことがあります。これは「平方根」と「正の平方根の計算(ルートを外す計算)」を混同してしまった例ですが、平方根を学習した初期段階ではよく起こります。

36の平方根は、正の平方根$\sqrt{36}$と負の平方根$-\sqrt{36}$の2つあります。しかし、このままで答えにするわけにはいきません。なぜなら、$\sqrt{36}$はルートを用いない簡易な6という表現があるからです。そのため$\sqrt{36} = \sqrt{6^2} = 6$という計算を行ない、36の平方根が$\sqrt{36} = 6$と$\sqrt{36} = -6$とするのですが、それを混同して$\sqrt{36} = \pm 6$としてしまうのです。

$\sqrt{36} = \pm 6$と間違えないように、平方根の定義を押さえることも大事ですが、「計算に使える形」で頭に入れておくことも大切です。

$\sqrt{a}$ は a の正の平方根ですから、2乗したとき a になる正の数と押さえておくと、先述のような間違いがなくなります。

ここで、平方根の用語を分析してみましょう。平方根の英語square rootのsquareは、正方形や2乗という意味があります。正方形の面積は、一辺の長さを正の数 x で表すと、$x \times x = x^2$ から、squareは2乗に関係する言葉とわかります。

rootは根（こん）という意味の他に、根元など「元」を表わすものですから、square rootは正方形の元となる数と考えられます。例えば、面積2の正方形の元となるものを考えると、一辺の長さに該当しそうです。

この正方形の一辺の長さ $\sqrt{2}$ は、分数では表せない無理数でした。無理数の証明には、背理法を用います。証明を見てみましょう。

$\mathbb{R}$（実数）
$\sqrt{2}$, $\sqrt{2}$, π（無理数）
$\mathbb{Q}$（有理数）
1, 2, 4/3

背理法なので、$\sqrt{2}$：無理数を否定して、$\sqrt{2}$ を有理数と仮定します。$\sqrt{2}$ は正の有理数より、m、n を自然数かつ互いに素 $\gcd(m, n) = 1$ とすると、次のように表すことができます。

$$\sqrt{2} = \frac{m}{n}$$

分母を払うため、両辺を n 倍して、2乗すると、

$$2n^2 = m^2$$

左辺が偶数なので、右辺も偶数ですから、$m = 2M$ と表せます。

代入すると、

$$2n^2 = (2M)^2 \Leftrightarrow 2n^2 = 4M^2 \Leftrightarrow n^2 = 2M^2$$

今度は、右辺が偶数となるので、左辺の n も偶数となるので、$n = 2N$ と表せます。すると、$n = 2N$、$m = 2M$ となるので、m、n が互いに素、つまり $\gcd(m, n) = 1$ に反します（$\gcd(m, n) = \gcd(2M, 2N) = 2$ となる）。

よって、$\sqrt{2}$ は有理数ではないので、無理数と示すことができます。

分母の有理化

有理化の必要性を実感する

皆さん、分母の有理化というものを覚えているでしょうか。

$$\frac{1}{\sqrt{3}}=\frac{1\times\sqrt{3}}{\sqrt{3}\times\sqrt{3}}=\frac{\sqrt{3}}{3}$$

大まかにいうと、上の式のように、分母に√がある形を分母に√がない形にすることが**分母の有理化**でした。

分母の$\sqrt{3}$は、1.7320508075688773……と、規則性がなく無限に続く数で、分数の形で表すことのできない無理数でした。この無理数を、分数の形で表すことができる有理数にすることを有理化といいました。

中学生の頃、分母の有理化の計算をよく行なったと思います。そこで、学生に、なぜ分母の有理化が必要なのか？ と尋ねたことがあります。学生の回答は「学校の先生に有理化しないとダメと言われたから」「有理化をしないとテストで×になるから」「数が簡単になるから」などが多く、納得のいく回答を聞いたことはあまりありません。では、なぜ必要なのでしょうか？

初めの式に戻って考えてみましょう。

$$\frac{1}{\sqrt{3}}$$

これは、だいたいどのくらいの数なのか、すぐにわかるでしょうか？

もちろんわかる方がいるかもしれませんが、私はすぐにはわかりません。なぜなら、$\sqrt{3}$を1.7320508……として

$$\frac{1}{\sqrt{3}}=\frac{1}{1.7320508075688773\cdots\cdots}=1\div1.7320508075688773\cdots\cdots$$

を計算するのは大変だからです。

$\frac{1}{\sqrt{3}}$と$\frac{\sqrt{3}}{3}$で、どちらが簡単かわからない。むしろ$\frac{1}{\sqrt{3}}$のほうが簡単に見えるという人がいたら、1 ÷ 1.7320508075688773……を、電卓など使

わずに手計算でさせてみてください。このように、1.7320508075688773……のように小数点以下が無限に続く数で割るのは大変です。そこで有理化すると、

$$\frac{1}{\sqrt{3}} = \frac{1 \times \sqrt{3}}{\sqrt{3} \times \sqrt{3}} = \frac{\sqrt{3}}{3} = \frac{1.7320508075688773\cdots\cdots}{3} \fallingdotseq 0.577\cdots\cdots$$

と容易に求められるのです。有理化の目的は、やらなければ学校のテストで減点されるからではなく、計算が楽になることで、数の把握が容易になることにあります。

中学以降の数学では文字を頻繁に利用するため、具体的な数を求めることは少なくなりますが、最後の式まで計算して具体的な数を把握することはとても大切です。そのため、具体的に数の把握をするために有理化するのです。

裏を返すと、数を把握しなくてよい場合は、有理化をする必要はありません。私は学生を教えていて「なんで有理化しないんですか？」と聞かれたことが何度もありますが、具体的な数を把握する必要がない場合は、有理化は不要であることも、頭の片隅に置いておきましょう。

なお、分母を有理化する問題は、分母に根号(√)が単独である場合だけではありません。次のような数の、分母の有理化もあります。

$$\frac{3 + \sqrt{5}}{1 + \sqrt{5}}$$

このようなときは、分母の共役無理数を、分母と分子にかけます。

この問題では、$1 + \sqrt{5}$ の共役無理数となる $1 - \sqrt{5}$ をかけます。

$$\frac{3+\sqrt{5}}{1+\sqrt{5}} = \frac{3+\sqrt{5}}{1+\sqrt{5}} \times \frac{1-\sqrt{5}}{1-\sqrt{5}} = \frac{(3+\sqrt{5})(1-\sqrt{5})}{(1+\sqrt{5})(1-\sqrt{5})}$$

$$= \frac{3-3\sqrt{5}+\sqrt{5}-(\sqrt{5})^2}{1^2-(\sqrt{5})^2}$$

$$= \frac{3-3\sqrt{5}+\sqrt{5}-5}{1-5}$$

$$= \frac{-2-2\sqrt{5}}{-4}$$

$$= \frac{1+\sqrt{5}}{2}$$

この値は、次項でも出てきます。

黄金比と白銀比

芸術性(黄金比)VS実用性(白銀比)

平方根は中学3年生で学習しますが、実例を見ない状態で学習するため、なぜ必要なのか疑問に思う方も多いかもしれません。

もちろん、中学3年生では、2次方程式や2次関数、三平方の定理といった、平方根を直接使う分野があるため、学習しないとそれらの分野の具体的な計算ができないため必要です。

しかし、日常の実例に平方根があると理解が深まると思います。ここでは、平方根を利用する実例として、**黄金比**(golden ratio)と**白銀比**(silver ratio)を紹介します。黄金比は、

$$1 : \frac{1+\sqrt{5}}{2} \fallingdotseq 1 : 1.618\cdots\cdots$$

で表される比です。黄金比は、人間が美しいと感じる比率として定義されていて、エジプトのピラミッド、ギリシャのパルテノン神殿、パリのエトワール凱旋門などの歴史的建造物や、ミロのヴィーナス、モナ・リザなどの美術作品などにも見られます。現代では、デザインや写真の構図などにも意識的に取り入れられています。

黄金比が現れる例に、正五角形があります。正五角形の一辺の長さを1とすると、対角線の長さが $\frac{1+\sqrt{5}}{2}$ となるので、「正五角形の一辺:対角線」が黄金比となります。なお正五角形は、すべての対角線を引くと星形が現れます。

縦と横の比を黄金比にした長方形を**黄金長方形**といいます。日本の名刺は黄金長方形に近い比率となっていますが、黄金長方形の長辺(長さが大きい辺)に正方形を加えた長方形も黄金長方形となります。

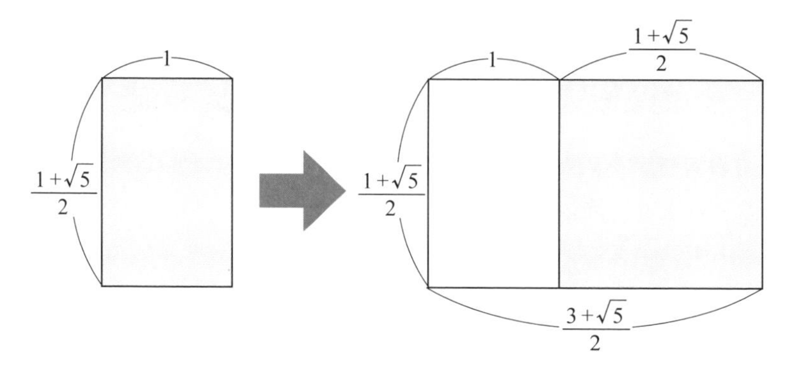

右の長方形の縦の長さと横の長さの比は、

$$\frac{1+\sqrt{5}}{2} : \frac{3+\sqrt{5}}{2}$$

です。比は2倍、3倍……とかけ算できるので、2倍します。すると、

$$1+\sqrt{5} : 3+\sqrt{5}$$

この比を$(1+\sqrt{5})$で割り、前項の有理化の結果を用いると、

$$1 : \frac{3+\sqrt{5}}{1+\sqrt{5}} = 1 : \frac{1+\sqrt{5}}{2}$$

となり、黄金比となっていることが確かめられます。下図のように黄金長方形を正方形で分割し､角にある点を円でつないでいくと渦巻ができます。この渦巻は、巻貝の貝殻に現れている渦巻きと同種です。

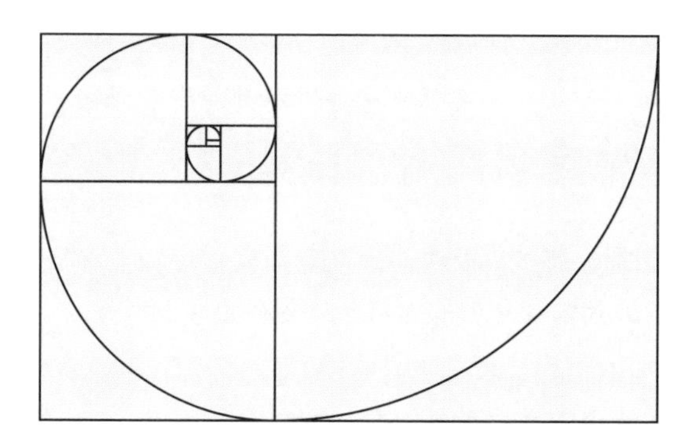

もちろんこのような黄金比を偶然だ、たまたまだという方もいると思います。そして、偶然性があるからこそ芸術は美しいのかもしれません。

しかし、芸術家が芸術的な作品をいつでも、コンスタントに生み出せるとは限りません。だからこそ、過去の芸術作品から、人間が美しいと感じる要素を抽出して、次の作品につなげることがあってもよいと私は考えています。

黄金比を意識して作品を生み出した芸術家のサルバドール·ダリや建築家のル·コルビュジエなどもいます。

これらの芸術作品が黄金比であったのは、偶然かもしれません。しかし、逆に考えて、黄金比を視野に入れてデザインを考えるのも、手法としてはあってもよいのではないかと思います。

芸術作品に潜む黄金比に対し、実用的な作品に含まれる比率として**白銀比**(silver ratio)があります。定義は、① $1:\sqrt{2}$ 、② $1:1+\sqrt{2}$ の2種類です。本書では①の $1:\sqrt{2}$ の実例を紹介します。①は**大和比**とも呼ばれ、②は**第2貴金属比**とも呼ばれています。

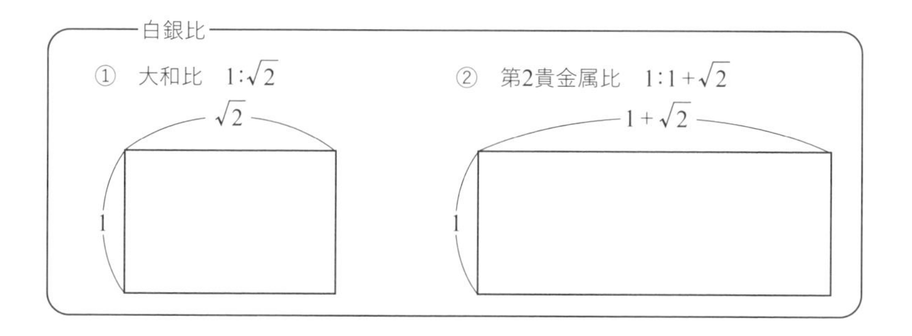

白銀比は大和比と呼ばれるほどですから、古くから伊勢神宮や法隆寺の五重塔など、日本の建築物のなかにも多く取り入れられています。近年では東京スカイツリーにも白銀比が現れます。

白銀比は、私たちの日常にも顔を出しています。一番身近なのは、A判やB判の用紙です。

A判やB判の用紙は縦と横の長さの比が白銀比のため、半分に折りたたんでも、2倍に拡大しても、縦と横の比率が変わらないという性質を持っています。

この性質があるため、コピー機で拡大・縮小しても、印刷された文字がはみ出たり、余白が広くなったりしないのです。

裏を返すと、用紙の比率が白銀比以外の場合、コピー機で拡大·縮小すると、印刷された文字がはみ出たり、余白が広くなる可能性があるのです。実際にA4の用紙で、その様子を見てみましょう。A4の用紙は2枚つなげるとA3の用紙に、半分にするとA5の用紙になります。A4の用紙の縦の長さ210mm、横の長さ297mmの比率を$1:\sqrt{2}$とします。

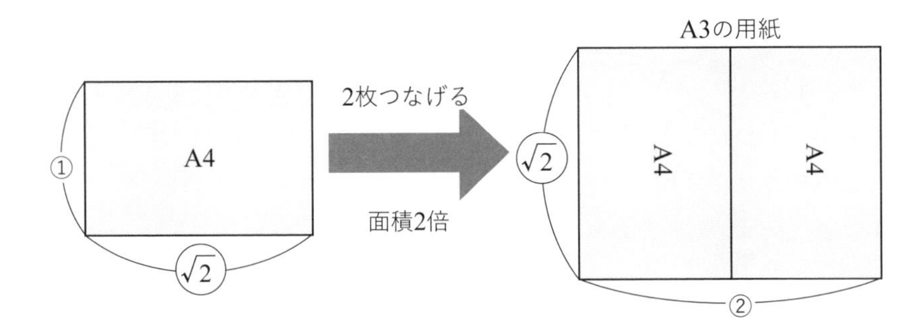

このときのA4の用紙とA3の用紙の比率を見ていきましょう。

A4からA3は、縦の長さが1から$\sqrt{2}$に$\sqrt{2}$倍に拡大され、横の長さが$\sqrt{2}$から2へ$\sqrt{2}$倍に拡大されています。つまり、A4用紙の縦と横の長さをちょうど$\sqrt{2}$倍したのがA3の用紙です。そのため、A3の縦と横の長さの比も変わらないはずです。確認すると、

$$\sqrt{2}:2=\sqrt{2}(\div\sqrt{2}):2(\div\sqrt{2})=1:\sqrt{2}$$

となり、白銀比が保たれていることがわかります。

なお、A4からA3は長さが$\sqrt{2}$倍、つまり約141.4倍となりますが、この数字を見たことがありませんか？　この数字は、コピー機で用紙を拡大する際に用いられます。コピー機は面積を2倍した用紙（コピー用紙を2枚つなげた用紙）にするために、縦と横の長さを$\sqrt{2}$倍（約141.4倍）するのです。

三平方の定理（ピタゴラスの定理）

証明で磨く数学的センス

ピタゴラスの定理は紀元前からある有名な定理の一つで、もしかすると一番有名な定理かもしれません。**ピタゴラスの定理**は、下図のような直角三角形があり、斜辺の長さがc、
その他の2辺の長さがa、bのとき、
「$a^2 + b^2 = c^2$」が成り立つというものです。

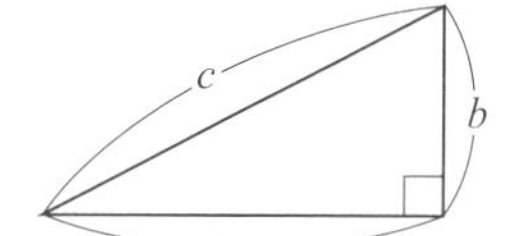

a、b、cの3辺が平方（2乗）されているので、日本ではピタゴラスの定理を**三平方の定理**とも呼びます。

ピタゴラスの定理は、ピタゴラス以前から知られていましたが、ピタゴラスを教祖とするピタゴラス教団（学派）の人が最初に証明したとされているため、定理の名前にピタゴラスが使われています。そのため、ピタゴラス以前はあくまで「直角三角形の3平方に関する予想」だったのです。

日本では当初「ピタゴラスの定理」という名称だけでしたが、1940年代にイギリス・アメリカと戦争が始まり、英語を使うのはよくないとされました。そのため、東京大学の末綱恕一教授により、ピタゴラスの定理を三平方の定理と命名したという経緯があります。

日本ではピタゴラスの定理を中学3年生で学習しますが、使い方を習得するために多くの問題を解いた方も多いのではないでしょうか？ そのおかげでピタゴラスの定理の使い方は習得している人が多いのですが、どうやってこの定理を証明したのかと問われると困る方もいると思います。

私は出前授業で、高校に行くことがありますが、ピタゴラスの定理を証明できない高校生は多かったと思います。やはり基本的な部分が抜けている学生が多いのです。

そこでここでは、ピタゴラスの定理の証明をいくつか紹介します。2500年以上前からある定理なので、証明の方法も100以上あります。先人は、地道な方法からエレガントな方法まで、さまざまな方法を編み出してきました。

右図の直角三角形を4つ(①、②、③、④)を次の図のように合わせます。このとき、中央にある正方形の面積は$c \times c = c^2$です。次に直角三角形②と③を、右下図のように移動します。

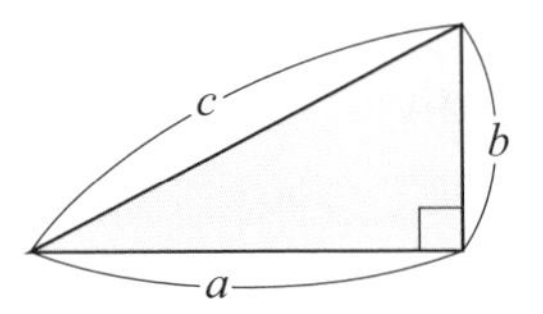

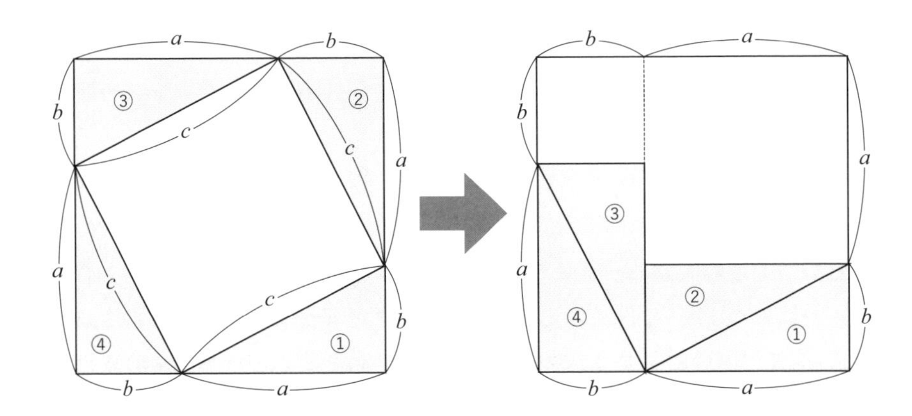

左と右の正方形からそれぞれ直角三角形①、②、③、④を取り除き、残った部分の面積を求めます。いずれも正方形から、直角三角形①、②、③、④を取り除いているので、面積は同じです。

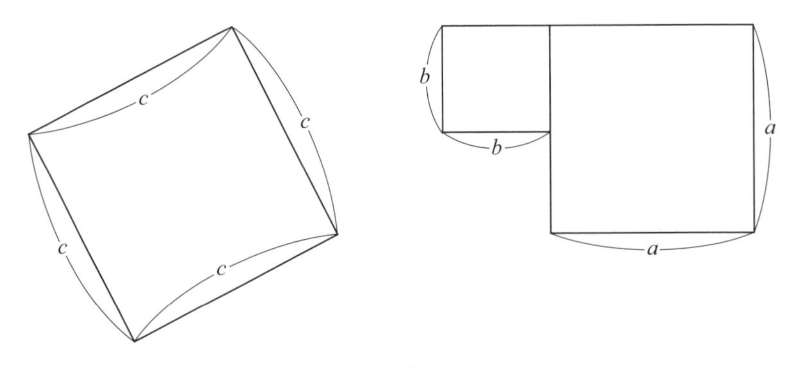

$$c^2 = a^2 + b^2$$

数式を使えば、一番初めの図の段階で、ピタゴラスの定理を導くことができます。

全体の正方形の面積は、一辺の長さが$a+b$なので$(a+b)^2$です。

正方形の面積は①〜④の4つの直角三角形と、それらに覆われた正方形の面積を合わせても求められます。

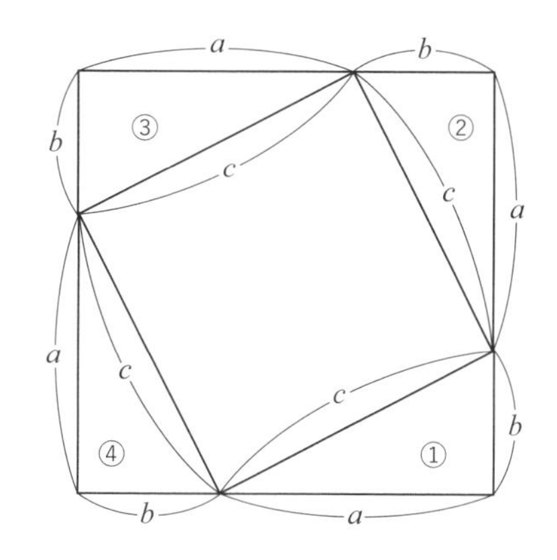

$$\left(a \times b \times \frac{1}{2}\right) \times 4 + (c \times c) = 2ab + c^2$$

よって、

$$(a+b)^2 = \left(a \times b \times \frac{1}{2}\right) \times 4 + (c \times c)$$

$$a^2 + 2ab + b^2 = 2ab + c^2$$

$$a^2 + b^2 = c^2$$

と示すこともできます。

2つ目は、ピタゴラスの定理をもう少しストレートに求める方法です。先ほどの①、②、③、④の直角三角形を、中央の四角形に入れてしまいます。その後、次の図のように正方形⑤を付け加えます。この正方形の面積（①、②、③、④、⑤の合計）は、$c \times c = c^2$です。

次に、面積が「$c \times c = c^2$」のこの正方形から、「$a^2 + b^2$」の式をつくります。まず、②と③を次の図のように移動させます。

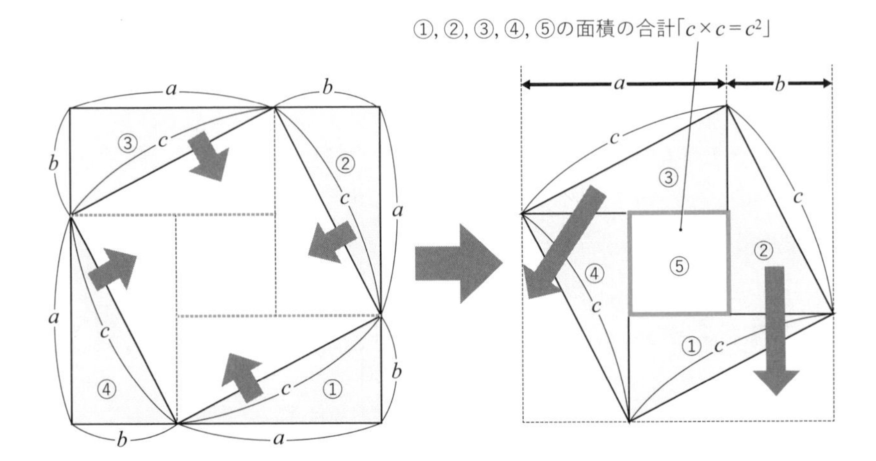

左下図の図形を右下図のように分割してとらえ方を整理します。
すると、正方形の面積は$a^2 + b^2$となります。

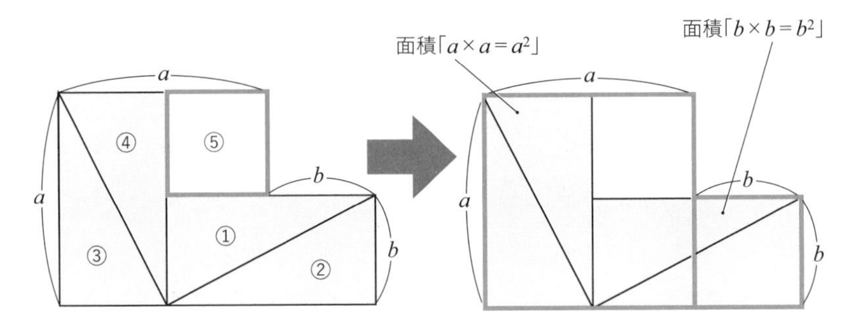

したがって、$c^2 = a^2 + b^2$と証明できます。

直角三角形の拡大・縮小を使ったユニーク証明の方法もあります。この方法は、後に紹介する**余弦定理**の証明にもつながります。

直角三角形の辺の長さをa倍、b倍、c倍した三角形を準備し、それぞれ①、②、③とします。

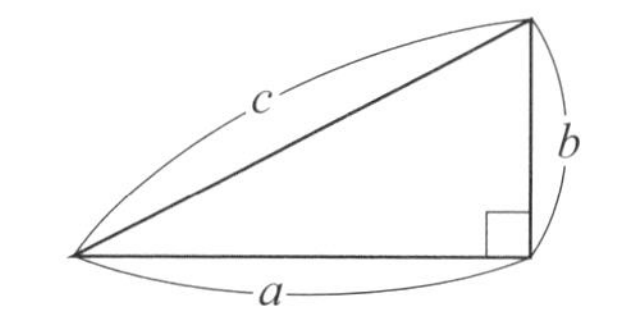

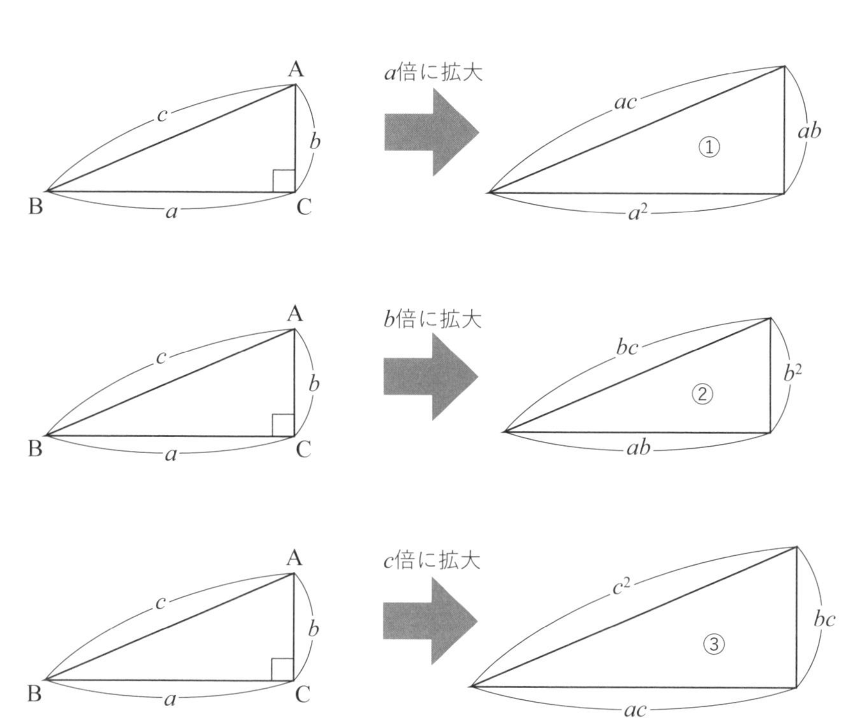

①と②を次のページの図のように合わせ、できた隙間に③を差し込みます(①の高さ「ab」と②の底辺の長さ「ab」が、ともに縦の長さになります)。

②の斜辺の長さ「bc」と③の高さ「bc」が一致し、さらに①の斜辺の長さ「ac」と③の底辺の長さ「ac」が一致するので、③はぴたりと隙間にはまります。

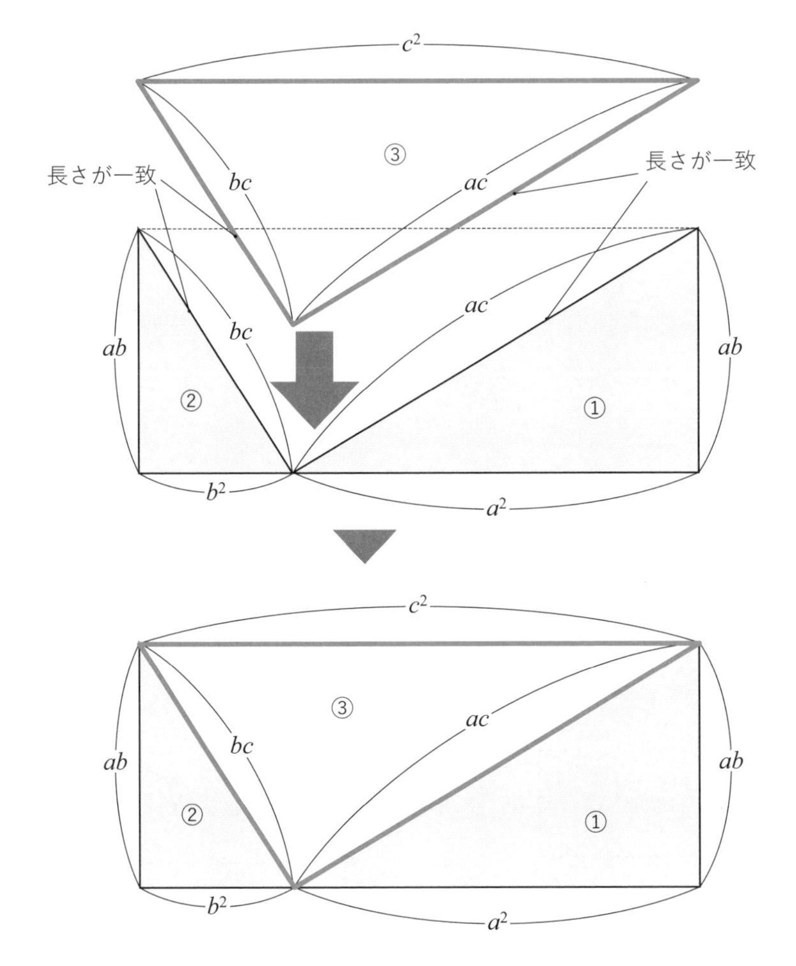

この長方形の横の長さに注目します。

「$b^2 + a^2$」と「c^2」は等しいので、$a^2 + b^2 = c^2$ となります。

100以上もあるピタゴラスの定理の証明ですが、なかには有名人の証明方法も残っています。特に、レオナルド・ダビンチの証明がユニークで興味深いので最後に紹介します。

下図のように、辺BCを1辺とする正方形BFGCを①、辺CAを1辺とする正方形ACHIを②、辺ABを1辺とする正方形ABDEを③とすると、①と②の和が③になればよいことがわかります。

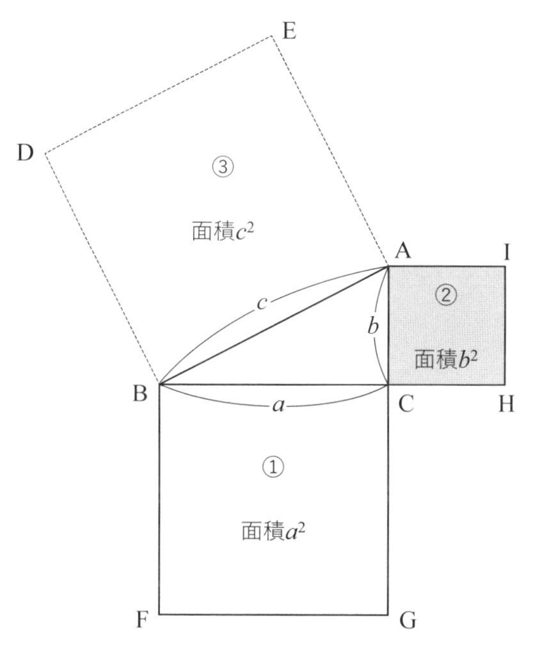

左下図のように、点F、C、Iと点G、Hを結びます。
そして、右下図のように線分FIで分割します。

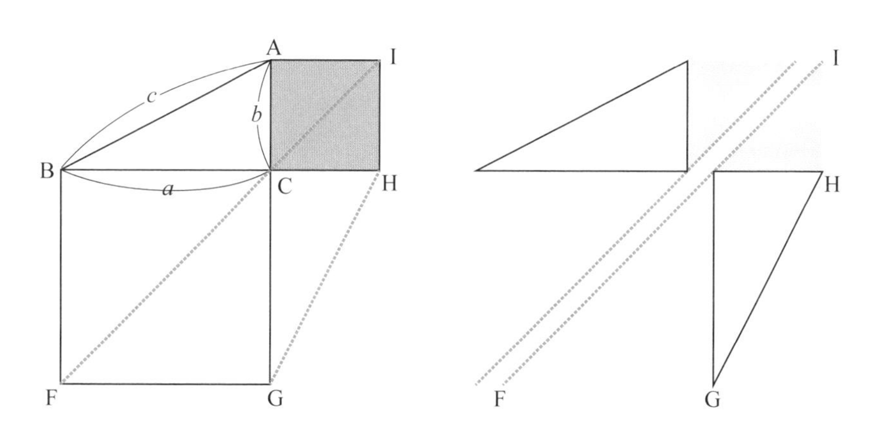

ここで四角形FGHIを取り出し、左右対称に折返し、次いで90°回転させます。

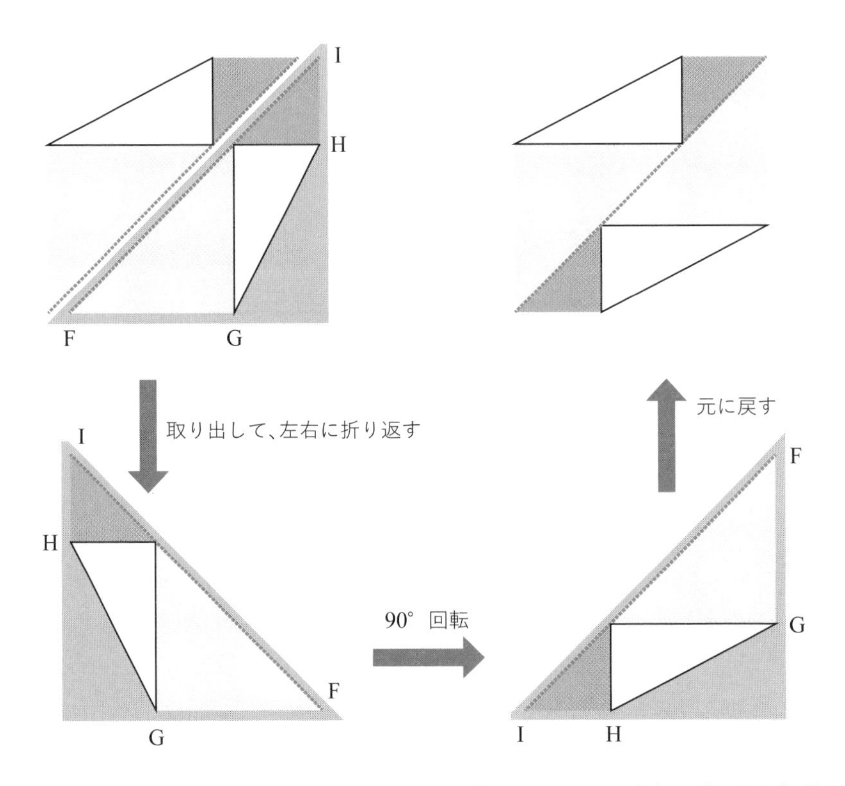

図形の補助線を引き直して、左下図の矢印のように直角三角形を移動させます。

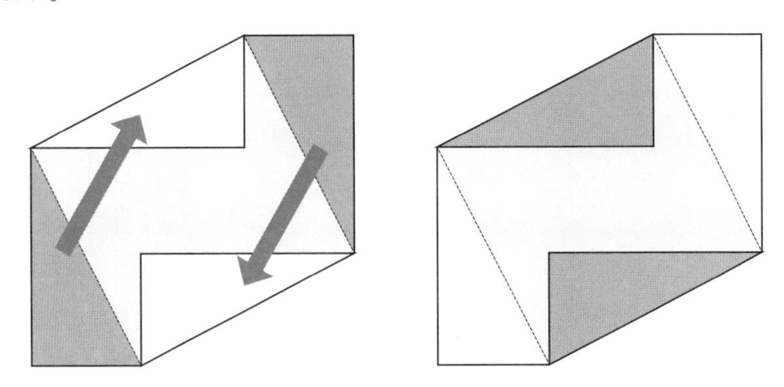

よって、最初の図形と最後の図形の部分の面積に着目すると、

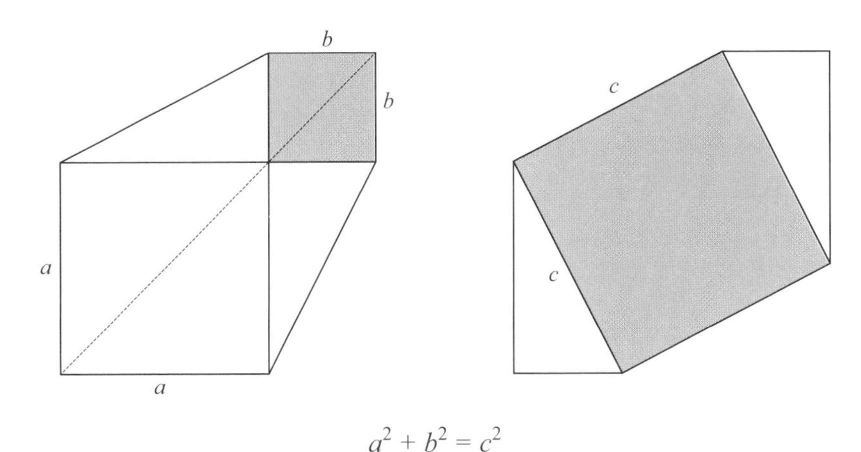

$$a^2 + b^2 = c^2$$

三平方の定理の結果を得ることができます。

ピタゴラス数

ピタゴラスの定理で√が現れない数

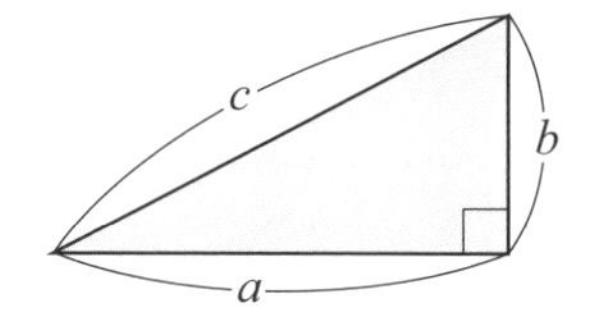

ピタゴラス数は、ピタゴラスの定理「$a^2+b^2=c^2$」を満たす自然数a、b、cを指します。

ピタゴラス数は無限に存在します。具体的に見てみましょう。例えば、$a=3$、$b=4$、$c=5$のとき、$3^2+4^2=5^2$が成り立ちますが、a、b、cを2倍した$a=6$、$b=8$、$c=10$や、3倍した$a=9$、$b=12$、$c=15$もピタゴラスの定理が成り立ちます。簡単な例ですが、ピタゴラス数を2倍、3倍してもピタゴラス数となりますから、ピタゴラス数が無限にあることはすぐにわかります。しかし、このように2倍、3倍したピタゴラス数は簡単に見つかるので、興味深くはありません。

ピタゴラス数のなかで、a、b、cが互いに素のものを**原始ピタゴラス数**

$a=3$、$b=4$、$c=5$
↓
a、b、cが互いに素
↓
原始ピタゴラス数

$a=9$、$b=12$、$c=15$
↓
a、b、cが3で割り切れる
↓
原始ピタゴラス数ではない
（ピタゴラス数ではある）

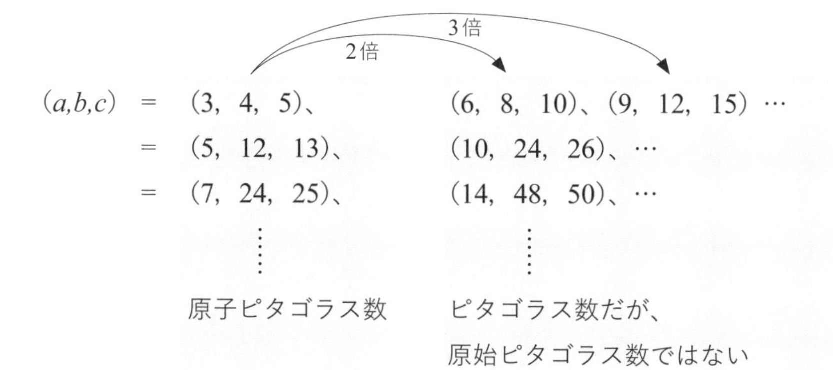

3倍
2倍
(a,b,c) = (3, 4, 5)、 (6, 8, 10)、(9, 12, 15) …
= (5, 12, 13)、 (10, 24, 26)、…
= (7, 24, 25)、 (14, 48, 50)、…
原子ピタゴラス数
ピタゴラス数だが、
原始ピタゴラス数ではない

といいます。なお、この原始ピタゴラス数も無限にあることが知られています。

原始ピタゴラス数を求めてみましょう。その際に、奇数を利用します。

1, 3, 5, 7, 9, 11, 13, 15, 17, 19, 21, 23, 25……

自然数を2乗（平方）した数（1, 4, 9, 16, 25, 36, ……）を**平方数**といいますが、奇数1, 3, 5……を1 + 3、1 + 3 + 5、1 + 3 + 5 + 7、……のように、1から加えていくと平方数になる性質があります。

2個の奇数の和は1 + 3 = 4なので2^2、3個の奇数の和は1 + 3 + 5 = 9なので3^2、4個の奇数の和は1 + 3 + 5 + 7 = 16なので4^2、5個の奇数の和は1 + 3 + 5 + 7 + 9 = 25なので5^2……と続きます。この様子を図で見ていきましょう。下図のように、┘字型に奇数を加えていきます。

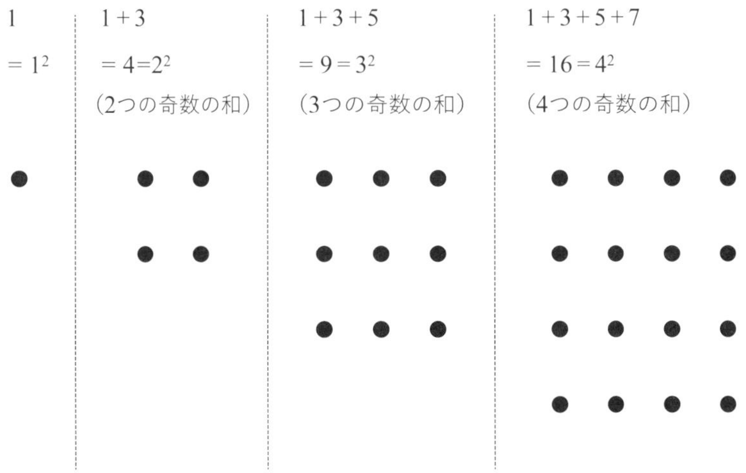

1	1+3	1+3+5	1+3+5+7
$= 1^2$	$= 4 = 2^2$	$= 9 = 3^2$	$= 16 = 4^2$
	（2つの奇数の和）	（3つの奇数の和）	（4つの奇数の和）

┘字型の部分が2乗の形で表せる平方数（9、25、49、81……）の場合、

ピタゴラス数を次のようにしてつくり出すことができます。

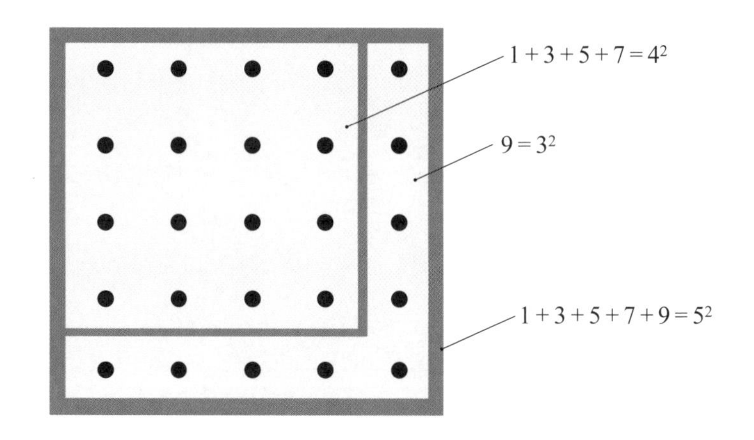

ここから、$3^2+4^2=5^2$、$(x, y, z)=(3, 4, 5)$のピタゴラス数が求まります。同じように平方数(9、25、49、81……)を探していくと、

$$1, 3, 5, 7, 9, 11, 13, 15, 17, 19, 21, 23, 25, \cdots\cdots$$

$25=5^2$　があるので、

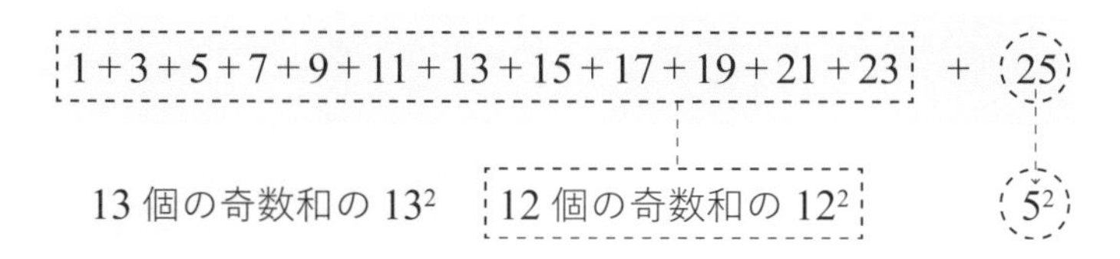

ここから、$5^2+12^2=13^2$、$(x, y, z)=(5, 12, 13)$が求まります。このように、2乗で表すことができる奇数、$3^2, 5^2, 7^2, 9^2,$ ……を軸に考えることで、ピラゴラス数を無限につくることができます。

ただし、この方法もなかなか大変です。そこで、ピタゴラス数を求めることができる公式がありますので紹介します。

p、qを自然数とし、$p > q$、pとqの偶奇が異なるとき、

$$(a, b, c) = (p^2 - q^2,\ 2pq,\ p^2 + q^2)$$

となります。具体的に求めてみましょう。

$p = 2$、$q = 1$　を代入すると、

$$(a, b, c) = (2^2 - 1^2,\ 2 \times 2 \times 1,\ 2^2 + 1^2) = (4 - 1,\ 4,\ 4 + 1) = (3, 4, 5)$$

$p = 3$、$q = 2$　を代入すると、

$$(a, b, c) = (3^2 - 2^2,\ 2 \times 3 \times 2,\ 3^2 + 2^2) = (9 - 4,\ 12,\ 9 + 4)$$
$$= (5,\ 12,\ 13)$$

$p = 4$、$q = 3$　を代入すると、

$$(a, b, c) = (4^2 - 3^2,\ 2 \times 4 \times 3,\ 4^2 + 3^2) = (16 - 9,\ 24,\ 16 + 9)$$
$$= (7,\ 24,\ 25)$$

$p = 4$、$q = 1$　を代入すると、

$$(a, b, c) = (4^2 - 1^2,\ 2 \times 4 \times 1,\ 4^2 + 1^2) = (16 - 1,\ 8,\ 16 + 1)$$
$$= (15,\ 8,\ 17)$$

このように、公式に代入していくことで、原始ピタゴラス数を無限につくることができます。数学で「無限にある」ことを示すのに手っ取り早いのが、公式をつくることです。公式はとても便利で、コンピュータと相性がよく、複雑な計算を自動的にさせる際に大活躍します。

タクシー数とラマヌジャン

1729はつまらない数か？

本章の最後は、インドの魔術師と呼ばれたラマヌジャンの有名なエピソードである「タクシー数」について紹介します。

ラマヌジャンが見つけた公式の数は3000以上にも上ります。しかもそのなかには、現在の最新の手法を用いなければ証明できないものも含まれているため、ラマヌジャンの発想力は驚異的だったのです。

そのためインドの魔術師と呼ばれたわけですが、ラマヌジャンは数学において必要な証明をしませんでした。証明があるから「公式」といえるわけで、証明がないものは本来「公式」ではなく「予想」です。

ラマンジャンが証明をしなかったのは、基礎的な数学の教育を受けず独学で数学を研究していたため、その習慣がなかったからです。

ラマヌジャンが他の数学者とまったく違うところは、数学の基礎的な教育を受けていないにもかかわらず、高度な数学を研究した点、そして公式に必然性がない点です。

数学の公式のほとんどにはプロセスや必然性があります。例えば、フェルマーの最終定理やABC予想であれば、ある部分（これを仮にAとしましょう）が成り立つことがわかれば証明が完了することがわかっていて、そのためAの部分を解決するために研究した結果、公式が生み出されるというプロセスがあります。

しかしラマヌジャンは違うのです。ラマンジャンの公式はプロセスも必然性もなく突然なのです。ラマヌジャンの公式は、自身が「夢で神さまが出てきて教えてくれる」と述べただけで、公式ができる思考過程は、現代に至ってもなお謎のままなのです。

現在、ラマヌジャンが見つけた公式は、クレジットカードのセキュリティシステム、回線の切断に強いインターネット網の研究、ブラックホールの研究などに活かされています。しかし、それらの公式はラマヌジャンが生きていた時代に、必要とされて研究されたものではありません。
クレジットカードができたのは1950年(日本では1960年)で、インターネット網ができたのはクレジットカードよりもさらに後です。ラマヌジャンが生きていた時代にはそもそもなかったものです。

現代でも活用できるそんな幾多の公式を見つけることは困難であり、価値があるものですが、数学では公式の証明をしなければ、予想にとどまります。しかし、ラマヌジャンが見つけた公式が、予想にとどまらず本当に公式として現代にも受け継がれ、活用されているのには理由があります。
それは、ラマヌジャンが次々に生み出す公式を、証明していった人物がいたからです。ケンブリッジ大学の数学者ハーディ教授です。

ハーディ教授がラマヌジャンをイギリスに呼びよせることで、ラマヌジャンの公式を私たちが知ることになるのです。しかし、ラマヌジャンはインドからイギリスへの急激な環境変化で体調を崩してしまいます。
ラマヌジャンが病気で寝込んでいたとき、ハーディ教授はお見舞いに行ったことがあります。そのとき乗ったタクシーのナンバーが1729で、ハーディ教授にとっては、何の特徴もないつまらない数字に思えたので「不吉な前兆でなければよいのだが」とラマヌジャンに言ったところ、「いえいえ、非常に面白い数字です。1729は2パターンの3乗の和で表すことができる最小の数です」と答えたのです。その2パターンは、

$$1729 = 12^3 + 1^3 = 10^3 + 9^3$$

です。もちろん1パターンであれば、$2 = 1^3 + 1^3$、$9 = 2^3 + 1^3$、$28 = 3^3 + 1^3$のように、1729より小さい数をつくれますが、2パターンはできないのです。この結果はラマヌジャンが、20歳前後の頃に計算したもので、きち

んと覚えていたことが功を奏したのです。

なおこの1729はタクシー数と名付けられ、有名な数となっています。

第 3 章

数と式にまつわる数学用語

定義・定理・公式・命題

数学で重要な用語の違いを押さえよう

私が受験生だった1999年、東京大学は今なお歴史に残る次の問題を出題しました。

(1)　一般角θに対して$\sin\theta$, $\cos\theta$の定義を述べよ。

(2)　(1)で述べた定義にもとづき、一般角α, βに対して

$$\sin(\alpha+\beta)=\sin\alpha\cos\beta+\cos\alpha\sin\beta$$

$$\cos(\alpha+\beta)=\cos\alpha\cos\beta-\sin\alpha\sin\beta$$

を証明せよ。

(1)は三角関数の定義、(2)は加法定理の証明問題です。ひねった問題ではなく、教科書に必ず掲載してあるようなストレートな問題ですが、正解率はさほどよくなかったようです。

解答は第5章の加法定理(144ページ)で紹介します。この問題を通して、多くの受験生は定義や定理をきちんと理解していないのではないか？　というのが話題になりました。

振り返ると、私たちは小中高で**定義**や**定理**という言葉を耳にしますが、何のことかわからずに問題演習を行なってきた人も多いのではないでしょうか？　ここではそんな用語の説明をしていきます。

まずこれらの用語は、ルールとして定めるもの・仮定するものと、証明するものに分かれます。

定める・仮定する	証明する
定義、公理	定理、補題、系、公式、命題

では、定めるものからお話ししましょう。

定義　用語の意味を述べたもので、ルールや決まり事のことです。

1章で紹介した円周率は、(円周の長さ)÷(直径)というのが定義です。他に、2で割り切れる整数を偶数、2で割り切れない(2で割ると1余る)整数を奇数といいますが、これも定義の例です。

公理　理由を問わず正しいと認めるものを公理といいます。理論の前提となる仮定や、証明することなく正しいと考えるものととらえてもよいでしょう。例えば、どんなに大きい自然数 n であっても、その数の「次の」自然数 $n+1$ が存在します。これは公理です。

定理　公理から導き出され、定義された言葉のみで構成され、正しいことが証明できる文章を定理といいます。冒頭で紹介した加法定理の他に、ピタゴラス(三平方)の定理、円周角の定理などがあります。

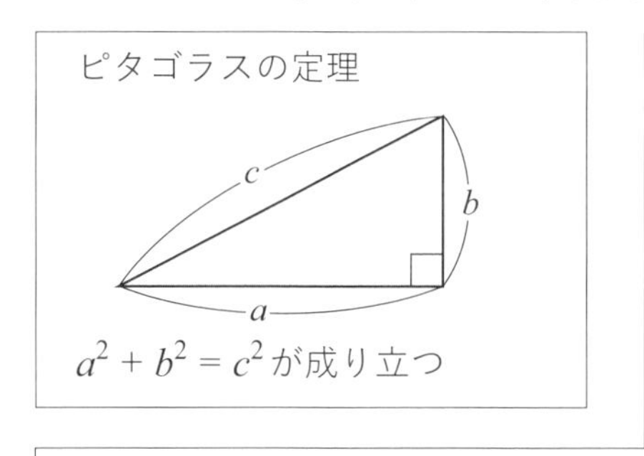

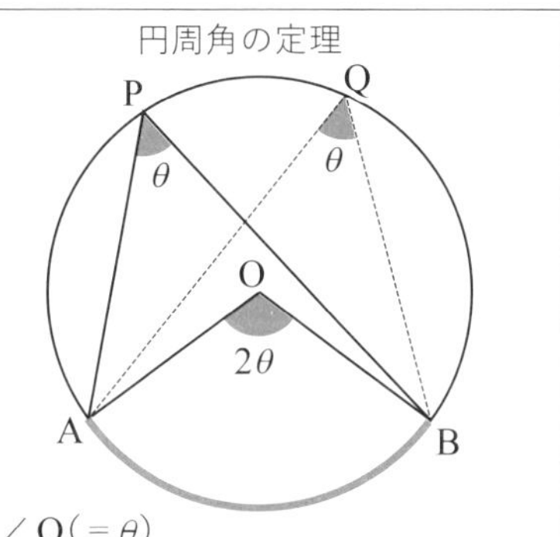

1つの弧(AB)に対する円周角は一定　$\angle P = \angle Q (= \theta)$

1つの弧(AB)に対する中心角は、円周角の2倍　$\angle O = 2 \times \angle P$

なお、証明が終わったら「証明終わり」と書けばよいのですが、短縮して書きたい場合もあります。そのときは、証明終了を示す短縮形として「Q. E. D.」、記号として□や■などと書きます。

「**Q. E. D.**」はラテン語のQuod Erat Demonstrandum（かく示された）が由来となっていて、証明を初めて明確に行なったユークリッドが、自書の『原論』で使用していたことから広まりました。

□や■は**ハルモス記号**と呼ばれ、1950年に数学者のポール・ハルモスが数学的な文脈で初めて使用したことから名づけられています。

補題　示すのが大変な主要な定理を証明するために利用される補助定理やミニ定理を補題といいます。

公式　定理を数式で表したもの。数を表す文字を用いて簡潔に表された計算の規則です。乗法の公式であれば、

$$(a+b)^2 = a^2 + 2ab + b^2$$

となります。

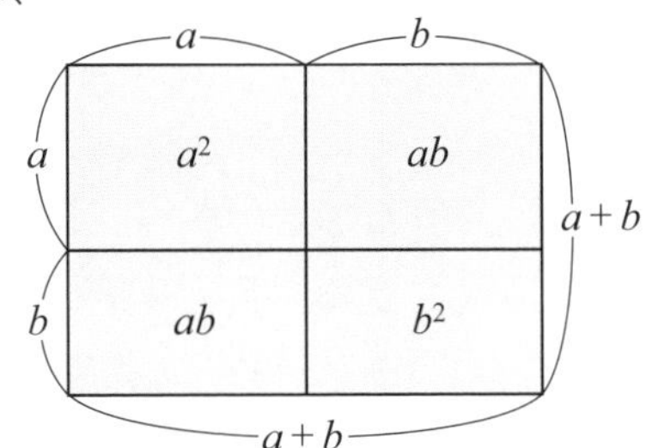

命題　客観的に正しいか、正しくないかを判断できる文のことを命題といいます。命題は「PならばQ(P ⇒ Q)」の形で表現されることが多く、Pを**仮定**、Qを**結論**といいます。

命題が正しい場合、命題は**真**、正しくない場合、命題は**偽**といいます。数学では、命題の真を証明により、偽を**反例**と呼ばれる正しくない例を列挙することで示します。

フランスの首都はパリなので、
「フランスの首都」⇒「パリ」は真の命題です。

アメリカの首都はニューヨークではないので、
「アメリカの首都」⇒「ニューヨーク」は偽の命題です
(アメリカの首都はワシントンD.C.ですね)。

結合法則・交換法則・分配法則

この3法則が意味すること

教科書に載っている法則で、何のために必要なのかよくわからないものがあります。結合法則もその一つで、参考書などには次の式のように括弧をつけて示してあります。

$$a + b + c = (a + b) + c = a + (b + c)$$
$$abc = (ab)c = a(bc)$$

上記の2つの式の括弧はどういう意味を表しているのか探っていきましょう。例えば、次の問題を見てください。

① $3 + 4 \times 5$　　② $(3 + 4) \times 5$

①は4×5を先に計算し、②は括弧の中を先に計算します。

① $3 + 4 \times 5 = 3 + 20 = 23$
② $(3 + 4) \times 5 = 7 \times 5 = 35$

①、②でわかるように、私たちは計算式に括弧がある場合、括弧内の計算を先に行ないます。つまり、初めに行なう計算、優先して行なう計算に括弧がつけられるのです。それでは、結合法則の括弧の意味を探るために、「$a + b + c$」のように項が3つある場合を具体例で考えてみましょう。

「$48 + 63 + 37$」を計算する場合、どんな暗算の達人であっても、一度には計算できません。左から順に計算して、$48 + 63 + 37 = 111 + 37 = 148$とする人もいれば、計算しやすくするために右から計算して、$48 + 63 + 37 = 48 + 100 = 148$とする人もいると思います。

この計算を細かく記述すると、

$$48+63+37=(48+63)+37=111+37=148$$
$$48+63+37=48+(63+37)=48+100=148$$

となります。括弧は最初に行なう計算・優先的に行なう計算につける記号ですが、括弧を最初の2項(48 + 63)につけて計算しても、後ろの2項(63 + 37)につけても、結果は一致しています。「括弧をどこにつけても」計算が一致していますから、計算の順序はどこからやってもよいことを意味しています。つまり、

「結合法則は、計算の順序を自由にできる」

ことを述べた法則なのです。

上記では「足し算」と「かけ算」の結合法則を紹介しましたが、「引き算」と「割り算」の例を挙げていません。その理由は、「引き算」と「割り算」は結合法則が成立しないからです。

例えば、「72 ÷ 12 ÷ 3」を求める場合、左から順に割り算した、

$$72\div12\div3=(72\div12)\div3=6\div3=2$$

は正しいのですが、順序を右から行なう、

$$72\div12\div3=72\div(12\div3)=72\div4=18$$

は正しくありません。引き算も同様で、左から順に計算することしかできないのです。なお、割り算は結合法則が成り立ちませんが、かけ算は成り立つので、割り算を「逆数のかけ算(ひっくり返してかけ算)」に変えることで、次の式のように計算順序を変えても、同じ結果を得られるようになります。

$$72 \div 12 \div 3 = 72 \times \frac{1}{12} \times \frac{1}{3} = \left(72 \times \frac{1}{12}\right) \times \frac{1}{3} = 6 \times \frac{1}{3} = 2$$

$$72 \div 12 \div 3 = 72 \times \frac{1}{12} \times \frac{1}{3} = 72 \times \left(\frac{1}{12} \times \frac{1}{3}\right) = 72 \times \frac{1}{36} = 2$$

交換法則は、次のように、2つの数を入れ替えても結果が同じになる法則です。

$$a + b = b + a$$
$$ab = ba$$

結合法則と同じように、足し算とかけ算では成り立ちますが、引き算と割り算では成り立ちません。

足し算：$5 + 2 = 2 + 5$　→　交換法則が成り立つ
かけ算：$6 \times 3 = 3 \times 6$　→　交換法則が成り立つ

引き算：$5 - 2 \neq 2 - 5$　→　交換法則が成り立たない
割り算：$6 \div 3 \neq 3 \div 6$　→　交換法則が成り立たない

当たり前と思うかもしれませんが、数学に限らず日常でも、交換法則が成り立つ例のほうが珍しいのです。数学では交換法則が成り立つものを多く計算してきましたが、交換法則が成り立たないもののほうが多いので、成り立つものに対して特別に名前をつけているのです。

お風呂に入ってから夜食をとっても、夜食をとってからお風呂に入っても同じですが、下着を着てから服を着るのと、服を着てから下着を着るのは違いますね。靴下を履いてから靴を履くのと、靴を履いてから靴下を履くのもそうです。

日常生活でも、物事を行なう順序を交換するとおかしなことになることはいくつもあります。そのなかで、順序を交換しても変わらないのは、特別なことなのです。

分配法則は、下記の式のように、括弧のあるかけ算の計算を行なう際に利用します。分配法則は、「縦×横＝長方形の面積」に対応しています。

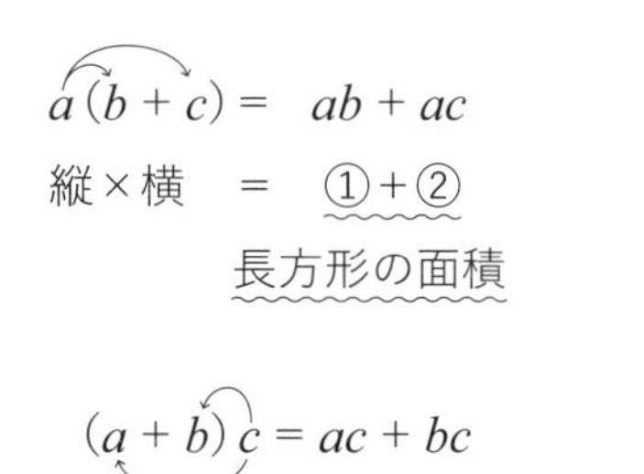

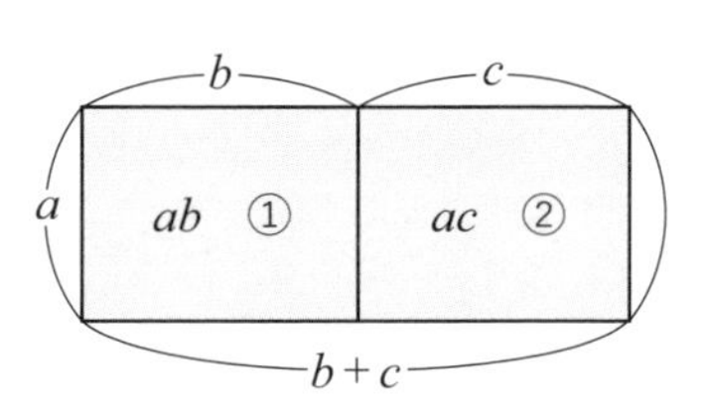

$(a+b)(c+d) = ac + ad + bc + bd$

縦×横 ＝ ③＋④ ＋ ⑤＋⑥

長方形の面積

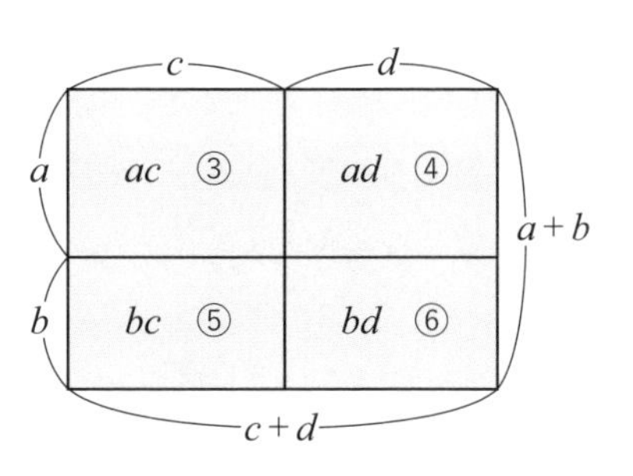

剰法の公式で

$$(a+b)^2 = a^2 + 2ab + b^2$$

を紹介しましたが、この式も$(a+b)^2 = (a+b)(a+b)$と式変形すると、上記の$(a+b)(c+d)$と同様の計算をしていることがわかります。

絶対値

数直線と座標で絶対値を意味づけする

絶対値(Absolute value)を初めて見るのは中学生の「正負の数」で、負の数から－の符号を取って正の数にしたものと記憶している方も多いのではないでしょうか。例えば－3の絶対値であれば、マイナスを取って｜－3｜＝3となります。

もちろん絶対値は、マイナスをプラスにする記号で、具体的な数の絶対値であれば、問題ありません。しかし、xなどの正負がわからない未知数の入った式や応用面では困るときがありますから、絶対値に意味づけをしていきましょう。

絶対値は原点Oからの距離を表す値です。
下の数直線のように点を設定すると、距離は次の通りとなります。

｜2｜は、原点Oと点A(2)との距離で2
｜－2｜は、原点Oと点B(－2)との距離で2

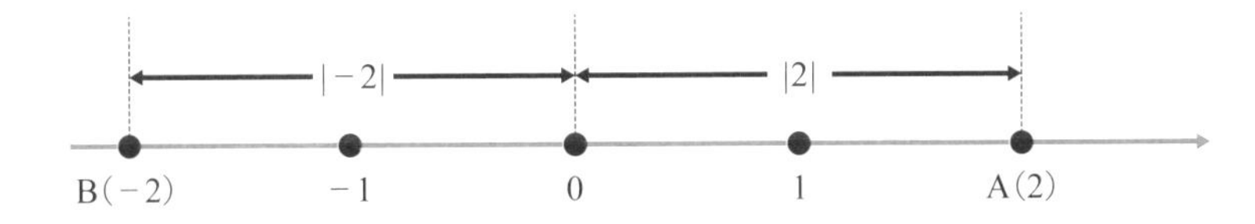

絶対値は「原点Oからの距離」と意味づけすることで、絶対値を視覚的に考えることができます。また、a, bのように正負がわからない文字であっても、絶対値を使えば、強制的に正の数として扱えます。

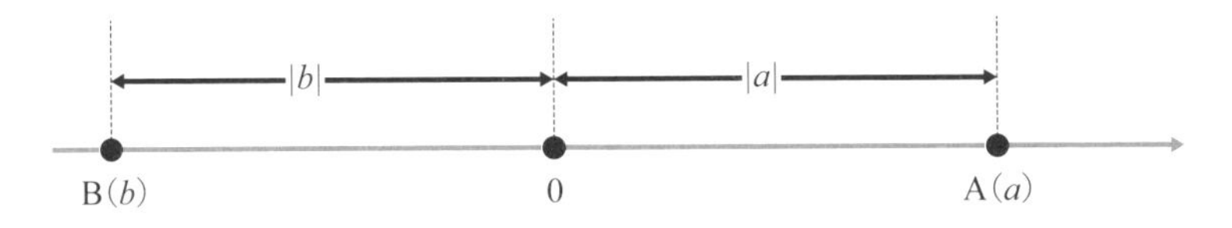

先ほどは1次元の数直線でしたが、2次元平面の場合も見ていきましょ

う。P(a, b)とすると、ピタゴラスの定理を用いることで、原点Oと点Pの距離OPは $\sqrt{a^2+b^2}$ となります。

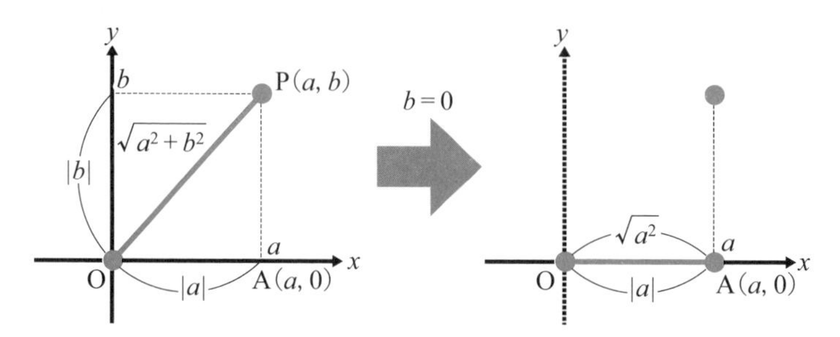

ここで$b=0$とすると、距離は $\sqrt{a^2+b^2}=\sqrt{a^2}$ …①　となります。点Pにおいて、$b=0$としたものが点Aですが、原点と点Aとの距離は $|a|$…②で、①と②は同じ距離なので、$\sqrt{a^2}=|a|$ となります。この式は、文字のある式の平方根を外す際に活用されます。

「$\sqrt{a^2}=a$」と覚えている方もいますが、これはaが0以上の場合にしか成り立ちません。例えば$a=-5$のときは、$\sqrt{(-5)^2}=-5$ではありません。$\sqrt{(-5)^2}=|-5|=5$　なのです。

最後に3次元空間の場合を見ていきましょう。Q(a, b, c)とすると、ピタゴラスの定理を2度用いることで、原点Oと点Qの距離OQは $\sqrt{a^2+b^2+c^2}$ となります。

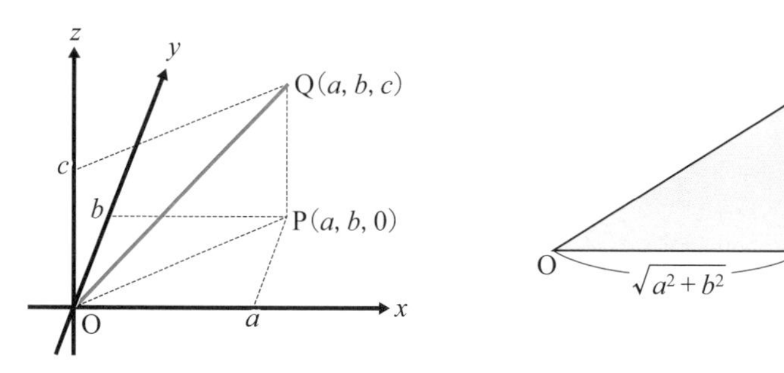

$$OQ^2=OP^2+PQ^2=(\sqrt{a^2+b^2})^2+c^2=a^2+b^2+c^2$$

よって$OQ=\sqrt{a^2+b^2+c^2}$

ガウス記号

切り捨て・切り上げ・四捨五入を数式で表す

実生活では、ざっくりと数を把握する際に切り捨て、切り上げ、四捨五入などを用いますが、これらを記号で表す際に用いるのが**ガウス記号**[　]です。

ガウス記号は「切り捨て」を表す記号で、実数xに対して、xの整数部分nを$[x]$と表します。ガウス記号は、ガウスが1808年、整数論に関する論文で初めて使用したことが由来となって、その名がついています。切り捨ての記号ですから

0 ～ 0.99999……	→	0	3 ～ 3.99999……	→	3
1 ～ 1.99999……	→	1	4 ～ 4.99999……	→	4
2 ～ 2.99999……	→	2	5 ～ 5.99999……	→	5

と、下線のある小数部分は切り捨てられます。いくつか例を見て、ガウス記号を外してみましょう。自然数の場合は､切り捨てる小数がないので､そのままガウス記号が外れます。

$$[1.75]=1 \qquad [2.83]=2 \qquad [3]=[3.000\cdots\cdots]=3$$

それぞれ、1.75の小数部分の0.75、2.83の小数部分の0.83が切り捨てられているので、ガウス記号が「切り捨て」の記号であることが確かめられます。なお、実数の小数部分は0以上1未満の値です。整数部分しかない3は、そのままガウス記号が外れます。

円周率πなどの無理数も、ガウス記号を用いると小数部分が切り捨てられるので、整数値となります。

$$[\sqrt{3}]=[1.7320508\cdots\cdots]=1 \qquad [\pi]=[3.1415926535\cdots\cdots]=3$$

数直線でガウス記号の値を視覚化すると、直近の左側にある整数を取り

出すことになります。この感覚がとても大事です。

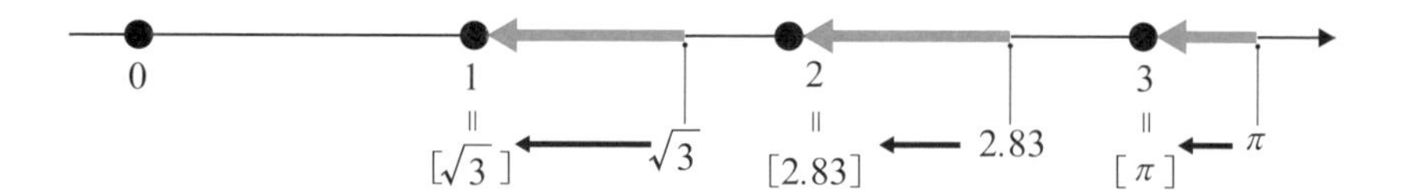

次に、負の数のガウス記号を見ていきましょう。$[-1.75]$はいくつになるでしょうか？

$[1.75]=1$でしたが、$[-1.75]=-1$ではありません。

この場合、$[-1.75]=[-1-0.75\cdots\cdots]$と分割して、整数部分を出していますが、下線の小数部分に問題があります。実数の小数部分は0以上1未満の値ですから、条件があっていないのです。そこで、小数部分を0以上1未満の値にするために、整数部分を-1から-2に調整します。つまり、$[-1.75]=[-2+0.25]$と、整数部分と小数部分に分割することで$[-1.75]=-2$となるのです。他の例も見てみましょう。

自然対数の底と呼ばれる$e=2.718281828\cdots\cdots$にマイナスをかけた$-e$のガウス記号$[-e]$の場合は、

$$[-e]=[-2.718281828\cdots\cdots]=[-3+0.28171817\cdots\cdots]=-3$$

となります。負の数のガウス記号は、とらえにくいですが、数直線を利用して視覚化すると理解しやすくなります。

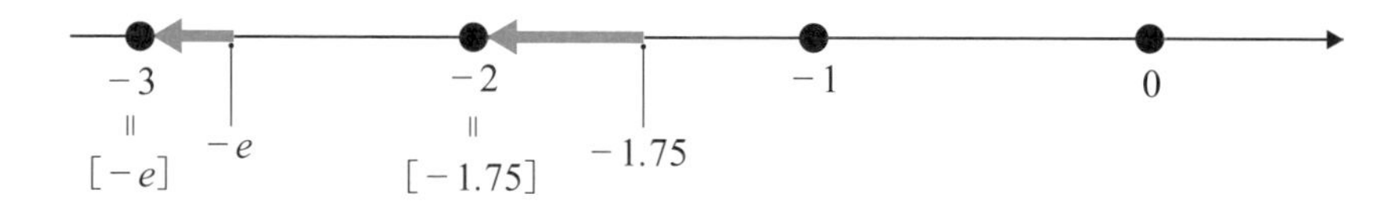

なお、小数部分もガウス記号を用いて表すことができます。

整数部分が$[x]$なので、全体(x)から、整数部分$[x]$を除けば小数部分となるので、$x-[x]$となります。

$x = [x] +$（小数部分） → $[x]$を移項して → （小数部分）$= x - [x]$

具体的には、1.75の小数部分0.75は、$1.75 - 1 = 0.75$ですが、$x = 1.75$とすると、$[x] = [1.75] = 1$なので、$x - [x] = 1.75 - 1 = 0.75$です。円周率$\pi$の場合は$[\pi] = 3$ なので、$\pi - [\pi] = \pi - 3$ です。

また、ガウス記号と同じ働きを持つものに**床関数**(floor function)があり、$\lfloor x \rfloor$と表します。$\lfloor x \rfloor = [x]$なので、$\lfloor 1.75 \rfloor = 1$です。

数の「切り捨て」は、ガウス記号を用いることで表すことができました。次は「切り上げ」を表してみましょう。

例えば、1.75の小数を切り上げると2となります。ガウス記号を直接用いると$[1.75] = 1$となってしまいます。2にするためにはどうすればよいでしょうか？

ここで負の数を利用するのです。先ほどの結果から$[-1.75] = -2$…①でした。マイナスはありますが、1.75と2の関係式ができました。マイナスをなくせば目的が達成できるので、①の式の両辺を-1倍すると、$-[-1.75] = 2$と、「切り上げ」を表現できます。

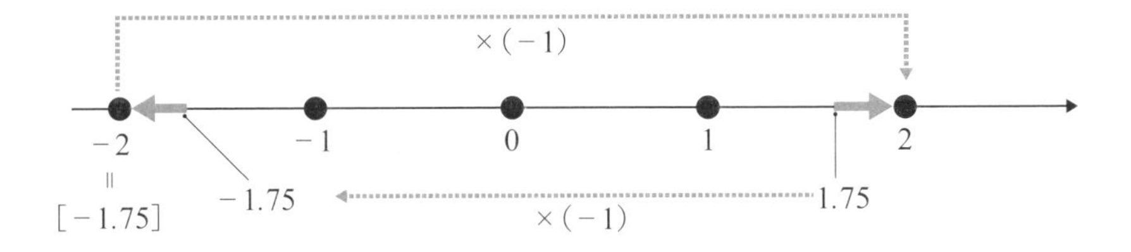

式で表すと$-[-x]$となります。重力加速度$g \fallingdotseq 9.80665$を切り上げて10にする場合は$-[g]$です。実際に確かめてみると、

$$-[-g] = -[-9.80665] = -(-10) = 10$$

となります。切り上げはガウス記号を工夫することで、式にすることができましたが、切り上げ専用の働きをする**天井関数**(ceiling function)もあり、

$\lceil x \rceil$ と表します。$\lceil -1.75 \rceil = -1$、$\lceil g \rceil = 10$ です。

次に**四捨五入**を見てみましょう。四捨五入は端数をキリのよい数にする方法の一つで、求める桁の次の位が4以下(4, 3, 2, 1, 0)なら切り捨て、5以上(5, 6, 7, 8, 9)なら切り上げて、一つ上の位に1を加えます。具体的に表すと次のようになります。

0.5 ～ 1.499999……を四捨五入すると　1
1.5 ～ 2.499999……を四捨五入すると　2
2.5 ～ 3.499999……を四捨五入すると　3
3.5 ～ 4.499999……を四捨五入すると　4

四捨五入とガウス記号の関係を見ると、0.5ずれているだけとわかります。

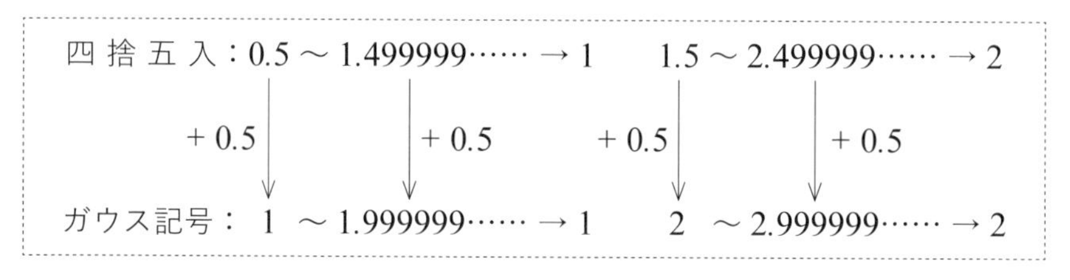

そのため$[x + 0.5]$とすることで四捨五入ができます。具体例で確かめてみましょう。

4.3を四捨五入すると4、4.7を四捨五入すると5ですが、

$$[4.3 + 0.5] = [4.8] = 4$$
$$[4.7 + 0.5] = [5.2] = 5$$

と、求めたい結果となります。

集合

数学を支える集合の用語を押さえる

範囲がはっきりしたものの集まりを**集合**といい、集合を構成している一つひとつのものを集合の**要素**または**元**といいます。高校までの教科書では要素、大学以降の教科書では元を使うことが多いです。

全体の集合をUniversal setというのでUで表すことが多いです。

1桁の自然数（1から9までの自然数）を集合Uとすると

$U = \{1, 2, 3, 4, 5, 6, 7, 8, 9\}$

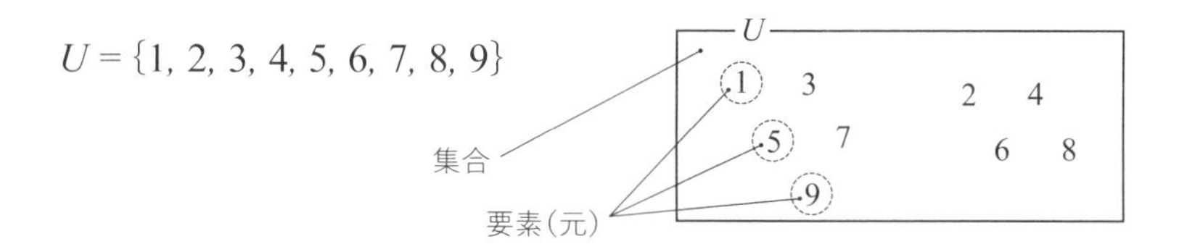

と表すことができます。集合を構成している1、2、3、……、9が集合の要素です。このように要素を具体的に列挙する表し方を**外延的記法**といいます。

集合の要素aが、集合Aに含まれるとき、aは集合Aに属するといい、$a \notin A$と表します。bが集合Aの要素ではないとき、$b \notin A$と表します。

$U = \{1, 2, 3, 4, 5, 6, 7, 8, 9\}$に1や2は含まれるので、$1 \in U$、$2 \in U$

$U = \{1, 2, 3, 4, 5, 6, 7, 8, 9\}$に0や$-1$は含まれないので、$0 \notin U$、$-1 \notin U$

となります。集合Uの要素の中から、奇数を集めた集合をS、偶数を集めた集合をTとします。

$S = \{1, 3, 5, 7, 9\}$

$T = \{2, 4, 6, 8\}$

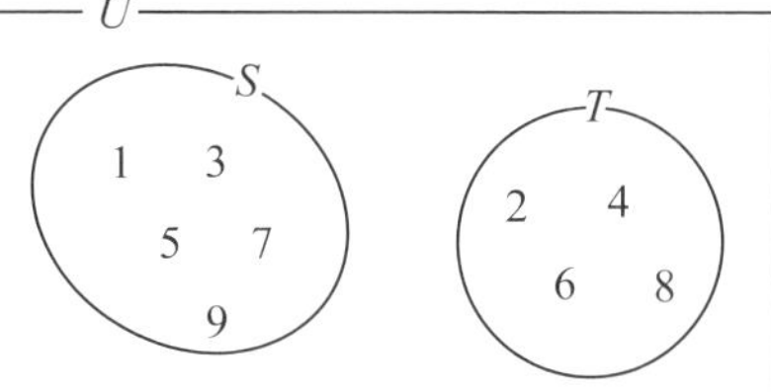

図を見ると、SとTはUに含まれていることがわかります。このとき、集合SとTは、集合Uの**部分集合**といい、含む、含まれる関係を**包含関係**といいます。

このように具体的な例であれば、部分集合を求めるのは問題ありませんが、数学は抽象的な集合を扱います。その際は、数学の言葉で部分集合を押さえることも大切なので、定義を紹介します。

集合Sの要素がすべて、集合Uの要素となっているとき、式で表すと「$x \in S$」ならば「$x \in U$」が成り立つとき、SはUの部分集合であるといい、$S \subset U$と表します。この例であれば、

$S = \{1, 3, 5, 7, 9\}$の要素は、すべて$U = \{1, 2, 3, 4, 5, 6, 7, 8, 9\}$の要素なので、$S \subset U$です。

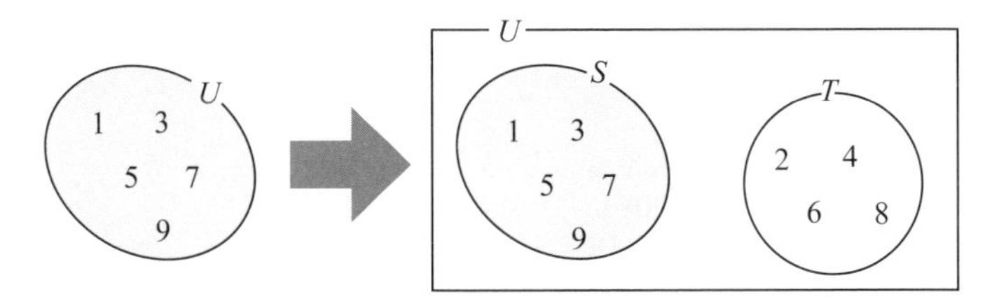

なお、右上図のように2つ以上の集合の関係を視覚的に表したものを**ベン図**といいます。

次に、$T = \{2, 4, 6, 8\}$の要素は、すべて$U = \{1, 2, 3, 4, 5, 6, 7, 8, 9\}$の要素なので、$T \subset U$です。

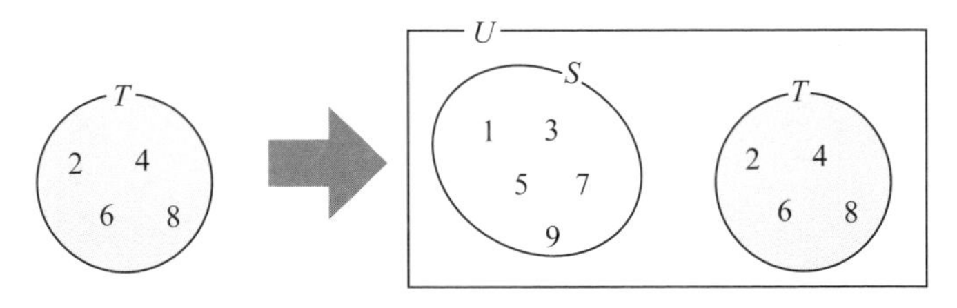

この集合は要素の数がそれほど多くないので列挙することができますが、要素も数が多い場合は大変です。そのときは、**内包的記法**と呼ばれる、

性質を記述する方法を用います。

$$S=\{n \mid n\text{は}10\text{以下の自然数で奇数}\}$$
$$T=\{n \mid n\text{は}10\text{以下の自然数で偶数}\}$$

続いて和集合、共通部分(積集合)に移ります。

2つの集合A, Bに対して, 集合AとBを合わせた集合を**和集合**といい、$A\cup B$($\cup$は「カップ」もしくは「または」と呼びます)で表します。また、集合AとBの共通部分を**積集合**といい、$A\cap B$($\cap$は「キャップ」もしくは「かつ」と呼びます)と表します。ベン図で表すと下図の通りです。

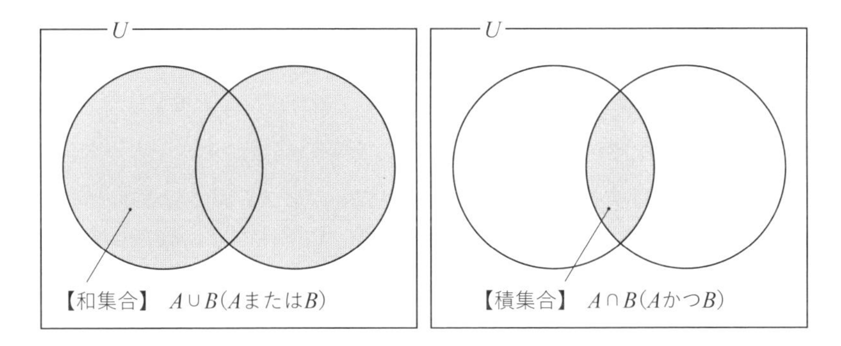

サイコロを振ったときの出た目で考えてみましょう。全体集合は$U=\{1, 2, 3, 4, 5, 6\}$で、集合Aを偶数の目$A=\{2, 4, 6\}$、集合Bを4以下の目$B=\{1, 2, 3, 4\}$とします。

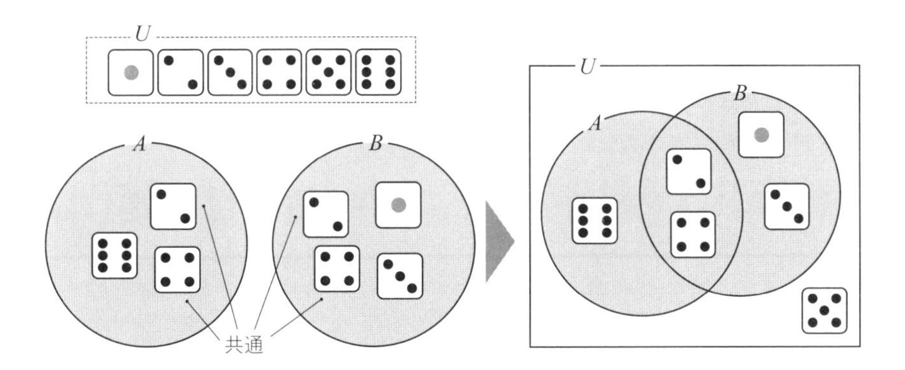

ベン図から、共通部分は$A \cap B = \{2, 4\}$、和集合は$A \cup B = \{1, 2, 3, 4, 6\}$とわかります。図を見ると、5は$A$にも$B$にも属していません。このような要素を表す集合として補集合があります。

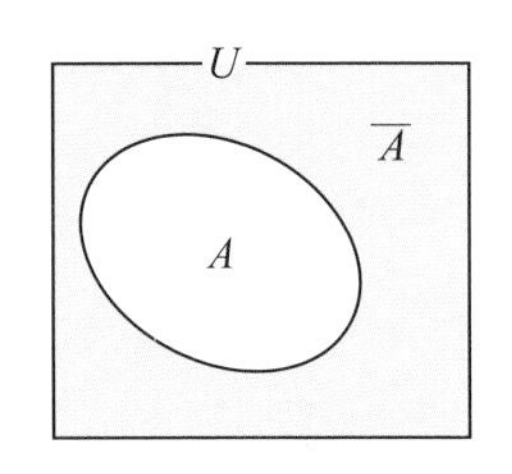

補集合は、全体集合をU、Uの部分集合をAとするとき、全体集合Uから集合Aを除いた集合で、$\bar{A}$またはA^c（cはcomplimentから）と表します。補集合$\bar{A}$は、Aに含まれないものの集合ともいえます。補集合$\bar{A}$は、全体集合Uから集合Aを除いた集合ですから、集合Aと共通部分がありません（$A \cap \bar{A} = \varnothing$）。

内包的記法を用いると$\bar{A} = \{x \mid x \in U$かつ$x \notin A\}$となります。

集合Aの要素の個数が有限のとき、個数は$n(A)$、$\#A$と表します。

全体集合$U = \{1, 2, 3, 4, 5, 6, 7, 8, 9\}$の要素の個数は9つ、部分集合$S$の要素の個数は5、部分集合$T$の要素の個数は4なので、記号で表すと次の通りです。

$n(U) = 9$、$n(S) = 5$、$n(T) = 4$
$\#U = 9$、$\#S = 5$、$\#T = 4$

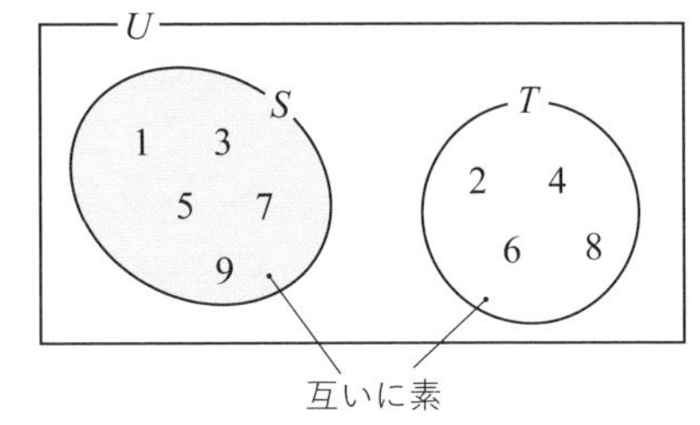

なお、この集合Sと集合Tは共通の要素がありません。集合間で共通の要素がないときを、**互いに素**といいます。集合にはまったく要素のない、**空集合**というものがあり$\varnothing$で表します（ギリシャ文字の「ϕ」に似ていますが、別ものです）。

互いに素は、共通部分を持たないので、$S \cap T = \varnothing$の場合と言い換えることもできます。

累乗・指数・次数・べき乗・昇べきの順、降べきの順

指数とべきの違い

中学生のときに、$3 \times 3 \times 3 \times 3 \times 3$を$3^5$（3の5乗）と簡易に表す**累乗**（power）を学びました。累には「かさねる」という意味があるので、累乗はかさねて（累）かける（乗）ことになり納得がいきます。累乗の形はさらに用語があり、3^5の5の部分を**指数**（index）、3の部分を**底**と呼びます。なお、この3^3、3^4、3^5、……のような累乗の表し方を導入したのは、ルネ・デカルトといわれています。

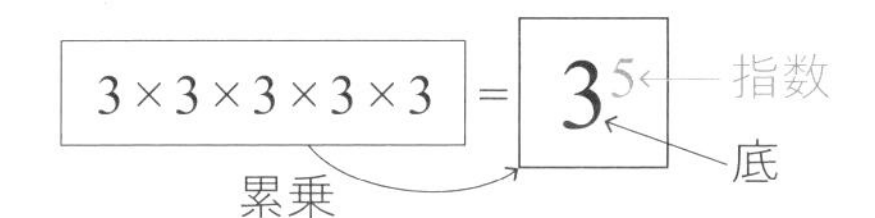

もちろん3^5程度であれば、累乗の形にせず具体的に書いてもよいのですが、アボガドロ数「600000000000000000000000」ではどうでしょう。書くのも大変ですし、0の数の書きもらしをしそうです。日本で使われている、数を表す漢字「一十百千万億……」を用いると、アボガドロ数は6000<ruby>亥<rt>がい</rt></ruby>となりますが、「亥」は普段あまり使わないのでよくわからない表現に見える可能性があります。そんな数に使うのが指数なのです。

指数は、日常あまり使わない大きな数や小さな数を、日常生活で使う数字に翻訳する機能もあります。先ほどのアボガドロ数は

$$6\,00000000000000000000000 = 6 \times 10^{23}$$

←0が23個→

とまとめることができます。では、次の例を見てみましょう

$$a \times a \times a \times b \times b = a^3 b^2$$

aの指数3
bの指数2

この場合は、aとbに分けて、aの指数は3、bの指数は2です。

この例はaとb合わせて5つの文字をかけていますが、この5を表す用語が**次数**です。次数は、文字式全体で文字をかけた数のことをいい、x^3y^2は5次式となります。

高校の数学になると、$\sqrt{3}=3^{\frac{1}{2}}$のように、指数部分が自然数ではないものも扱います。累乗は、かけ算した「回数」を表しますから、$\sqrt{3}$は3の累乗というのはふさわしくありません。そのようなときに用いるのが**べき乗**(power)です。べき乗は、指数が自然数以外の場合にも対応しているので、$\sqrt{3}$は3のべき乗ということができます。

以前は累乗をべき乗(べきの漢字は「冪」)といっていました。しかし、冪はあまり使わない漢字のため、「巾」や「べき」が使われています。

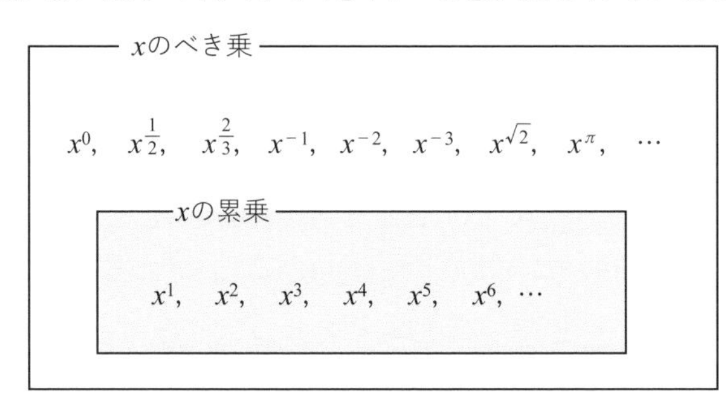

また、歴史的に中学校や高校の学習参考書などでは、べき乗が累乗に置き換わり現在に至りますが、名残もあります。

例えば、次数の大きい順に並べ替える「**昇べきの順**」や、次数の小さい順に並べ替える「**降べきの順**」です。次数は自然数とは限りませんから、「昇累・降累の順」ではなく「昇べき・降べきの順」なのです。

次数が小さい順

昇べきの順：$1+x+x^2+x^3+x^4=x^0+x^1+x^2+x^3+x^4$

次数が大きい順

降べきの順：$x^4+x^3+x^2+x+1=x^4+x^3+x^2+x^1+x^0$

(1はx^0、xはx^1です)

07 必要条件・十分条件・必要十分条件

日常の用語とセットで理解

「pならば$q(p \Rightarrow q)$」の形の命題が真であるとき、

qはpであるための**必要条件**
pはqであるための**十分条件**

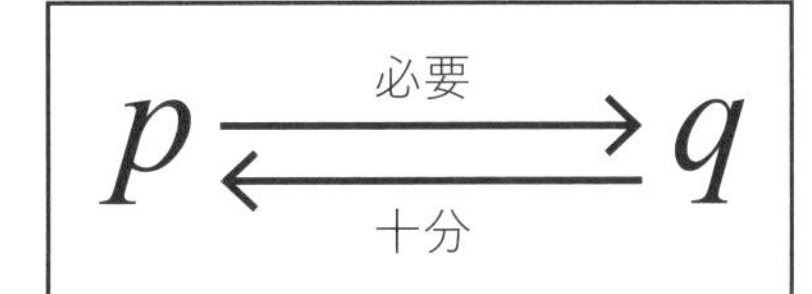

といいます。

$p \Rightarrow q$が真のとき、pは十分条件、qは必要条件
$q \Rightarrow p$が真のとき、qは十分条件、pは必要条件

となります。「$p \Rightarrow q$」が真で、「$q \Rightarrow p$」が真のとき、pとqはともに**必要十分条件**といい、$p \Leftrightarrow q$と表します。

イメージとしては、「最低限満たさなければならない条件・複数の条件のなかの一つに当たる条件」が必要条件で、「その条件を満たしていたら十分」な場合が十分条件です。必要条件がわかれば、その逆が十分条件なので、必要条件を理解できれば、十分条件もセットでわかります。

必要条件、十分条件はとっつきにくい部分があるので、具体例で理解しましょう。近年人気のフルーツであるシャインマスカットを使って、必要十分条件を見ていきます。まず、

「シャインマスカット(p)」$\Rightarrow$「フルーツ(q)」

という命題は真ですね。「シャインマスカット(p)」は、数々の「フルーツ(q)」のなかの一つ(複数の条件のなかの一つ)なので必要条件です。その逆は十分条件なので、

「シャインマスカット」は「フルーツ」であるための必要条件…①
「フルーツ」は「シャインマスカット」であるための十分条件…②
となります。

シャインマスカット $\underset{十分}{\overset{必要}{\rightleftarrows}}$ フルーツ

pを表す集合P、qを表す集合Qとすると、包含関係で表すことができます。包含関係で必要条件・十分条件を表すと、理解が深まります。

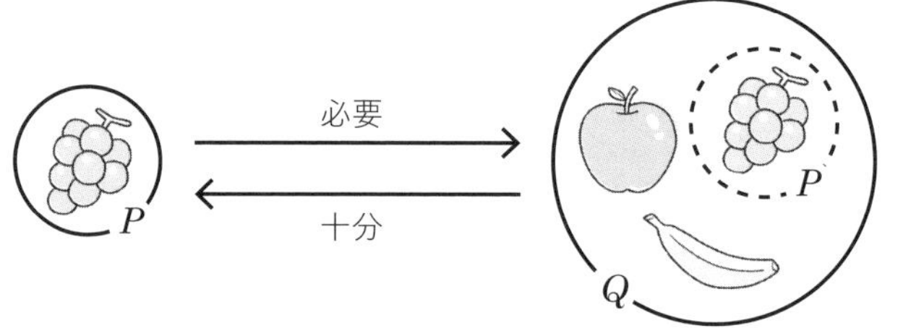

数式の例を見ていきましょう。$x^2 = 4$を解くと、$x = \pm 2$となるので、
「$x = 2$」⇒「$x^2 = 4 (\Leftrightarrow x = \pm 2)$」は真です。
「$x = 2$」は「$x^2 = 4 (\Leftrightarrow x = \pm 2)$」の解の一つ(複数ある条件の一つ)なので必要条件となります。その逆が十分条件なので、

「$x = 2$」 $\underset{十分}{\overset{必要}{\rightleftarrows}}$ 「$x^2 = 4 (\Leftrightarrow x = \pm 2)$」

「$x = 2$」は「$x^2 = 4 (\Leftrightarrow x = \pm 2)$」であるための必要条件
「$x^2 = 4 (\Leftrightarrow x = \pm 2)$」は「$x = 2$」であるための十分条件

となります。

命題の逆・裏・対偶

対偶は証明を容易にすることもある

前項で「シャインマスカット(p)ならばフルーツ(q)である」という例で「pならばq ($p \Rightarrow q$)」の形の命題を紹介しました。

命題「pならばq($p \Rightarrow q$)」に対して、pとqを入れ替えた「qならばp ($q \Rightarrow p$)」を**命題の逆**といいます。先ほどの例を用いると、

「フルーツ(q)ならば、シャインマスカット(p)」となります。

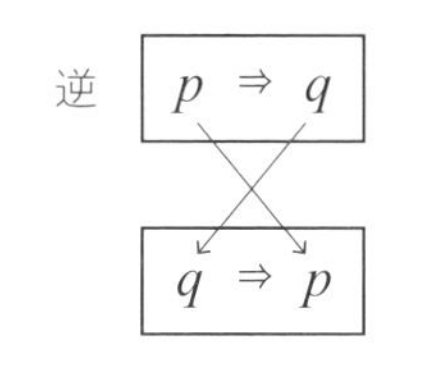

pとqを入れ替え

命題「pならばq($p \Rightarrow q$)」に対して、pとqを否定した「$\overline{p}$ならば$\overline{q}$ ($\overline{p} \Rightarrow \overline{q}$)」を**命題の裏**といいます。先ほどの例を用いると、

「シャインマスカットではない($\overline{p}$)ならばフルーツではない($\overline{q}$)」となります。

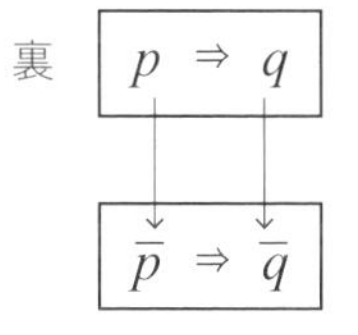

pとqを否定する

命題「pならばq ($p \Rightarrow q$)」に対して、逆と裏の操作を行なった「$\overline{q}$ならば$\overline{p}$ ($\overline{q} \Rightarrow \overline{p}$)」を**命題の対偶**といいます。先ほどの例を用いると、「フルーツではない($\overline{q}$)ならばシャインマスカットではない($\overline{p}$)」となります。

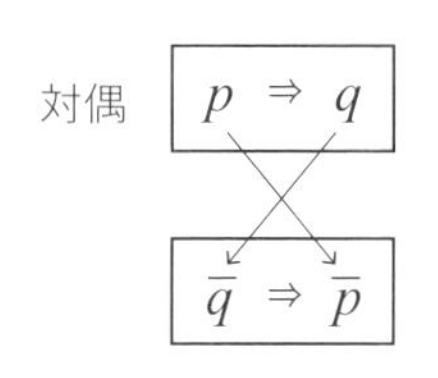

pとqを入れ替え否定

これらをまとめると次の図の関係となります。

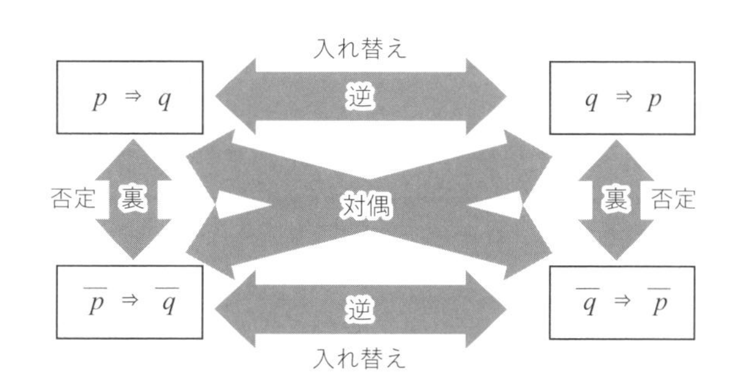

それでは、真の命題$p \Rightarrow q$に対して、逆、裏、対偶の命題を見ていきましょう。命題は①「シャインマスカット(p)⇒フルーツ(q)」と②「$x > 3$ (p) ⇒$x > 0(q)$」を用います。

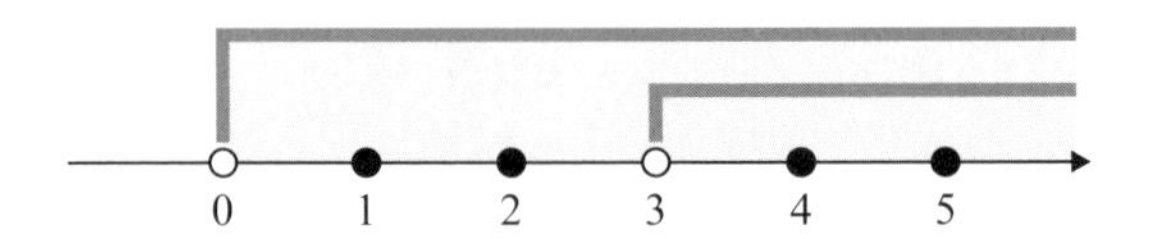

命題①の逆「qならばp」は、「フルーツ(q) ⇒ シャインマスカット(p)」となりますが、フルーツはマスカット、バナナ、オレンジ……とたくさんあり、シャインマスカットだけではありませんから、この命題は偽です。この例も含め、命題の逆は元の命題と真偽が一致しないことが多々あります。数式の入った命題②の逆も見てみましょう。

命題②の逆「qならばp」は「$x > 0$ (q) ⇒$x > 3$ (p)」ですが、xが0より大きいときは常にxが3より大きいわけではなく、$x = 1$や$x = 2$が反例となります。

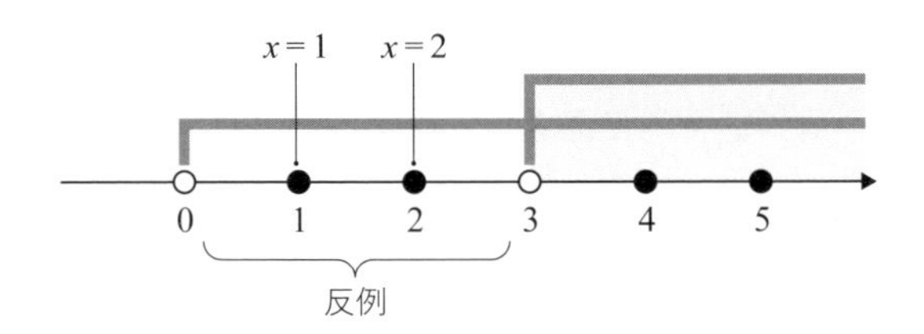

裏の命題「$\overline{p}$ならば$\overline{q}$」は、「シャインマスカットではない ⇒ フルーツではない」となりますが、先ほどの「逆」と同じように、シャインマスカットではなくても、マスカット、バナナ、オレンジなどフルーツの例がありますから、この命題は偽です。この例も含め、裏の命題は元の命題と真偽が一致しないことが多々あります。なお、

「実生活で数学が役に立たない」⇒「数学の勉強をしない」

という生徒もいると思います。そのような生徒に、実生活で数学が役に立つように指導することが必ずしも功を奏しないのは、裏の命題

「実生活で数学が役に立つ」⇒「数学の勉強をする」

が真にはならないことからわかります。

数式の入った命題②の裏も見てみましょう。

命題②の裏「$\overline{p}$ ならば $\overline{q}$」は「$x \leqq 3\ (\overline{p}) \Rightarrow x \leqq 0\ (\overline{q})$」ですが、$x$ が3以下のときは常に x が0以下ではなく、$x = 1$ や $x = 2$ などが反例です。

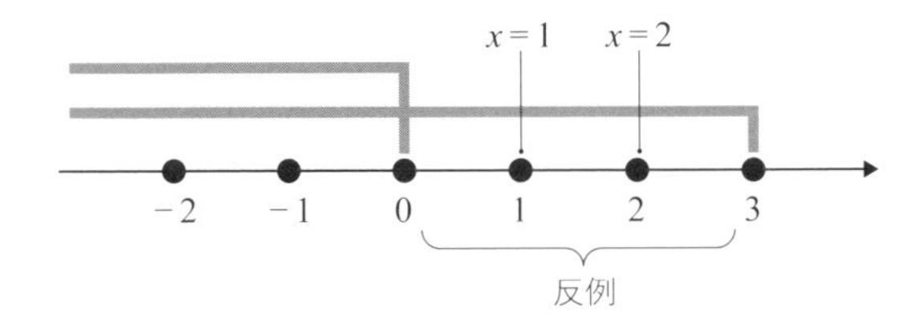

対偶の命題「$\overline{q} \Rightarrow \overline{p}$」は、「フルーツではない⇒シャインマスカットではない」となります。この命題は真です。対偶の命題の真偽は、元の命題の真偽と一致します。この性質はとても大事です。数式の入った命題②の対偶も見てみましょう。

命題②の対偶は「$x \leqq 0(\overline{q}) \Rightarrow x \leqq 3(\overline{p})$」で、$x$ が0以下のときは、常に x が3以下となります。

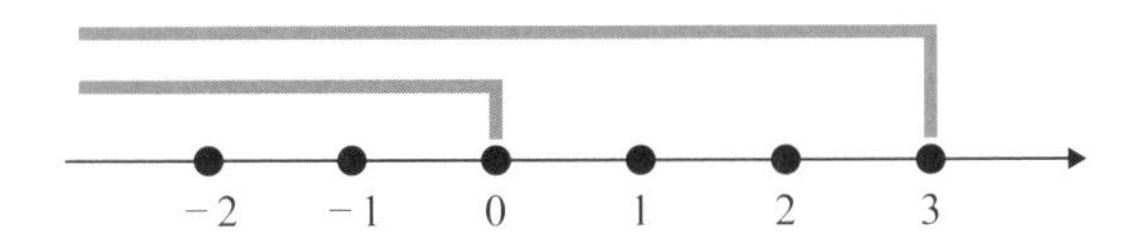

数学は命題に否定表現があるものを示すのが難しい場合が多いです。その場合は、命題の対偶を示すのもテクニックの一つです。

第 4 章

方程式にまつわる数学用語

方程式と恒等式

=(イコール)の意味が違う

「=」が入った式を**等式**(equality)といいます。「=」の左にある式を「**左辺**」、「=」の右にある式を「**右辺**」といい、「左辺」と「右辺」を合わせて「**両辺**」といいます。

$$\underbrace{「左辺」=「右辺」}_{両辺}$$

等式は、両辺に同じ数を足したり、引いたり、かけたり、割ったりすることができます。等式は**方程式**(equation)と**恒等式**(identity)に分けられます。

方程式は「x」などの未知数や変数を含んだ等式で、方程式の答えを**解**といい、方程式の解を求めることを「**方程式を解く**」といいます。

例えば、次の方程式を解きながら用語を確認しましょう。

$$x-3=7 \quad \cdots ①$$

①の「x」、「-3」、「7」を**項**といいます。未知数「x」の次数が1なので**1次**、使われている未知数の数は「x」の1種類なので**1元**といい、合わせて**1元1次方程式**といいます。

方程式は、両辺に同じ数を足し算、引き算、かけ算、0を除く割り算をして構いません。例えば、両辺に3を加えると、

$$x-3+3=7+3$$

$$x=7+3 \quad \cdots ②$$

①の式と②の式を比較すると、左辺の「-3」が右辺に「$+3$」となっています。このように左辺の項を、符号を変えて右辺に、右辺の項を、符号を変えて左辺に移すことを**移項**といいます。

恒等式は、「x」などの変数がどのような値のときにも成立する等式のこ

とです。

恒等式は、後に紹介するオイラーの公式($e^{i\theta} = \cos\theta + i\sin\theta$)など、いわゆる「**公式**」といわれているものに当たります。例えば、次の展開の公式③や因数分解の公式④も恒等式で、どんな数を代入しても成り立ちます。

$$(x+a)(x+b) = x^2 + (a+b)x + ab \quad \cdots \quad ③$$

$$a^2 - b^2 = (a-b)(a+b) \quad \cdots \quad ④$$

④に、$a = 5$、$b = 3$を代入した場合、左辺は$5^2 - 3^2 = 25 - 9 = 16$となり、右辺は$(5-3)(5+3) = 2 \times 8 = 16$となって、一致していることがわかります。しかし、確認するだけでは恒等式の活用性はわかりません。恒等式は、公式として活用すると、さまざまな計算を容易にします。例えば、「$59^2 - 41^2$」は、④の公式に$a = 59$、$b = 41$を代入すると、

$$59^2 - 41^2 = (59-41)(59+41) = 18 \times 100 = 1800$$

と容易になります。インド式と呼ばれる効率的な計算方法をよく見かけますが、その背景には恒等式が隠れています。

なお、④の恒等式は、下図のように図形で対応させることができます。

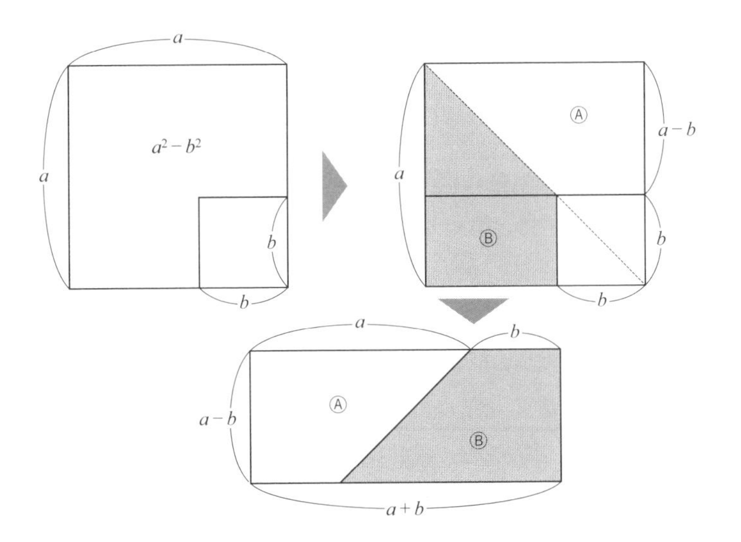

不等式と絶対不等式

負の数をかけ算すると不等号の向きが変わる理由

等号の関係(等しい関係)を表すのが等式ですが、大小などの不等号の関係を表すのが**不等式**(○<□)です。

不等式の計算は等式の計算とほとんど同じですが、一つだけ注意しなくてはいけないポイントがあります。それは、両辺に負の数をかけたり割ったりすると、不等号の向きが変わることです。

皆さん、不等式では負の数をかけると不等号の向きが変わると習いますが、なぜでしょうか?

丸暗記して覚えた人もいるかもしれません。この機会に、理由を探っていきましょう。まず、不等号の向きが変わるときは、

両辺に負の数をかける、負の数で割る、逆数をとる

場合です。ここでは、負の数をかける場合を見ていきましょう。

「xが3より大きい」を不等式で表してみてください。

答え方の記述方法には、次の2つがあります。

① $x > 3$
② $3 < x$

左辺にxを配置することが多いので、①の表記をよく見かけます。私は不等式で、<(小なり)と>(大なり)を共に使うと混乱しやすくなるので、<(小なり)のみで表記するため②で記述します。

②は、不等式を数直線で対応させる際に相性がいいという利点もあります。

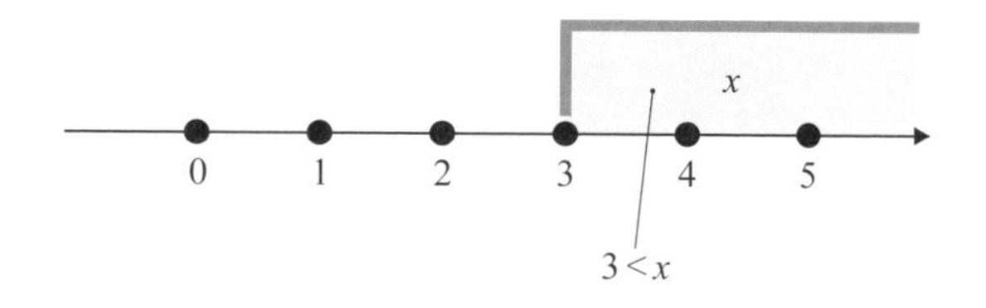

①と②は左辺と右辺を反転させているので、不等号の向きが変わっているのがポイントです。それでは、両辺に-1をかけると不等号の向きが変わる様子を、$-x<-3$　…※の式変形を通して見ていきましょう。

まず※の左辺にある$-x$を右辺に移項すると$0<x-3$となります。続いて右辺の-3を左辺に移項します。すると$3<x$　…②となります。②と①は、表記が違うだけで同じです。そのため$x>3$　…①となります。

つまり、$-$をかけることによって不等式の不等号の向きが変わる仕組みは「移項」と「①を②にするように不等式の左辺と右辺を入れ替える」ことが組み合わさっているだけなのです。ただし、これを毎度行なうのは大変なので、不等式で負の数をかけたり割ったりするときは、不等号の向きが変わると覚えておくのです。

等式には、あるxのときだけ成り立つ方程式と、xにどのような値を代入しても成り立つ恒等式がありました。
不等式にも似た言葉があります。恒等式の不等式版、つまり、どのようなxについても成り立つ不等式を**絶対不等式**といいます。
一般的に不等式といえば、あるxの範囲だけ成り立つものを指しますが、絶対不等式という用語に対応させて、**条件付き不等式**ということもあります。

	等式	不等式
あるxについて成り立つ	方程式	(条件付き)不等式
すべてのxについて成り立つ	恒等式	絶対不等式

恒等式が「公式」として名前がついているように、絶対不等式にも、相加相乗平均の不等式、コーシーシュワルツの不等式、三角不等式のように名前がついていることが多いです。

03

相加・相乗平均の不等式

有名な絶対不等式の例を考察する

まずは**相加相乗平均の不等式**です。$a > 0, b > 0$のとき

$$\frac{a+b}{2} \geqq \sqrt{ab}$$

が成り立ちます。

右辺は、aとbをかけ算して$\sqrt{\ }$をとる、かけ算の平均で、相乗平均と呼ばれます。左辺の$\frac{a+b}{2}$は普段は平均と呼びますが、相乗「平均」と混同しないために相加平均と呼んでいます。ここでは、証明を見ていきます。

不等式の証明は、$A \geqq B$の場合に$A-B$を計算して、0以上となることを示します。つまり、$A-B=$(式の計算)$\geqq 0$を示します。左辺のA、右辺のBが正の数の場合は、2乗したA^2-B^2を計算して0以上となることを示しても構いません。それでは、実際に試してみましょう。

$$\left(\frac{a+b}{2}\right)^2-(\sqrt{ab})^2=\frac{a^2+2ab+b^2}{4}-ab=\frac{a^2-2ab+b^2}{4}=\left(\frac{a-b}{2}\right)^2$$

$\left(\frac{a-b}{2}\right)^2$は2乗の式なので0以上、つまり$\left(\frac{a-b}{2}\right)^2 \geqq 0$です。
よって、相加相乗平均の不等式が証明されました。
なお、$\left(\frac{a-b}{2}\right)^2 \geqq 0$も絶対不等式となります。

円を使うと視覚的に証明できます。まず、長さがaとbとの線分を次の図のようにつなげて、円の直径をABとします。中心をOとし、P、Q、Rを図のように定めます。直径の長さが$a+b$なので、円の半径は$\frac{a+b}{2}$(OR)となります。図のPQの長さを求めると$\sqrt{ab}$となります。OR(半径)はPQより長いため、相加相乗平均の不等式が視覚化されます。

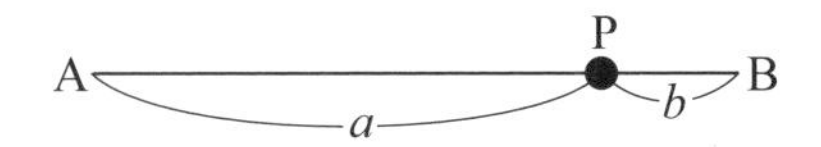

では、PQの長さを求めましょう。

OQは半径なので、長さが $\frac{a+b}{2}$ となり、

OPは $a-\frac{a+b}{2}=\frac{a-b}{2}$ と求まります。

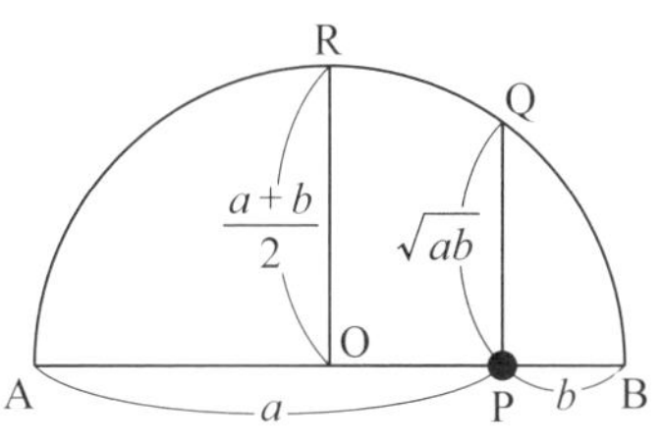

△OPQにピタゴラスの定理を用いると、

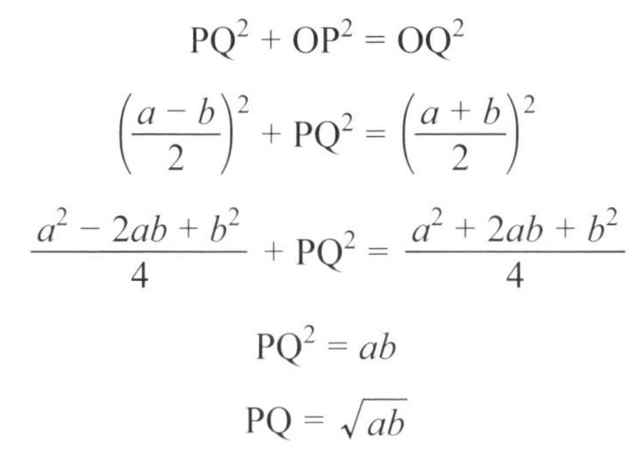

$$PQ^2+OP^2=OQ^2$$

$$\left(\frac{a-b}{2}\right)^2+PQ^2=\left(\frac{a+b}{2}\right)^2$$

$$\frac{a^2-2ab+b^2}{4}+PQ^2=\frac{a^2+2ab+b^2}{4}$$

$$PQ^2=ab$$

$$PQ=\sqrt{ab}$$

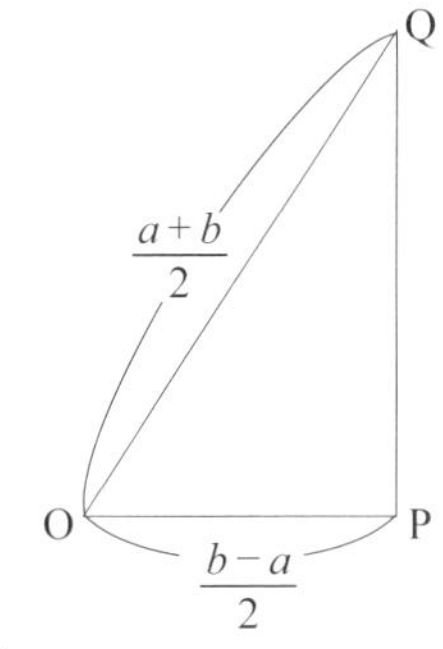

なおPQの長さは、次に紹介する「**方べきの定理**」を用いると、容易に求めることができます。

方べきの定理

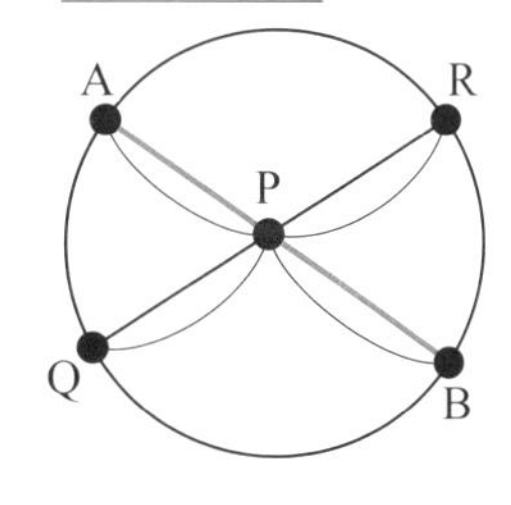

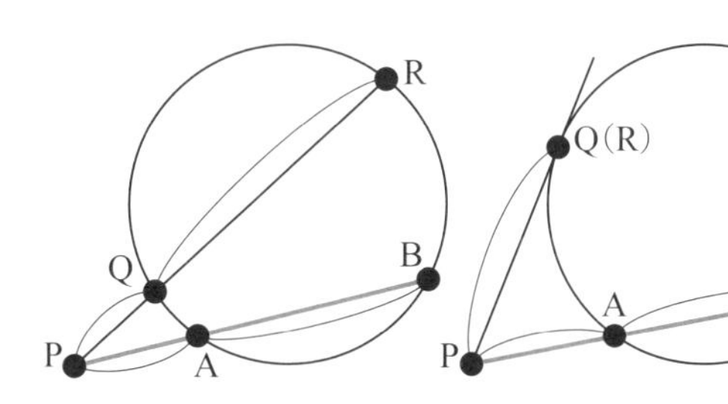

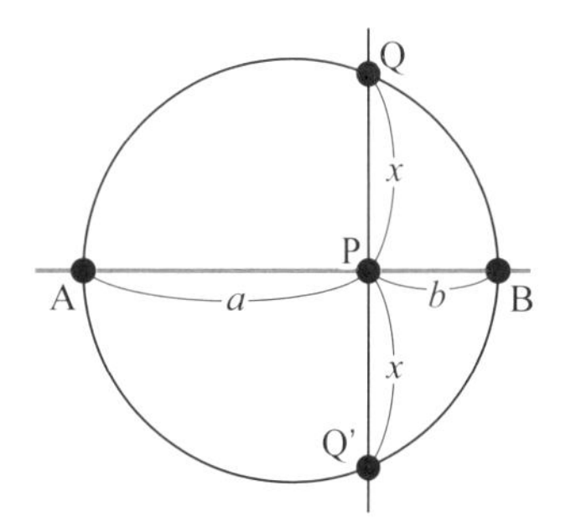

円周上に点A, B, R, Qがあるとき、

PA × PB = PQ × PRが成立。

PQ = xとすると、PQ' = x

方べきの定理より、PA × PB = PQ × PQ'

$a\times b=x\times x$よって$x^2=ab$より、$x=\sqrt{ab}$

円を用いた証明は他にもあるので紹介します。

半径aの円と半径bの円を、左下図のように点Tで接するようにします。このときの点Tを接点、2円の関係を外接といい、2円の中心の距離ABは、それぞれの半径の和$a+b$となります。なお2円の関係が右下図の場合を内接といいます。内接の場合、2円の中心の距離ABは、それぞれの半径の差$|a-b|$となります。それでは、相加相乗平均の不等式を導いていきます。今回は$a>b$とします。線分ABの長さは$a+b$、線分ACの長さは$a-b$となります。

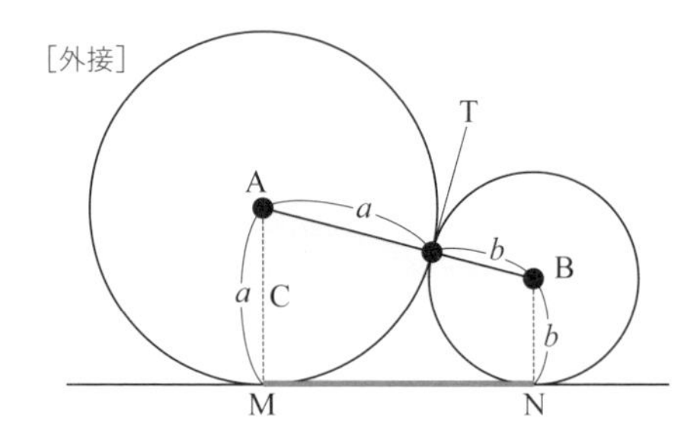

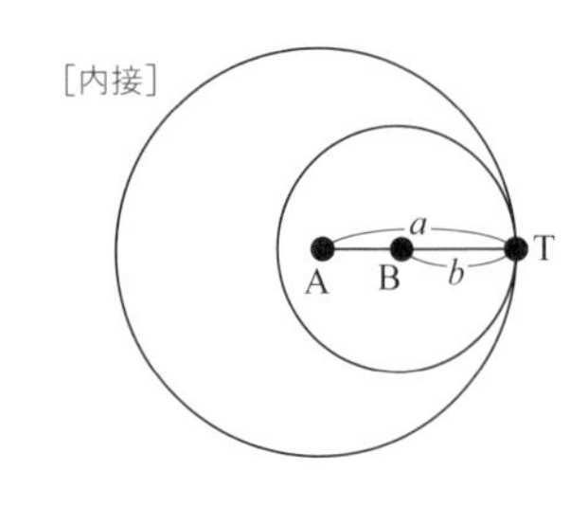

ピタゴラスの定理を用いると、BCの長さは、

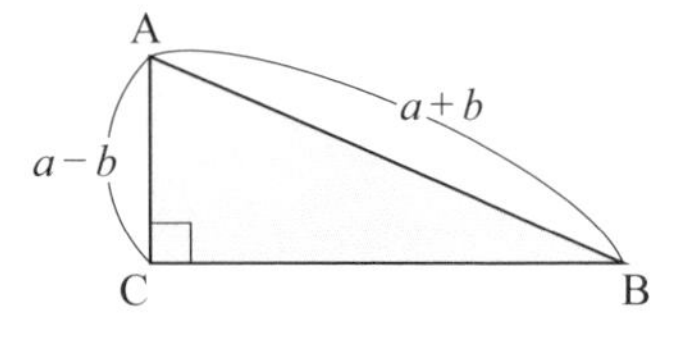

$$(a-b)^2+\mathrm{BC}^2=(a+b)^2$$

$$a^2-2ab+b^2+\mathrm{BC}^2=a^2+2ab+b^2$$

$\mathrm{BC}^2=4ab$　よって　$\mathrm{BC}=2\sqrt{ab}$

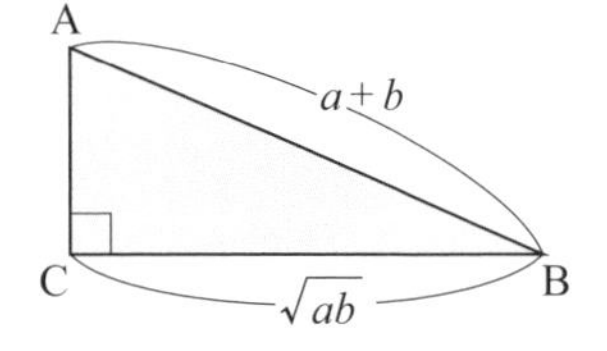

AB≧BCから$a+b \geqq 2\sqrt{ab}$　が求まります。

両辺を2で割ると相加相乗平均の不等式となります。

$$\frac{a+b}{2} \geqq \sqrt{ab}$$

なお、AB≧BCとなる理由は、三角形が成立する条件から成り立ちますが、数式で求めることもできます。

辺ACの長さは正の数(AC≧0)で、△ABCにピタゴラスの定理を用いると、$\mathrm{AB}^2=\mathrm{AC}^2+\mathrm{BC}^2 \geqq 0^2+\mathrm{BC}^2=\mathrm{BC}^2$となるので、AB≧BCです。

因数分解

因数とは？ キモは分解ではなく、まとめること

展開

$$(x+2)(x+3)=x^2+5x+6$$

左辺のように括弧がある式に分配法則を用いて、括弧のない式にすることを**展開**といいます。展開の逆に、

因数分解

$$x^2+5x+6=(x+2)(x+3)$$

を**因数分解**といいます。ここで、上式の右辺には1つの省略があります。それは、$(x+2)$と$(x+3)$の間のかけ算の記号「×」です。×を省略せず書くと、

$$x^2+5x+6=(x+2)\times(x+3)$$

ですが、このかけ算の形で一つの式（単項式）にまとめることが因数分解です。近年では、因数分解という言葉を日常で使っている方も見かけますが、「分解」という用語があるためか、分解と同じ意味で使われています。因数分解は、分解するというよりも、まとめるイメージのほうがしっくりきます。では、なぜこんな言葉なのかと疑問に思う方もいると思います。そこで質問です。

> $$x^2+5x+6=(x+2)\times(x+3)$$
>
> の$(x+2)$と$(x+3)$の部分の名称は何でしょう？

答えは、因数です。

$$x^2 + 5x + 6 = \underbrace{(x+2)}_{} \times \underbrace{(x+3)}_{}$$

因数

因数と因数の形に分けるから因数分解なんです。21を、

$$21 = 3 \times 7$$

因数

のようにかけ算の形にしたときは、3や7も因数ですから、これも因数分解となります。ただしこの場合、3と7は素数なので、特別に**「素」因数分解**ということが多いです。

このように、かけ算の形でまとめる因数分解ですが、主に計算を容易に、わかりやすくするために使われます。文字式の計算では因数分解をすることで計算が楽になり、日常生活では一つ一つの構成要素がわかりやすくなります。

私はタブレットなどを購入するとき、セットでカバーやガラスのフィルムを買います。近年は似たような名称のタブレットが多いため、サイズの違うカバーやガラスフィルムを誤って購入したことが何度かありました。今は間違えないように、サイズも見てチェックしています。サイズの部分は、因数分解されて書いてあることが多いので、チェックしやすく大きさがわかりやすいですね。

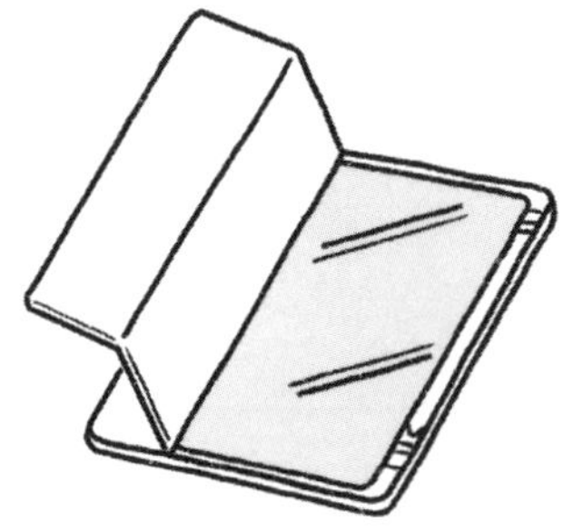

カバーのサイズ：253×181×20mm

フィルムのサイズ：240×170×3mm

暗号

因数分解の「面倒さ」を活用する

突然ですが、14351は素数でしょうか、合成数でしょうか？

現代のコンピュータであればすぐに判定できますが、エラトステネスのふるいなどを用いて手計算で判定するのは大変です。解答に移る前にもう一つ問題を出します。問題は「113 × 127の計算」です。

これは手計算でもなんとかできそうです。実際に行なうと、113 × 127 = 14351となるので、冒頭の数は素数ではなく合成数とわかります。この例のようにかけ算の計算（113 × 127）は簡単ですが、ある数を素因数分解（14351 = ○ × □）するのは大変です。

なぜなら、かけ算の計算は1回で済みますが、素数かを判定するためには、何度も割り算を実行しないといけないからです。

この例の数はまだ3桁 × 3桁ですから、現代のコンピュータならすぐに解いてくれますが、300桁 × 300桁のように莫大になると、現代のコンピュータでも1億年以上の年月を必要とします。

かけ算は簡単、素因数分解は困難というこの仕組みを利用したのが**RSA暗号**です。RSAは発明したマサチューセッツ工科大学の3人の数学者R.L. Rivest、A. Shamir、L. Adlemanの名前の頭文字に由来します。

なお**暗号**（cipher）は、伝えたい情報を特定の人にしか読めないように一定の操作を行ない、無意味な文字や符号の列に置き換えたものです。

暗号化された文を**暗号文**、暗号化される前の分を**平文**といいます。

この場合は、読む順序を反対にしたものが暗号文、暗号文の読む順序を反対にすると平文になります。

普通、暗号は「暗号化する人(X)」が、暗号文を解くための**鍵**(**共通鍵**)を準備します。暗号文は盗まれても、解読されなければ問題ありませんが、暗号を解くための鍵を盗まれてしまうと、いくら鉄壁な暗号でも解読されてしまいます。

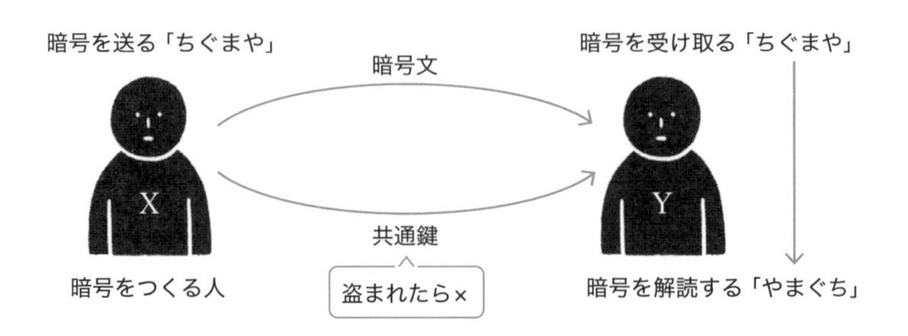

そこで、暗号を作るための鍵と暗号を解くための鍵をそれぞれ**公開鍵**と**秘密鍵**に分けて、暗号を解くための秘密鍵を送らないで済むようにしたのがRSA暗号です。秘密鍵を作成する際に巨大な素数が用いられるのです。

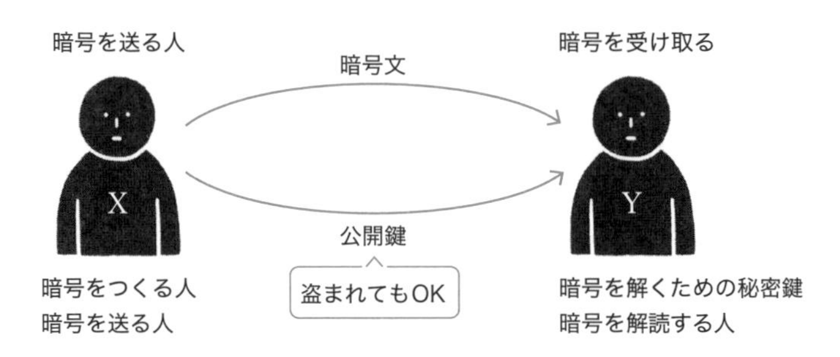

暗号をつくるための公開鍵と暗号を読むための秘密鍵をYさんがつくります。暗号化するための公開鍵をYさんがXさんに送り、秘密鍵はYさんがずっと保持します。Xさんは公開鍵を用いて暗号化して、Yさんに送ります。Xさんは暗号化できますが、Xさん自身も解読することができないのがRSA暗号です。

秘密鍵のやり取りをしないので、盗まれることはないのです。

解の公式·判別式·共役な関係

解の公式の重要性を考える

2次方程式 $ax^2+bx+c=0(a \neq 0)$ の**解の公式**のお話です。

$$x=\frac{-b \pm \sqrt{b^2-4ac}}{2a}\left(x=\frac{-b+\sqrt{b^2-4ac}}{2a} \text{と} x=\frac{-b-\sqrt{b^2-4ac}}{2a}\right)\cdots※$$

中学生や高校生のときには意義が見いだせなかった人もいるかもしれません。ここでは意義と導き方を紹介していきます。

2次方程式は、公式の√の中にある「b^2-4ac」が正の数であれば2つの解があります。「b^2-4ac」の正負によって解の個数が変わるため、「b^2-4ac」は**判別式**(Discriminant)と呼ばれ、頭文字のDを用いて表すことが多いです。

「b^2-4ac」の値が平方数のときは容易に因数分解ができる場合で、「b^2-4ac」の値が平方数ではないとき、2解の関係を**共役**といいます。

それぞれの場合を見ていきましょう。

「$2x^2+3x+1=0$」の場合、$a=2, b=3, c=1$なので、2解は

$$x=\frac{-3 \pm \sqrt{3^2-4 \times 2 \times 1}}{2 \times 2}=\frac{-3 \pm \sqrt{1}}{4}=\frac{-3 \pm 1}{4}$$

$$\text{より、}x=\frac{-3+1}{4}=-\frac{1}{2} \text{と} x=\frac{-3-1}{4}=-1$$

「$2x^2+3x-1=0$」の場合、$a=2, b=3, c=-1$なので、2解は

$$x=\frac{-3 \pm \sqrt{3^2-4 \times 2 \times (-1)}}{2 \times 2}=\frac{-3 \pm \sqrt{17}}{4}$$

となります。この2解

$$\frac{-3+\sqrt{17}}{4} \text{と} \frac{-3-\sqrt{17}}{4} \text{の関係を共役といいます。}$$

$b^2-4ac>0$のときは、2解がルートを含む無理数となるので、**共役無理数**といいます。「$b^2-4ac<0$」のときは、後に紹介する虚数を含む数とな

るので、**共役複素数**とよばれます。

2次方程式の解の公式の意義は、後に紹介する虚数を含めれば、「2次方程式は必ず解が存在して、それが具体的に表示できる」ことを保証していることです。一般に、数学の問題は解けるかどうかわかりません。しかし、2次方程式については解の公式があるので、必ず解けることがわかるのです。

大学で数学を学ぶと、「**存在性**」と「**一意性**」というキーワードを耳にします。つまり、解があるのか(存在性)と、解は手法を変えても一通りに決まるのか(一意性)が大切になるのです。その重要なキーワード「存在性」と「一意性」にまとめて応えているのが「2次方程式の解の公式」なのです。

解の公式はルートの計算があるため手計算が面倒で、苦手な人も多いと思いますが、だからこそルートの計算を身につけるのに合った題材でもあります。また、コンピュータは単純な計算が得意なので、コンピュータとも相性がいいのです。

次に解の公式を導いてみましょう。2次方程式を解く際には2乗の形をつくるのがコツです。2乗の形をつくる際、文字のある分数が出てくると面倒になるので、両辺に$4a$をかけます。

$$4a^2x^2 + 4abx + 4ac = 0 \ (a \neq 0)$$

「$4a^2x^2 + 4abx$」を2乗の形にするために、以下のように調整します。

$$\underline{4a^2x^2 + 4abx + b^2} - b^2 + 4ac = 0$$

下線部分を因数分解して、「$-b^2 + 4ac$」を右辺に移項します。

$$(2ax + b)^2 = b^2 - 4ac$$

両辺のルートをとって、$+b$を移項します。

$$2ax = -b \pm \sqrt{b^2 - 4ac}$$

両辺を$2a$で割ると、

$$x = \frac{-b \pm \sqrt{b^2 - 4ac}}{2a}$$

この式変形は、両辺に「$4a$」をかける部分が難しいですね。もちろん両辺に「$4a$」をかけずに証明することもできます。ただし、その場合は、途中で現れる$\sqrt{a^2}$の扱いを$\sqrt{a^2} = a$ではなく、$\sqrt{a^2} = |a|$とするのに注意が必要です。

第 5 章

関数にまつわる数学用語

01

xy平面（デカルト平面）

画期的なアイディアは虫がもたらした

「20歳を迎える前にあなたは亡くなります」
と、医師から診断されたら、あなたはどうしますか？

私ならオドオドしてしまいそうですが、病弱な身体を最大限に生かすのみならず、医師の診断を覆し、歴史に名を刻んだ人物がいます。それが今回紹介する「xy平面」を創り出したルネ・デカルトです。

デカルトは近代哲学の基礎を築いた人物で、著書『方法序説』にある「我思う故に我あり」や「困難は分割せよ」という言葉のイメージが強いかもしれません。そのためデカルトは数学者なの？ と思った方もいるかもしれませんが、哲学の分野のみならず数学の分野でも多大な成果をあげています。デカルトのあげた数学の有名な成果といえば、**座標平面**（xy平面）です。

皆さんは中学生の頃、1次関数、2次関数などを習い、x軸、y軸を引いてグラフを描いたと思います。デカルトは、グラフを描く際に利用する座標平面を生み出したのです。

もしかすると中学生の頃、xy平面を習い計算ばかりさせられた嫌な記憶がある方もいるかもしれませんが、この座標平面を用いると、数式を視覚化することが可能となり、図形の問題をセンスではなく計算で解くこともできるようになるのです。特に図形の問題で補助線を引くときなどは、しっくりしないこと・理解が難しいことが多々ありますが、そんな図形問題も、座標平面を使えば形式的な計算で求めることもできるのです。

かつてユークリッドは「幾何学に王道なし」、つまり図形に関する問題を簡単に解く方法はないと言いましたが、座標平面を使った解き方は、幾何学の王道になるのです。座標平面を活用する具体例のひとつに、話題になった東京大学の問題があります（26ページ）。

そんな幾何学の王道を示した座標平面のアイディアを、デカルトはどうやって思いついたのかというと……何と「虫」です。

ある日デカルトが横になって寝ていて、目が覚めたとき天井に虫がいたそうす。この虫がいた位置を友人にどう伝えようとデカルトは思いめぐらせ、端から右に4、上に3の位置に虫がいると伝えればわかりやすいのではと考えたそうです。

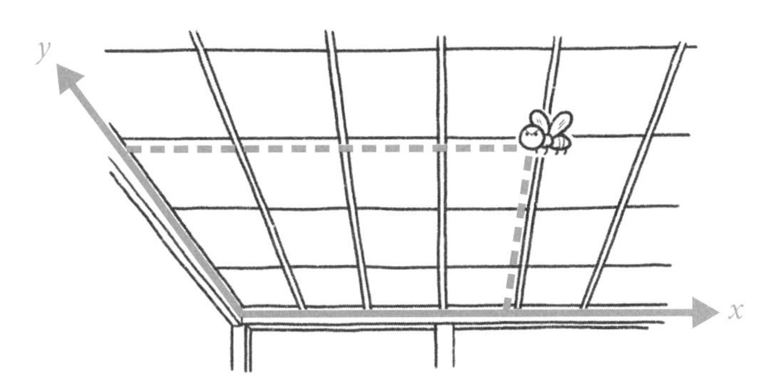

目が覚めて思いめぐらせたことが、後に数学を大きく変えるアイディアになったのです。それでは、数直線上の座標から見ていきましょう。

実数0に対応する点を**原点**といい、点Oで表します。一つの直線上に点Oをとり、Oを境に2つの部分に分けて、1つを正の部分、もう1つを負の部分として、負の部分から正の部分に向かう方向を正の方向とします。

次に、直線上に点Pをとって、1つの実数xを対応させるとき、xをPの座標といい、P(x)と表します。点(1)をA、点(−2)をBとする場合は、A(1)、B(−2)となります。

また、このように直線上に数を対応させて表すとき、この直線を**数直線**といいます。座標の入った数直線を**座標軸**といいます。

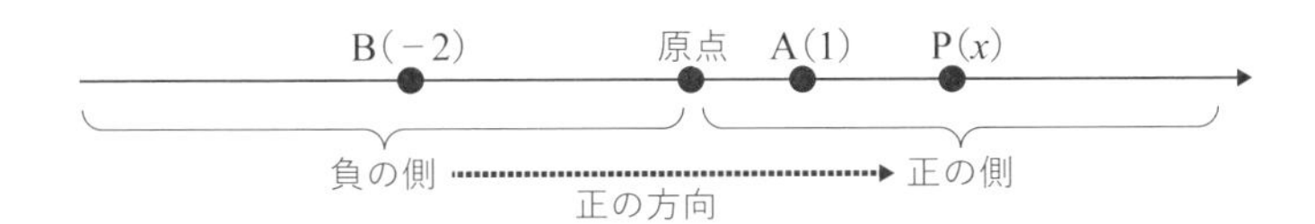

2つの座標軸を、右図のように原点Oを通るように互いに直交させます。このとき数直線の1つを**x軸**、もう1つの数直線を**y軸**とします。

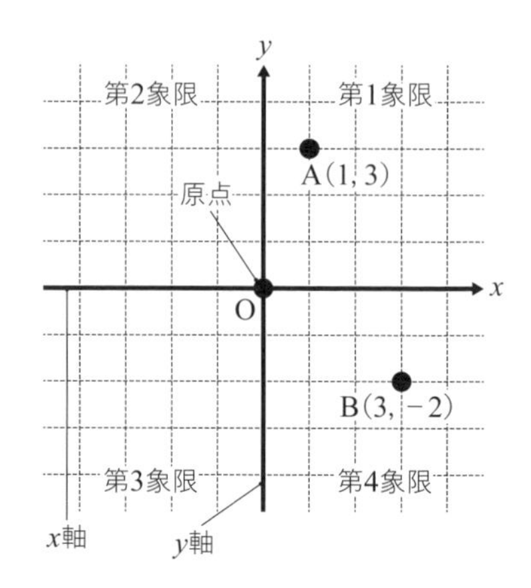

平面上に点Pをとって、2つの実数xとyを対応させるとき、その組(x, y)をPの座標といい、P(x, y)と表します。

原点Oからx軸の正の方向に1、y軸の正の方向に3動かした座標をA(1, 3)、原点Oからx軸の正の方向に3、y軸の負の方向に2動かした座標をB(3, −2)のように表します。このように、数の組で点の位置を定める方法を**座標系**といい、座標軸が直交する場合を**直交座標系**といいます。

座標平面は、x軸とy軸の2つの座標軸によって4つの領域に分けられています。

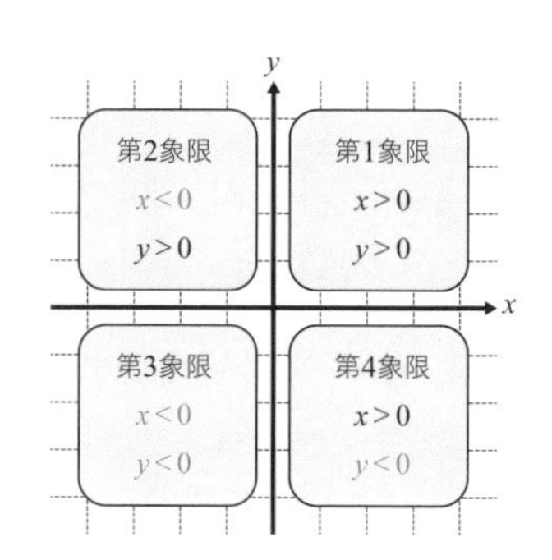

それぞれの領域を、右上から反時計回りに**第1象限**、**第2象限**、**第3象限**、**第4象限**といいます。なお、座標軸上の点(原点、x軸上の点、y軸上の点)は、どの象限にも属しません。

関数

身の回りの例で理解しなおす

xy平面で活躍する関数(function)を見ていきましょう。関数は中学生から耳にする用語です。あらためて「関数とは何」と問われると困る方もいると思いますが、ざっくりいうと「数を結びつける対応関係」です。

学校では数を「変数」として、xやyなどの文字を用いて表すので、「xの値を決めると、対応してyの値が1つに決まるとき、yはxの関数という」と習います。このとき変数「x」を独立変数、変数「y」を従属変数といいます。データサイエンスでは、「x」を説明変数、「y」を目的変数ともいいます。

例えば、自動販売機で1本140円の缶コーヒーを買う場合を考えましょう。1本は140円、2本なら$140 \times 2 = 280$円、…、5本なら$140 \times 5 = 700$円です。缶コーヒーを買う本「数」と、必要な料金(数)が対応しているので、この例は関数となります。式で表してみましょう。

xを缶コーヒーの本数、yを価格とすると、$x \times 140 = y$が成り立つので、整理すると$y = 140x$となります。

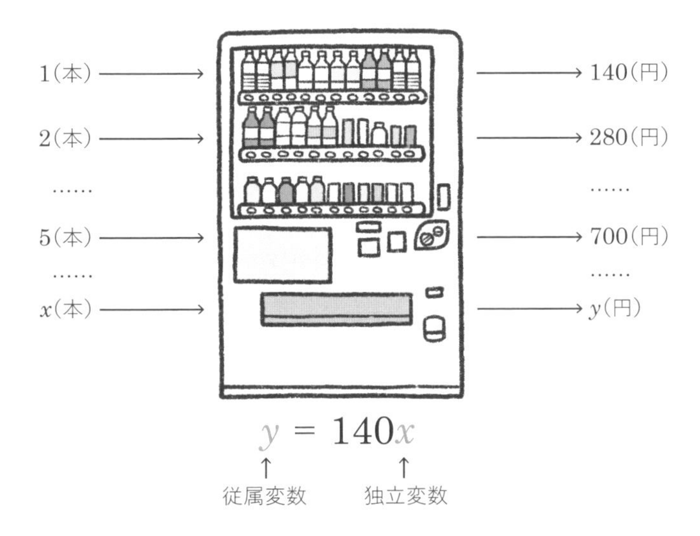

関数は、$y = 140x$のように右辺に「xを含む式」がありますが、この「xを含む式」を記号で$f(x)$ のようにまとめ、$y = f(x)$ などと表すこともあります。このように表示することで、長い式を短く表し、xに値を代入する際に、何を代入したのかを明確にすることができます。

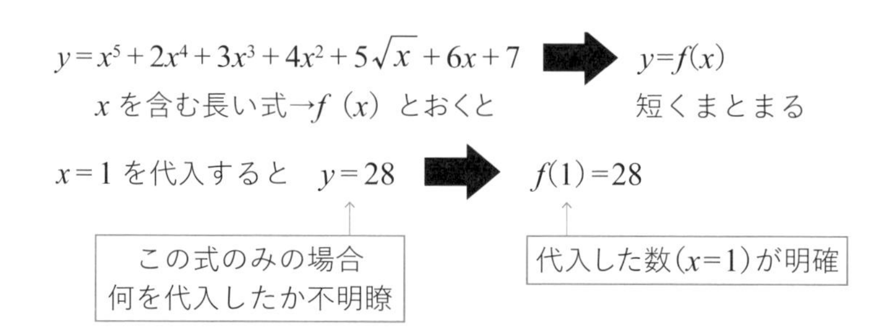

数と数の関係を、変数xやyに置き換えて関数で表すことで、式による形式的な計算が可能になったり、グラフを用いた視覚化ができます。

関数　→　さまざまな計算ができるようになる
　　　　　xy平面に表すことで、可視化することができる

なお、関数とfunctionには何の関連性がないように見えますが、これには理由があります。もともと関数は函数と書いていました。Functionのfunを音にすると函となり、中国語では函数をハンスウと発音するところが対応しています。また「函」は箱の中に入れる、入れ物の箱という意味があります。この経緯から関数（函数）の説明には、箱・ブラックボックスが用いられることが多いです。函数の函は1945年まで使用されていましたが、当用漢字から省かれてしまったため、関数とあらためられたのです。

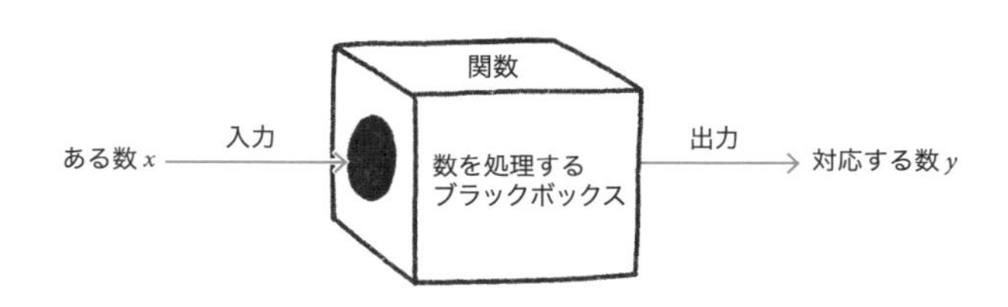

1対1対応

ファミレスの注文が必ず届く理由

私たちの生活のなかで、外食の時間はとても楽しいものです。レストランでメニューを見ながら食べたいものを選ぶ時間も楽しみの一つかもしれません。

そんなレストランの外食ですが、赤の他人である店員さんが、あなたの注文した料理を確実に届けてくれるのは、よく考えるとすごいことだと思いませんか？ 日常を振り返ると、言葉のちょっとした聞き間違いで大きな誤解を招くことが往々にしてあるのに、レストランでは、ほとんど間違わずに料理が届けられるのです。

ではレストランの店員さんは、なぜ確実に料理を届けられるのでしょうか？ 実はその秘密には数学が隠されているのです。

まず、レストランに入ると、普通、食事をするテーブルに案内されます。多くの場合、このテーブルには番号が割り当てられています。そしてこの番号を使うことでミスを防いでいるのです。

例えば、お客さんが「ハンバーグ定食」を頼んだとしましょう。このとき、①のように「お客さん」と「注文したもの（ハンバーグ定食）」を対応させるの

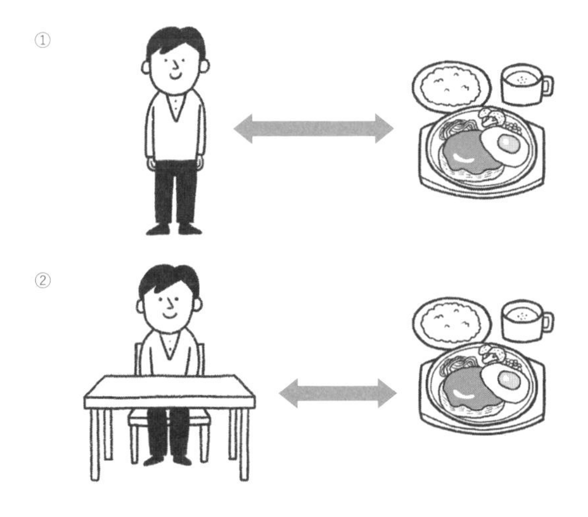

ではなく、②のように「テーブル番号」と「注文したもの(ハンバーグ定食)」を対応させることで、正確さを実現しているのです。

このように対応させる仕組みのことを、数学では「**1対1の対応**」といいます。レストランの店員さんが、お客さんの名前を一人一人聞いて注文をとると手間がかかりますし、ミスも増えます。新人の店員さんなら、なおさら大変です。そこで、手間を省きミスを減らすために「番号を経由させる」のです。これは「急がば回れ」で数学のテクニックの一つなのです。

1次関数

1次関数の理解に必要な用語を押さえる

関数の自動販売機の例で、$y = 140x$という1次式がありました。この式のように、変数yが変数xの1次式で表される関数$y = ax + b$ $(a \neq 0)$を**1次関数**といいます。1次関数は右図の通り、グラフで表すと**直線**(line)となります。aを**傾き**、bを**切片**もしくは**y切片**といい、a、bを合わせて**パラメータ**ともいいます。aは、xが1増加したときの増加分を表し、bはy軸との交点のy座標を表します。

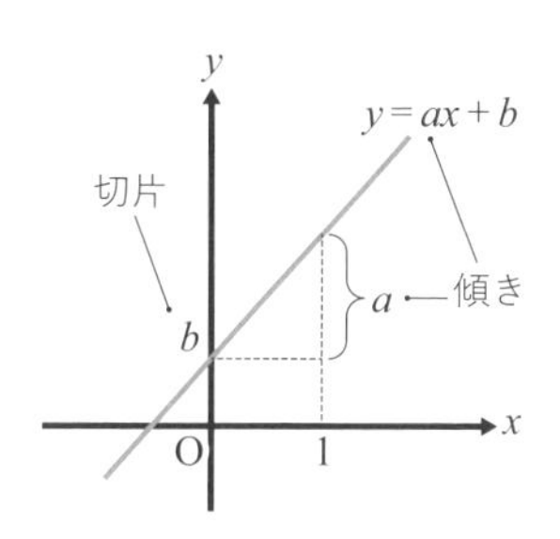

1次関数はグラフにすると直線となり、$a > 0$のときは右上がり、$a < 0$のときは右下がりの直線となります。

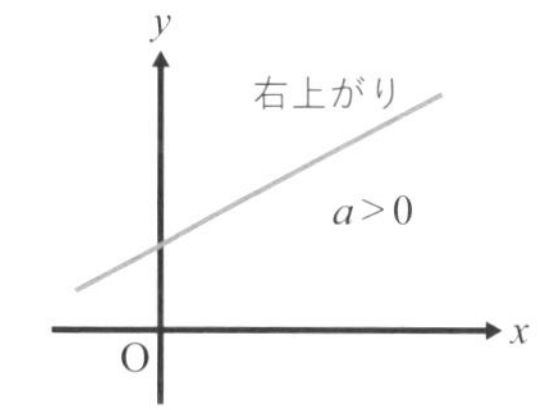

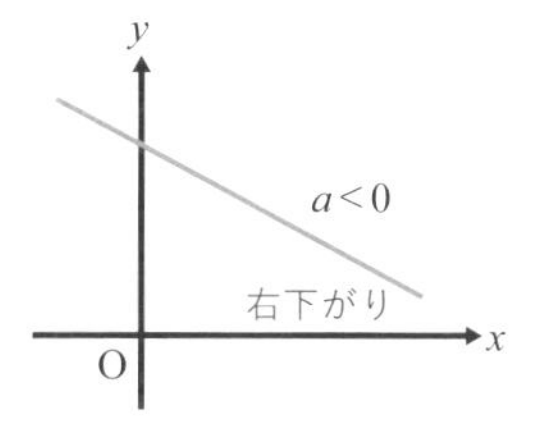

傾き$a = 0$の場合、$y = b$で表される**定数関数**となります。定数関数$y = b$は、どんなxの値に対しても定数bをとるので、x軸に平行な直線となります。なお、y軸に平行な直線は、どんなyの値に対しても定数をとるため、$x = c$という形となります。

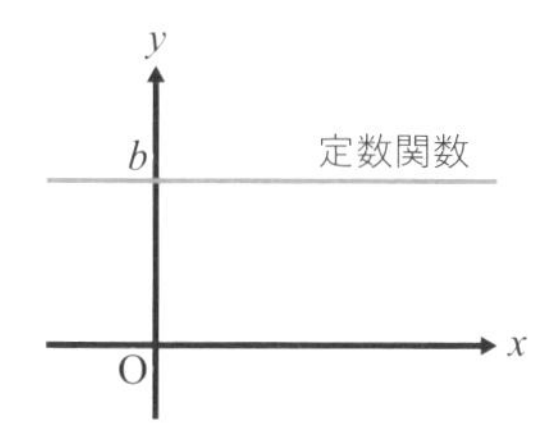

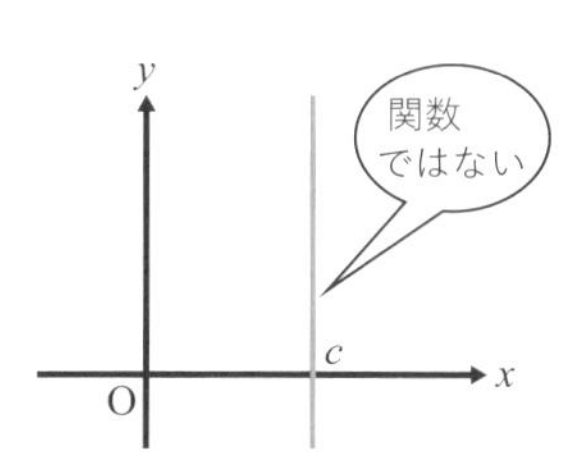

変数のとる値の範囲を**変数の変域**といいます。xの変域を**定義域**といい、xに対応するyの変域を**値域**といいます。定義域が$1 \leqq x < 3$のように限定されている場合は、グラフで視覚化するとわかりやすくなります。

変域…変数のとる値の範囲
・定義域…… x の変域(変数xのとる値の範囲)
・値域…… y の変域　(変数yのとる値の範囲)

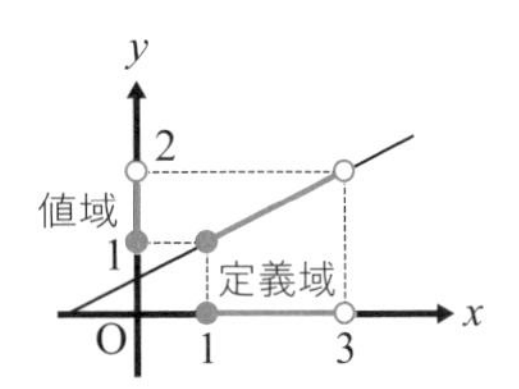

例えば、関数$y = \frac{1}{2}x + \frac{1}{2}$の定義域が$1 \leqq x < 3$のとき、値域は$1 \leqq y < 2$となります。なお、関数の最大値、最小値は、値域がわかれば求まります。$y = \frac{1}{2}x + \frac{1}{2}\,(1 \leqq x < 3)$の場合、最小値は$1\,(x = 1)$とわかりますが、最大値は存在しません。$x = 3$のときに、$y = 2$が最大値といいたいところですが、$x = 3$は定義域の外なので答えにはできません。それなら、$x = 2.99999999$……のとき、$y = 1.999$……ではと考えた方がいるかもしれませんが、「値」が定まっていないので、答えにできません。

このように、最大値や最小値は存在しないときがありますが、代用できるものがあります。それが**上限**(supremum)や**下限**(infimum)です。上限や下限のイメージを、数直線を用いて見ていきましょう。$1 \leqq x < 3$と$2 < x < 3$の場合は、上限、下限は次の通りです。

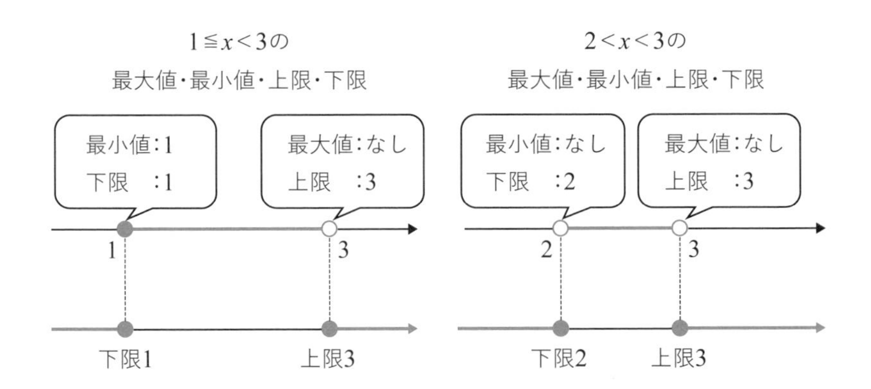

直線の領域と線形計画法

1次関数の応用例を体感する

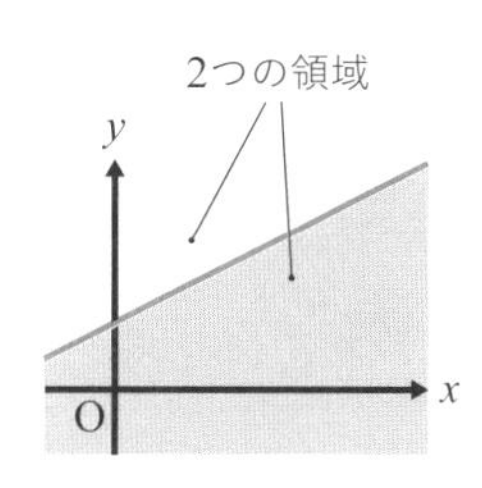

変数x、yについて不等式が与えられたとき、不等式を満たす点の存在する範囲を不等式の**領域**といいます。そこで、1次不等式$y > \frac{1}{2}x + 1$の表す領域を見てみましょう。まず、座標平面は直線$y = \frac{1}{2}x + 1$によって2つの領域に分けられます。

ここで、$x = 2$の場合を考えると、$y > \frac{1}{2} \times 2 + 1 = 2$と左下図のようになります。同様に、$x = 4$の場合を考えると、$y > \frac{1}{2} \times 4 + 1 = 3$となり、共に直線$y = \frac{1}{2}x + 1$の上側とわかります。このように$x$の値を変えながら計算することで、$y > \frac{1}{2}x + 1$は直線$y = \frac{1}{2}x + 1$の上側の領域とわかり、同様に考えると、$y < \frac{1}{2}x + 1$は直線の下側の領域とわかります。

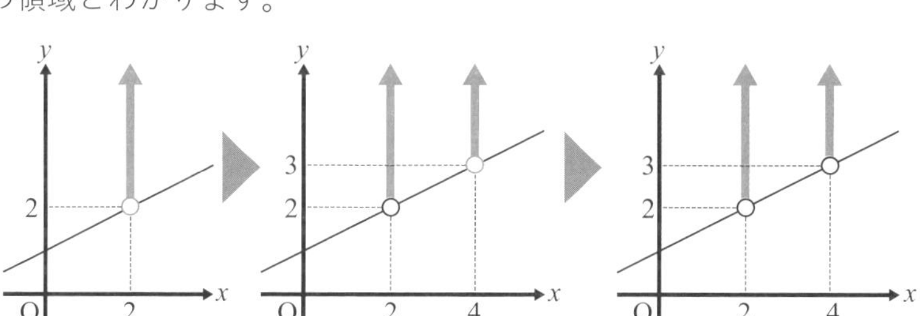

以上をまとめると次の通りとなります。

不等式$y > ax + b$の表す領域は、直線$y = ax + b$の上側の部分

不等式$y < ax + b$の表す領域は、直線$y = ax + b$の下側の部分

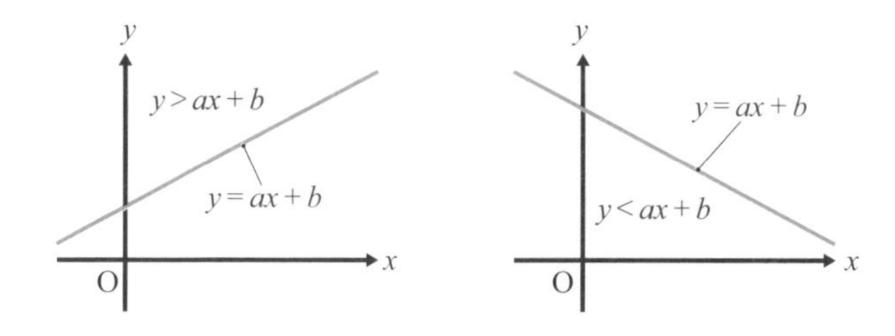

1次不等式の領域を活用した手法に**線形計画法**(linear programming)があります。線形(linear)は直線(line)上という意味で、1次式を表しています。線形は1次で代用されることも多々あります。線形計画法は、いくつかの1次不等式を満たす条件下で、1次式の最大値もしくは最小値(最適解とも呼ばれます)を求める方法です。

線形計画法は、次のステップで行ないます。

問題の定義　：達成すべき目的と満たすべき制約条件を設定する。
問題の定式化：問題を1次方程式と不等式を用いた数式にする。
問題の解決　：定式化した問題を解く。

線形計画法は、資源配分、生産計画、物流、財務管理など、実世界のさまざまな問題の解決に利用することができます。線形計画法を用いることで、組織はよりよい意思決定を行ない、効率を向上させ、資源を節約することができます。それでは、具体的に問題を見ていきましょう。

連立不等式

$x \geqq 0$…①

$y \geqq 0$…②

$2x + y - 4 \geqq 0$…③

$x + 2y - 6 \leqq 0$…④

が表す領域をDとします。点P(x, y)が領域D内を動くとき、$x + y$の最大値・最小値を求めましょう。

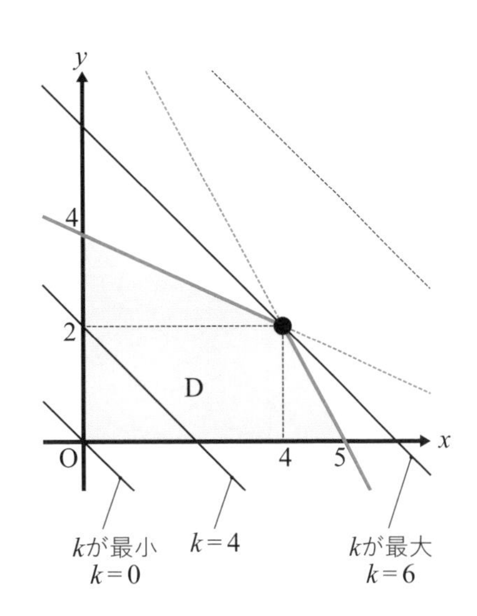

$2x + y - 4 = 0$　と

$x + 2y - 6 = 0$　の

交点は(4, 2)となります。

①〜④の領域を図示すると図の通りになります。

①〜④の制約条件を満たしながら、$x+y$を最大にするx, yの値を求めます。$x+y=k$と置くことで、$y=-x+k$から、$x+y$の最大値は、直線の切片の最大値・最小値を求める問題に読み替えられます。

直線$y=-x+k$が図にある領域を通過しつつ、切片($+k$)を最大・最小にすればよいので、図から(4, 2)を通るときが最大、原点Oを通るときが最小となります。

最大値：(4, 2)を通るとき　6　($x+y=k$ に $x=4$、$y=2$を代入する)
最小値：(0, 0)を通るとき　0　($x+y=k$ に $x=0$、$y=0$を代入する)

しかし、線形計画法にも限界があります。線形計画法は、変数間の関係が1次であることを前提としているので、線形ではない(非線形)関係を持つ問題には適さない場合が多々あります。さらに、線形計画モデルは、特定の仮定と制約にもとづいているので、現実の状況において常に成立するとは限りません。

線形計画法は、複雑なシステムを最適化するために使用できる強力な数学的ツールですが、そのような限界があることを意識して、慎重に使用することが重要です。

2次関数

パラボラアンテナの形を考察する

変数yが変数xの2次式で表される関数$y = ax^2 + bx + c\,(a \neq 0)$を**2次関数**といいます。$y = x^2$及び$y = -x^2$のグラフは、下図のように$y$軸を対象軸とする左右対称の放物線となります。放物線の対象軸を、放物線の**軸**といい、放物線と軸の交点を放物線の**頂点**といいます。$y = x^2$及び$y = -x^2$の軸はy軸で、頂点は原点Oとなります。$y = x^2$のように2次関数の最小値が頂点となる場合を**下に凸**、$y = x^2$のように2次関数の最大値が頂点となる場合を**上に凸**といいます。

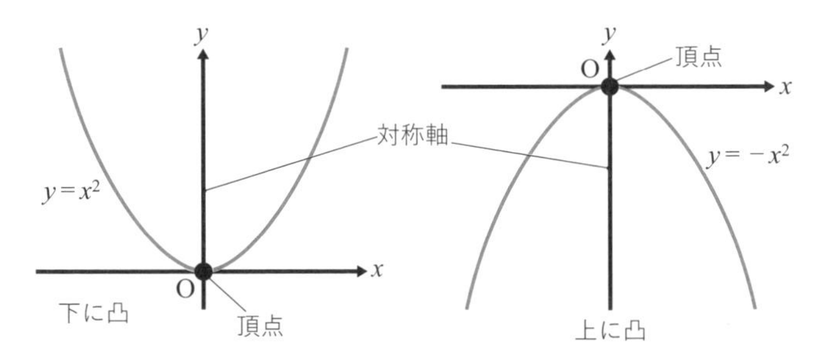

2次関数のグラフの形状である放物線を、私たちは日常でよく見かけます。放物線はその名の通り、ボールを投げたときの軌道や、噴水が噴き上がったときの軌道です。また、皆さんはBSやCSのアンテナを見たことがあるでしょうか？

BSやCSのアンテナは、右図のようにお皿の形をしていてパラボラアンテナと呼ばれます。このパラボラ(parabola)の意味は放物線です。

そして、放物線の対称軸(y軸)を中心に回転させたものを「**放物面**」といいます。この放物面は、対称軸に平行に入ってきた光、電波などを反射して、「焦点」という1点に集める性質があります。

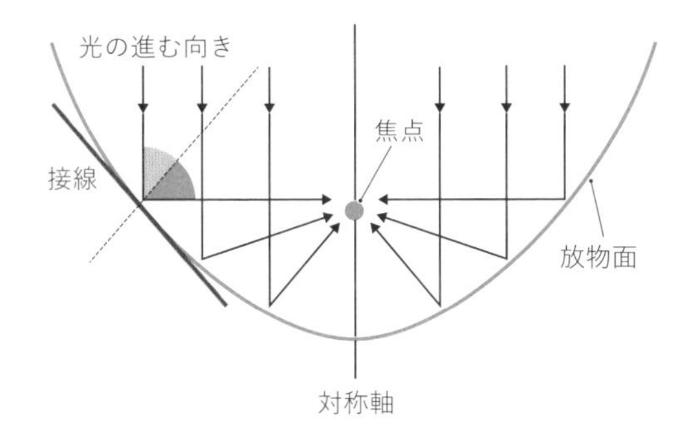

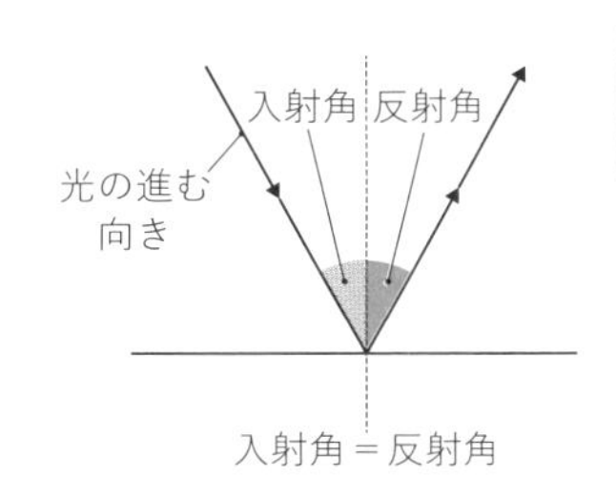

光や電波が放物面に当たって反射すると、入射角と反射角が等しくなる右図の「反射の法則」によるもので、当たった地点に接する直線（接線）の傾きに応じて反射するのです。

人工衛星の電波をとらえるパラボラアンテナも、下図のようにこの性質が使われています。

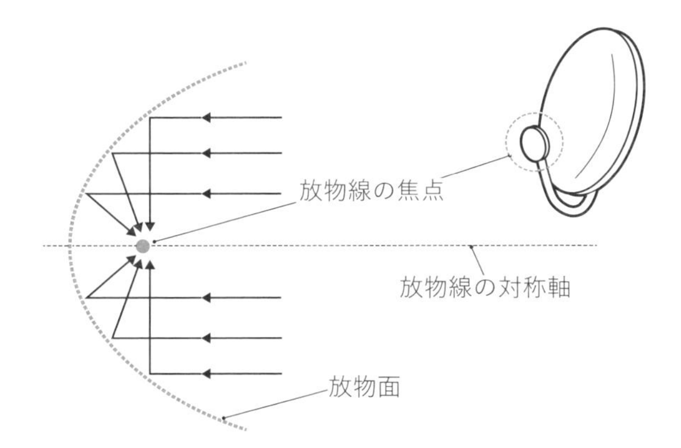

パラボラアンテナは、皿状の部分の内側に電波を受信する器具があります。皿状の部分が放物面で、受信する器具が焦点に該当します。

逆に、焦点から出た光や電波は放物面で反射され、対称軸と平行に出ていく性質があります。懐中電灯や車のヘッドライトはこの性質を活用することで、拡散することなく一定方向に光が集中するので明るく、ハロゲンヒーターはこの性質を利用して、熱源を集中することで暖かくします。

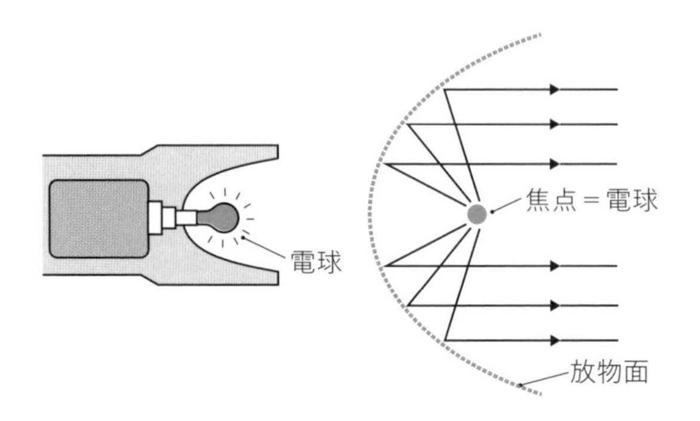

先ほどパラボラアンテナの仕組みを紹介しました。パラボラアンテナの電波を受信する器具は2次関数の焦点に当たりますから、真ん中に設定されています。しかし、設置してあるパラボラアンテナの電波を受信する器具をよくよく見てみると、真ん中にはありません。もしかすると、パラボラアンテナの焦点の位置は真ん中ではないのかも？ と思った方もいるかもしれません。たしかに、真ん中にはないように見えますが、ちゃんと真ん中にあります。

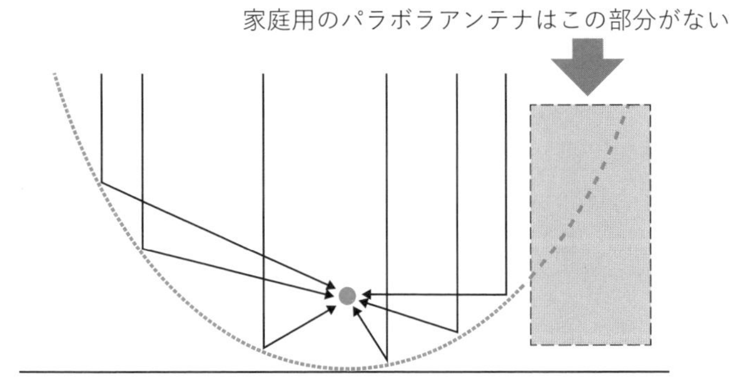

受信する器具が真ん中に見えない理由は、パラボラアンテナが左右対称になっていないためです。特に家庭用のパラボラアンテナは上図のような形状になっているものが多いので、焦点の位置が真ん中からずれて見え、受信する器具がやや下側に見えるのです。

07 平方完成・平方式・完全平方式

2次関数をまとめるテクニック

x^2+2x+1　を因数分解すると　$x^2+2x+1=(x+1)^2$　…①

多項式　　完全平方式

右辺がきれいに括弧の2乗のみの式となります。①のように括弧の2乗のみの式を**完全平方式**といいます。しかし、多項式は①のように、常に完全平方式になるわけではありません。例えば、x^2+2x+2は、①のような括弧の2乗のみの式ではなく、次のように＋1が余分につく形となります。

$$x^2+2x+2=(x+1)^2+1 \quad \cdots ②$$

多項式　　平方式

このように括弧の2乗に、余分な数が加わった形を**平方式**といいます。平方式のなかで特別なものが完全平方式です。①や②のような多項式を平方式にすることを**平方完成**といいます。平方完成は、2次関数のグラフの頂点を求める場合、2次方程式の解を求める場合、2次方程式の解の公式を証明する場合などに活用します。なお$y=x^2+2x+2$のように括弧の2乗を含まない形を2次関数の**一般形**、$y=(x+1)^2+1$のような平方式を2次関数の**標準形**ともいいます。

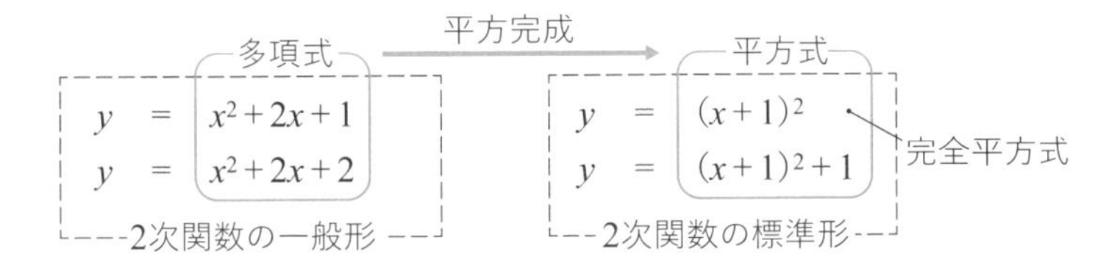

具体的に平方完成を行なって、その手順を見ていきましょう。まず$x^2-2px+p^2=(x-p)^2$を考えます。

この左辺のp^2を右辺に移項すると、$x^2-2px=(x-p)^2-p^2$となります。

$$x^2-2px+p^2=(x-p)^2 \xrightarrow{p^2\text{を移項}} x^2-2px=(x-p)^2-p^2$$

完全平方式　　　　　　　　　　　　平方式

移項した式を見てみると、xの係数$-2p$を半分にした$-p$が括弧の2乗中に入ります。そしてこの$-p$を2乗したp^2を引いた形となります。

$$x^2-2px=(x-p)^2-p^2$$

半分　2乗を引く

具体的に平方完成を行なってみましょう。

$$x^2-6x=(x-3)^2-3^2=(x-3)^2-9$$

半分　2乗を引く

1次の項xの係数が正の数であっても、式変形は同じです。

$$x^2+8x=(x+4)^2-4^2=(x+4)^2-16$$

半分　2乗を引く

定数項がある場合は、まず定数項以外を考えます。

$$x^2+4x+5=(x+2)^2-2^2+5=(x+2)^2+1$$

半分　2乗を引く

$$x^2-6x+10=(x-3)^2-3^2+10=(x-3)^2+1$$

半分　2乗を引く

最後にまとめます。

2次関数の一般形$y=ax^2+bx+c$を、平方式を含む2次関数の標準形$y=a(x-p)^2+q$の形にするのが平方完成です。

$$y=ax^2+bx+c\text{[一般形]} \longrightarrow y=a(x-p)^2+q\text{[標準形]}$$

平方式

上に凸と下に凸

定義で表すのは少し難しい

2次関数のグラフは、x^2 の係数が負の場合は、左下図のような山型となり、x^2 の係数が正の場合は谷型となります。この山型を**上に凸**、谷型を**下に凸**ということを紹介しましたが、ここでは上に凸、下に凸をさらに掘り下げみましょう。

グラフ上の2点を結んだ線分が常にグラフの下側にある関数を**上に凸な関数**といいます。

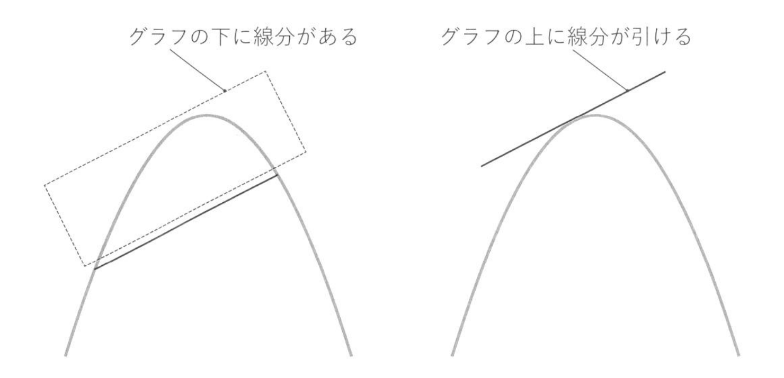

この定義は、接線を使って言いかえることもできます。右上図のように、接線をグラフの上に引ける関数が、上に凸な関数となります。

グラフ上の2点を結んだ線分が常にグラフの上にある関数を**下に凸な関数**といいます。

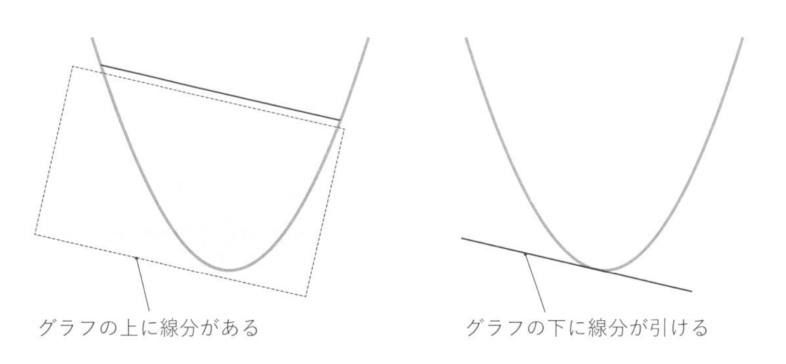

5
関数にまつわる数学用語

上に凸の場合と同様に、下に凸も接線を使って言いかえることができます。接線をグラフの下に引ける関数が下に凸な関数となります。

コラム

数学では凹は使わないの?

上に凸、下に凸と、どちらも凸が使われていますが、凹を使うこともできます。「上に凹」は「下に凸」と同じです。

なお凹が直接使われる例として、凹四角形があります。

私たちが普段よく見る四角形は、凸四角形と呼ばれる左下図のようなものですが、右下図も、角が4つありますから四角形の一つです。

右下図のように、一つの内角の大きさが180°（πラジアン）を超えるような四角形を凹四角形といいます。

[四角形(凸四角形)]　　　　[凹四角形]

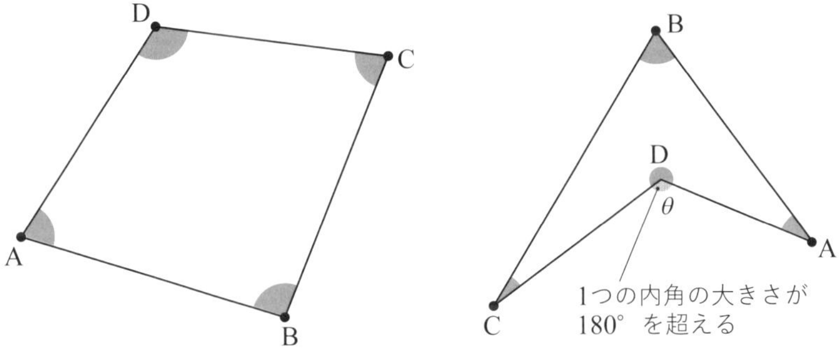

凹四角形で$\angle CDA = \theta$とするとき、$\angle A + \angle B + \angle C = \theta$となります。高校受験などで見かけた公式かもしれません。

四角形の内角の和は360°より　$\angle A + \angle B + \angle C + \angle D = 360^\circ$ …①

また、$\angle D + \theta = 360^\circ$ …②

①－②とすると、$\angle A + \angle B + \angle C - \theta = 0^\circ$　となるので、

$$\angle A + \angle B + \angle C = \theta$$　となります。

5

関数にまつわる数学用語

点と直線の距離の公式

中学で学ぶ知識で証明可能

直線は、傾きmと切片nを利用して$y = mx + n$と表すことができます。直線の方程式には、この基本的な形以外にもさまざまあります。経済学などでは、x切片p（≠0）とy切片q（≠0）を利用して直線を描く切片形$\frac{x}{p} + \frac{y}{q} = 1$があります。

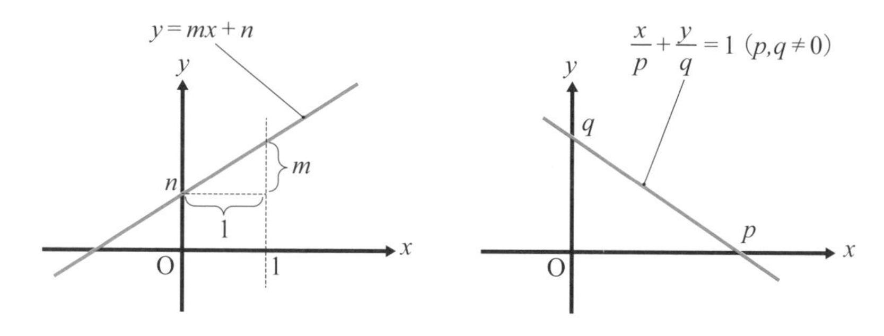

これらの形は直線を描く際に便利ですが、計算を行なううえでは必ずしも便利とは限りません。そこで直線の方程式には、$y = mx + n$、$\frac{x}{p} + \frac{y}{q} = 1$とは別に、$ax + by + c = 0$という、右辺の値を0にした一般形があります。一般形はグラフを描く際には便利とはいいがたいのですが、点と直線の距離の公式など、公式を活用して計算する際に必要となります。

直線を描く際に活用	公式を使う際に活用 （直線の一般形）
$y = mx + n$、$\frac{x}{p} + \frac{y}{q} = 1$	$ax + by + c = 0$

直線の一般形を用いる例として、**点と直線の距離の公式（ヘッセの公式）**があるので見ていきましょう。

点と直線 ℓ の距離の公式（ヘッセの公式）

直線 ℓ ：$ax + by + c = 0$ ＋と点(x_0, y_0)との距離dは

$$d = \frac{|ax_0 + by_0 + c|}{\sqrt{a^2 + b^2}}$$

点と直線の距離の公式を用いて具体的に求めてみましょう。

点$(1,5)$と直線 ℓ ：$3x - 4y + 2 = 0$の距離を求める場合は次の通りです。

$$d = \frac{|3 \times 1 - 4 \times 5 + 2|}{\sqrt{3^2 + (-4)^2}} = \frac{|-15|}{5} = \frac{15}{5} = 3$$

点$(2, -1)$と直線：$y = 2x + 1$の距離を求める場合はどうでしょう。

$y = 2x + 1$のように直線が一般形ではない場合は、一般形にしてから公式を利用します。

$$y = 2x + 1 \Leftrightarrow 2x - y + 1 = 0$$

$$d = \frac{|2 \times 2 - 1 \times (-1) + 1|}{\sqrt{2^2 + (-1)^2}} = \frac{|6|}{\sqrt{5}} = \frac{6\sqrt{5}}{5}$$

それでは、点と直線の距離の公式を証明してみます。

直線 ℓ ：$ax+by+c=0$ の式で、$a=0$ や $b=0$ の場合は容易に距離が求められるので、$a \neq 0$、$b \neq 0$ とします。証明は大変ですが、三角形の相似を利用すると計算を楽にすることができます。

まず $\mathrm{P}(x_0, y_0)$ から x 軸に垂線を下ろします。そして右下図のように三角形をつくります。

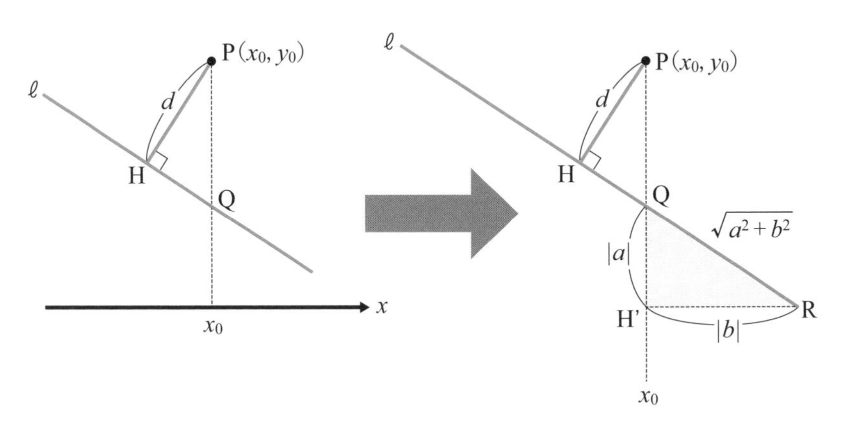

直線 ℓ ：$ax+by+c=0$ を標準形にすると

$y=-\frac{a}{b}x-\frac{c}{b}$ なので、傾きは $-\frac{a}{b}$ です。

傾き $-\frac{a}{b}$ は、x 軸方向に b 進むとき、

y 軸方向に $-a$ 進みます。このとき

x 軸方向の距離は $|b|$、y 軸方向の距離は $|a|$ となります。

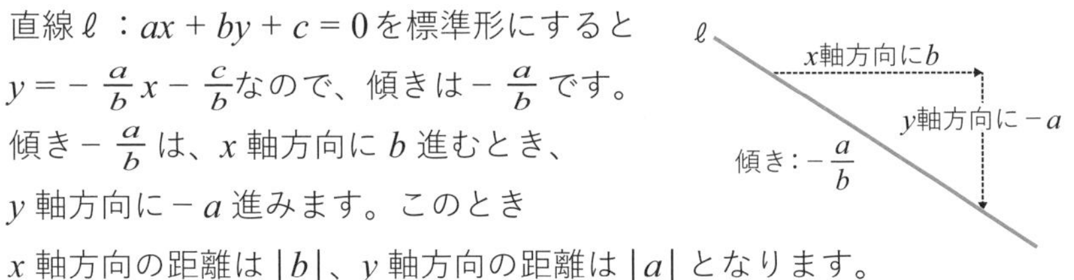

点 Q の y 座標 Y は、$ax+by+c=0$ に $x=x_0$ として、

$$\text{点 Q の } y \text{ 座標} \quad Y=-\frac{ax_0+c}{b}$$

PQ の長さは、点 P の y 座標と点 Q の y 座標の距離なので、

$$|y_0-Y|=\left|y_0-\left(-\frac{ax_0+c}{b}\right)\right|=\left|\frac{ax_0+by_0+c}{b}\right|=\frac{|ax_0+by_0+c|}{|b|}$$

QRの長さは、△QH'Rに三平方の定理を用いて、

$$\sqrt{|a|^2 + |b|^2} = \sqrt{a^2 + b^2}$$

となります。△PQHと△RQH'は相似（△PQH ∽ △RQH'）なので、PQ：PH = RQ：RH'となります。

P
$\frac{|ax_0 + by_0 + c|}{|b|}$
d
Q
H

R
$\sqrt{a^2 + b^2}$
$|b|$
Q
$|a|$
H'

実際に計算すると、

$$\frac{|ax_0 + by_0 + c|}{|b|} : d = \sqrt{a^2 + b^2} : |b|$$

内項の積と外項の積は等しくなるので、

$$d\sqrt{a^2 + b^2} = \frac{|ax_0 + by_0 + c|}{|b|} \times |b|$$

$$d\sqrt{a^2 + b^2} = |ax_0 + by_0 + c|$$

$$d = \frac{|ax_0 + by_0 + c|}{\sqrt{a^2 + b^2}}$$

と、公式が求まります。

指数関数とべき関数

似ているようで少し違う

今回は、**べき関数**と**指数関数**を見ていきましょう、べき乗と指数は似たような表し方ですが、べき関数と指数関数は趣が違います。

べき関数は、xをべき乗した、$y=x$、$y=x^2$、$y=x^3$、$y=\sqrt{x}$、$y=x\sqrt{x}$、$y=x\sqrt{2}$などの関数で、$y=x^a$の形をしています。

べき関数のなかで、$y=x$や$y=x^3$などの正の奇数乗の関数は原点対称のグラフとなり、**奇関数**といいます。$y=x^2$や$y=x^4$などの正の偶数乗の関数はy軸対称のグラフとなり、**偶関数**といいます。

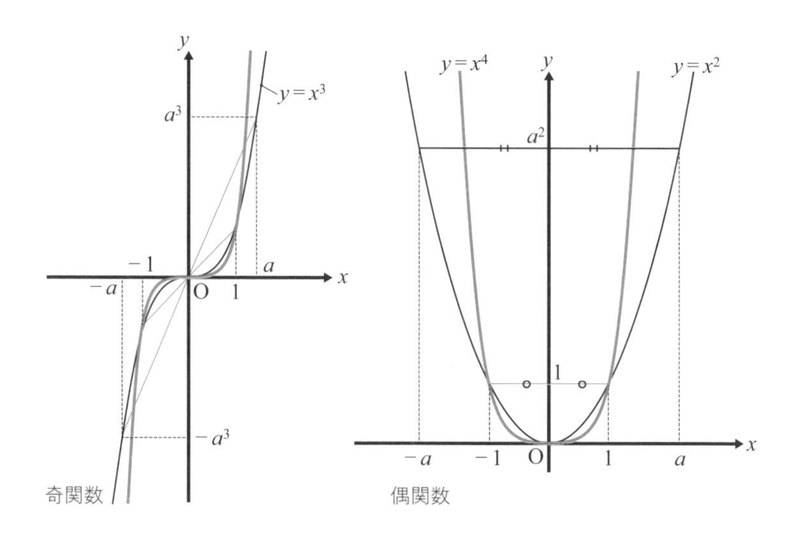

奇関数は原点対称のグラフなので、$x=a$のときのyの値と、$x=-a$のときのyの値は符号が反対となり、式で表すと$f(-x)=-f(x)$です。

偶関数はy軸対称のグラフなので、$x=a$のときのyの値と、$x=-a$のときのyの値が一致し、式で表すと$f(-x)=-f(x)$です。

$y=f(x)$が奇関数：$f(-x)=-f(x)$　グラフは原点対称
$y=f(x)$が偶関数：$f(-x)=f(x)$　　グラフはy軸対称

続いて指数関数を見ていきます。指数関数は、指数が関数になっているので、$y=2^x$、$y=e^x$、$y=\left(\frac{1}{3}\right)^x$……などの関数で、$y=a^x$の形をしています。
べき関数との違いは次の通りです。

べき関数　　$y=x^a$　　　　　　　　　　　　（xをべき乗した関数）
指数関数　　$y=a^x$　（底$a>0,\ a\neq 0$）（指数の部分が関数）

a^xのaの部分を**底**といい、1を除く正の数とします。
$y=2^x$は2を底とする指数関数、$y=\left(\frac{1}{3}\right)^x$は$\frac{1}{3}$を底とする指数関数といいます。$y=2^x$に具体的な値を入れてグラフを描いてみましょう。

x	-3	-2	-1	$-\frac{1}{2}$	0	$\frac{1}{2}$	1	2	3
$y=2^x$	$\frac{1}{8}$	$\frac{1}{4}$	$\frac{1}{2}$	$\frac{1}{\sqrt{2}}$	1	$\sqrt{2}$	2	4	8

上記の表から、$y=2^x$は増加する関数（**増加関数**という）とわかります。
通る点をプロットすると、右下図のようなグラフとなります。
xの値が小さくなるにつれて、グラフが少しずつx軸に近づいています。このように、少しずつ近づくことを**漸近**するといい、このときの 直線を**漸近線**といいます。

指数関数の重要な特徴は、増加や減少の速度が速いことです。先ほどの$y=2^x$の場合は、表やグラフからわかる通り倍々に増加していくので、あっという間に大きな値となります。このようにあっという間に大きくなる現象を**指数関数的な増加**といいます。

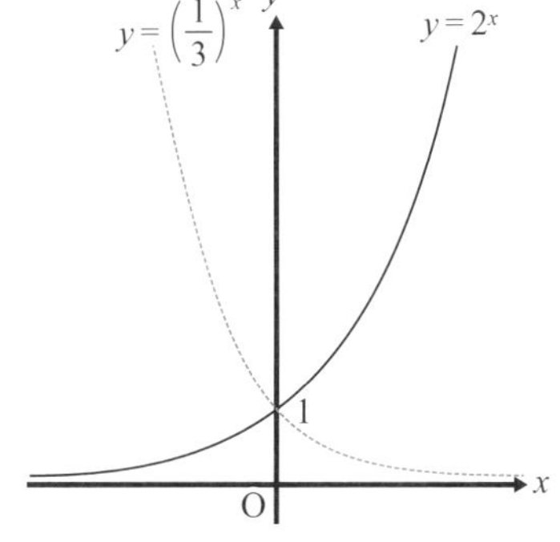

なおデカルトは、この指数の表し方で革命を起こしています。

デカルト以前は、xなどの1つの数は「長さ」を表し、$x \times x (= x^2)$などの2つの数のかけ算は「面積」を表し、x^3などの3つの数のかけ算は「体積」を表していました。そのため現代では、中学や高校の計算で扱う$x + x^2 + x^3$などの計算を図形に対応させると「長さ」+「面積」+「体積」の計算になるため禁止されました。たしかに体積と面積と長さでは単位が違うため違和感があります。

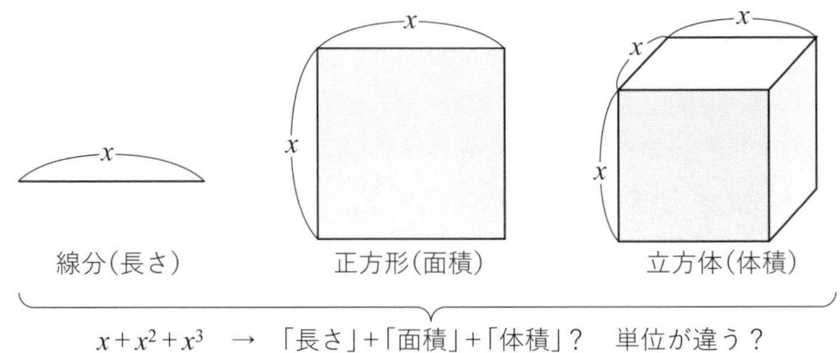

しかし、そんな次元にとらわれない考え方を打ち出したのがデカルトです。デカルトは「長さ」も「面積」も「体積」も「数」であるから、xのみならず、x^2やx^3で長さを表してもよいと考えたのです。

x ⇒ 長さ ──────────→ 数

x^2 ⇒ 長さ×長さ=面積 ──────→ 数

x^3 ⇒ 長さ×長さ×長さ=体積 ────→ 数

この根底には比例の考え方がありました。例えば、縦の長さが1、横の長さがxの長方形をx倍に拡大すると、縦の長さがxで横の長さがx^2となり、xもx^2も長さを表します。x^2は形式的に2乗がついていますが、普通の数と同じです。変数xを用いて考えると難しく見えるかもしれませんが、具体的な数値で考えるとわかると思います。例えば縦の長さが1、横の長さ2の長方形を2倍に拡大すると、縦の長さが$1 \times 2 = 2$、横の長さが$2 \times 2 =$

$2^2 = 4$で、ともに長さを表していますね。

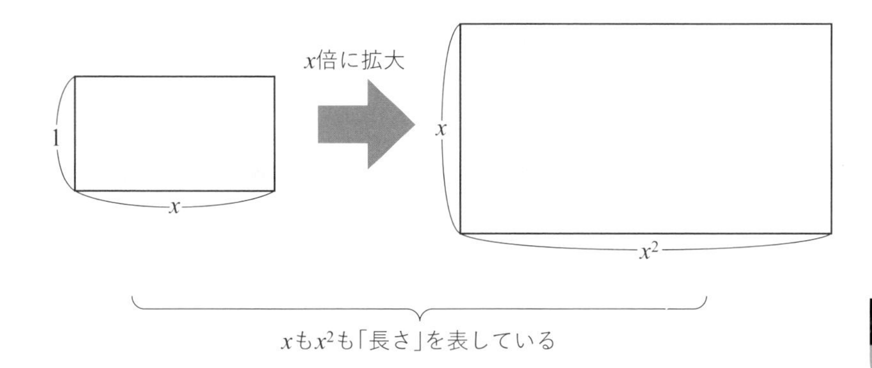

デカルトの考え方により、次元の扱い方が自由となり、現代にいたるわけです。中学校で習う2次関数「$y = x^2$」も、今は当然のように用いてグラフを描きますが、デカルト以前には、長さ(y)と面積(x^2)は、単位が等しくないため意味のない式として、考えてこなかったわけです。このような制約に革命を起こしたデカルトの功績は偉大です。なお、図形を拡大して2乗の式で長さを表すこの考え方は、ピタゴラスの定理を鮮やかに証明する際にも活用されていました。

なお、「$x + x^2 + x^3$」を図形に対応させると、「長さ」+「面積」+「体積」？となるように見えるため、視覚的に考察するのが難しいと思うかもしれませんが、省略を補うことで、単位の問題も解決できます。それは$x + x^2 + x^3 = x \times 1 \times 1 + x^2 \times 1 + x^3$のように、1を補って考える方法です。

このように考えれば、多項式の項がすべて3次元となるので、図形に対応させて考察することもできます。

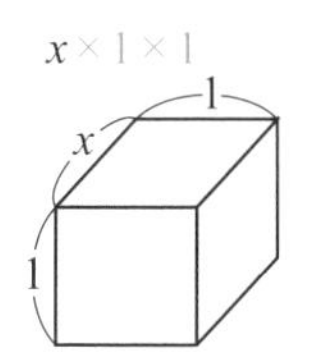

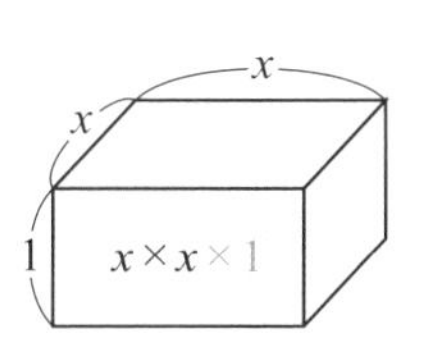

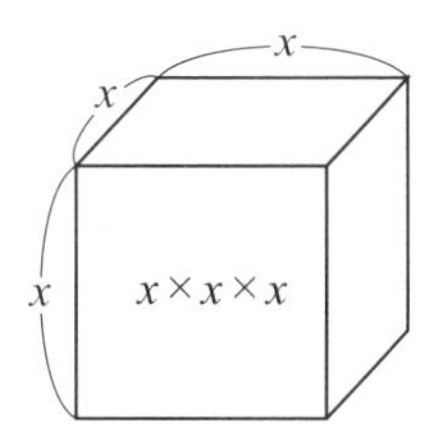

先ほどはまとめる方法として指数を紹介しましたが、もしかすると指数を使ってまとめる機会はそれほどないと思うかもしれません。しかし指数のなかには、隠れてしまっているものが多数あります。それはcmやmgの単位の前にある、cやmなどの**SI接頭語**です。

例えば1kgは1000gと習いますが、この関係式には単位変換の計算が省略されています。そこで単位の変換の計算を省略せずに記述すると、kgのkは10^3倍（$\times 10^3$）を表す記号なので、次の通りとなります。

$$1\text{kg} = \boxed{1 \times 10^3\text{g} =} 1000\text{g}$$

この式からわかるように、$\boxed{}$部分を省略をしているだけで、本当は指数を用いているのです。このような例は他にも多数あります。栄養ドリンクのパッケージにタウリン3000mg配合などと書いてありますが、mgのmは10^{-3}倍（$\times 10^{-3}$）なので、計算すると次の通りとなります。

$$3000\text{mg} = \boxed{3000 \times 10^{-3}\text{g} = 3000 \times 0.001 =} 3g$$

この例からわかる通り、私たちは普段何気なく使う用語にもじつは指数が隠れているのです。そんなSI接頭語ですが、2022年11月に31年ぶりに新たに4つ加わりました。加わったのは、クエタ（10^{30}）、ロナ（10^{27}）、ロント（10^{-27}）、クエクト（10^{-30}）の4つで、まとめると次の通りです。

名称	記号	べき表記	名称	記号	べき表記
クエタ	Q(quetta)	10^{30}	デシ	d(deci)	10^{-1}
ロナ	R(ronna)	10^{27}	センチ	c(centi)	10^{-2}
ヨタ	Y(yotta)	10^{24}	ミリ	m(milli)	10^{-3}
ゼタ	Z(zetta)	10^{21}	マイクロ	μ(micro)	10^{-6}
エクサ	E(exa)	10^{18}	ナノ	n(nano)	10^{-9}
ペタ	P(peta)	10^{15}	ピコ	p(pico)	10^{-12}
テラ	T(tera)	10^{12}	フェムト	f(femto)	10^{-15}
ギガ	G(giga)	10^{9}	アト	a(atto)	10^{-18}
メガ	M(mega)	10^{6}	ゼプト	z(zepto)	10^{-21}
キロ	k(kilo)	10^{3}	ヨクト	y(yocto)	10^{-24}
ヘクト	h(hecto)	10^{2}	ロント	r(ronto)	10^{-27}
デカ	da(deca)	10^{1}	クエクト	q(quecto)	10^{-30}

11

対数（log、ln）

人間の感覚に合っている対数のお話

まずは対数計算の仕組みから始めていきます。例えば、

$2^x = 2$ となるのは $x = 1$

$2^x = 4$ となるのは $x = 2$

とわかります。では、

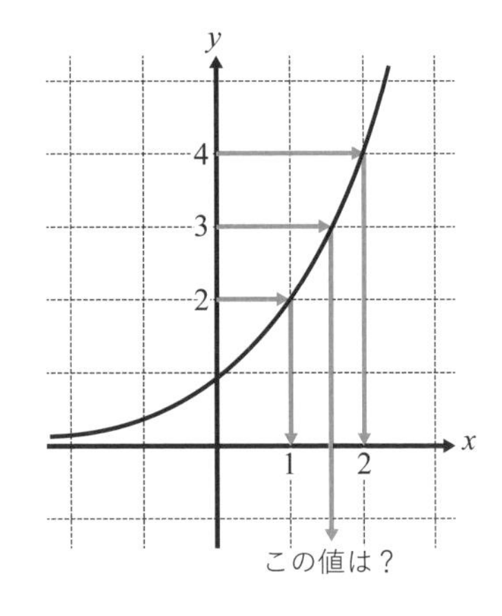

［$2^x = 3$ となる x の値は？］

と、問われたらどうでしょう？

簡単に表すことはできませんね。1と2の間の数だろうと予想はできますが、具体的に表すとなると難しいのではないのでしょうか？ 結論をいってしまうと、$3^x = 2$ となる x は、分数で表すことのできない無理数となります。

私たちの多くが初めに習う無理数は $\sqrt{\ }$ の入った数だと思います。$\sqrt{\ }$ は今まで使ってきた記号で表せないため準備した記号でした。$\sqrt{\ }$ の場合と同じように、簡単に表すことができないときは新しい記号を導入します。

「$2^x = 3$」の x の部分、つまり指数の部分を取り出す記号として考案されたものが**対数**（英語でlogarithm、略してlog）で、x を $\log_2 3$ と表します。

2を**底**、3を**真数**といい、「2を底とする3の対数」といいます。

$$\log_2 3$$ （2を底とする3の対数）

底 ⟶ 2、3 ⟵ 真数

一般的な形で見てみましょう。a を1ではない正の数とします。

［対数］　$a^x = b$ を満たす x の値を $\log_a b$ と表します。

底 ⟶ a、b ⟵ 真数

a を底、b を真数といい、「a を底とする b の対数」と読みます。

「$\log_2 3$」は「$2^x = 3$」となる「x」ですから、言葉にすれば「2を何乗したら（何回かけ算したら）3になるのか」を表した記号になります。つまり、logはかけ算した回数を表す記号と考えることもできます。
ほかのケースも対数で見てみましょう。

$\log_2 1$は、2を何乗したら1になるか、つまり「$2^x = 1$となるxは何か？」が問われています。2は「0乗」したら1なので、$\log_2 1 = 0$です。

$\log_2 2$は、2を何乗したら2になるか、つまり「$2^x = 2$となるxは何か？」が問われています。2は1乗したら2なので、$\log_2 2 = 1$です。

$\log_2 4$は、2を何乗したら4になるか、つまり「$2^x = 4$となるxは何か？」が問われています。2は2乗したら4なので、$\log_2 4 = 2$です。

上記から次の性質を導くことができます。
$\log_a 1 = 0$（aを1にするのは0乗）
$\log_a a = 1$（aをaにするのは1乗）
$\log_a b^n = n \log_a b$

底が10またはeの対数がよく用いられ、10を底とする対数を**常用対数**、eを底とする対数を**自然対数**といいます。常用対数、自然対数ともに底が省略されることもあります。しかし底を省略した場合、それが常用対数なのか自然対数なのかわからなくなるので、自然対数はlnという表し方もあります。

$$\log_{10} 10 = \log 10 = 1$$
$$\log_e 10 = \log 10 = \ln 10$$

lnを使えば省略された底がeとわかる

底を省略すると、底が10かeかわからない

12 三角比($\sin\theta$, $\cos\theta$, $\tan\theta$)

正弦・余弦の「弦」とは何か？

まずは直角三角形の用語から確認していきましょう。

直角の向かいにある辺を**斜辺**、θの向かいにある辺を**対辺**、角度θを挟む2辺のうち斜辺ではない辺を**隣辺**といいます。なお、この2辺で挟まれた角度θを2辺の**なす角**といいます。なす角は180°以下のものを指します。角度ではギリシャ文字のθがよく使用されますが、この記号を広めたのは、執筆した論文の数がNo 1といわれる数学者オイラーです。

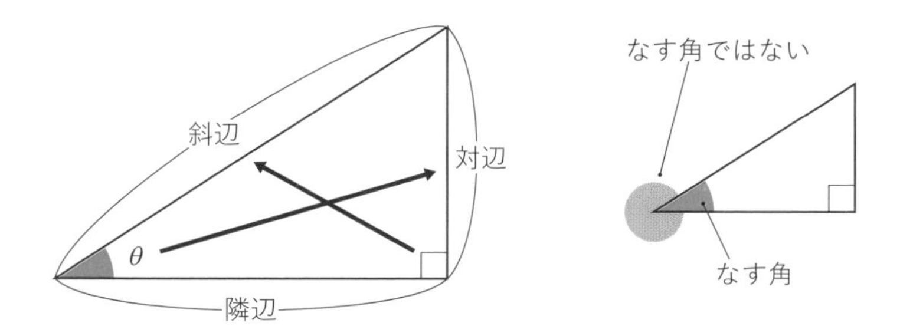

正弦は英語でsineといい、斜辺と対辺との比を表します。**余弦**は英語でcosineといい、斜辺と隣辺の比、**正接**は英語でtangentといい、隣辺と対辺の比です。隣辺をx、対辺をy、斜辺をrと定めたとき、

正弦：$\sin\theta = \dfrac{y}{r}$

余弦：$\cos\theta = \dfrac{x}{r}$

正接：$\tan\theta = \dfrac{y}{x}$

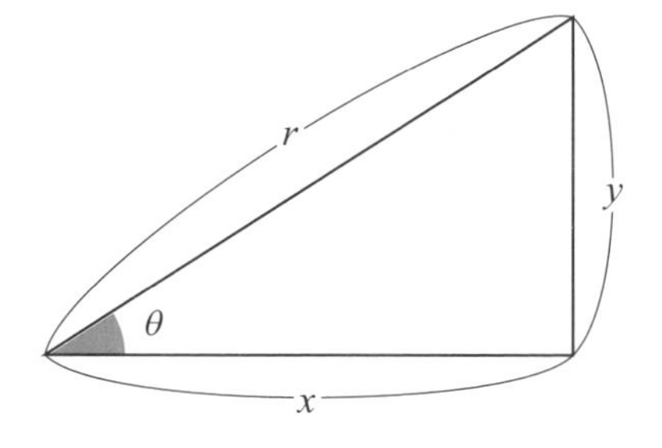

です。$\sin\theta$、$\cos\theta$、$\tan\theta$をまとめて、角θの**三角比**といいます。

また、$(\sin\theta) \div (\cos\theta)$を計算することにより、次の公式を得られます。

$$\frac{\sin\theta}{\cos\theta} = \tan\theta$$

導出は次の通りです。

$$\frac{\sin\theta}{\cos\theta} = \frac{y}{r} \div \frac{x}{r} = \frac{y}{r} \times \frac{r}{x} = \frac{y}{x} = \tan\theta$$

また、先ほどの直角三角形の辺を $\frac{1}{r}$ 倍すると左下図となり、$\frac{y}{r} = \sin\theta$、$\frac{x}{r} = \cos\theta$を用いて表示すると右下図となります。

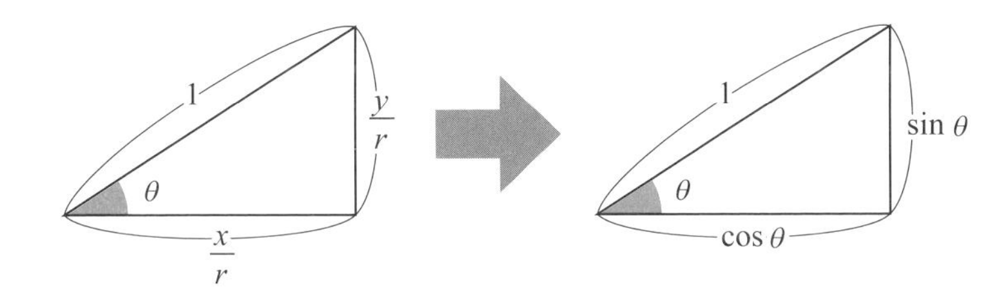

右上図の三角形に三平方の定理を用いると、

$$(\sin\theta)^2 + (\cos\theta)^2 = 1^2$$

$(\sin\theta)^2$ を $\sin^2\theta$、$(\cos\theta)^2$ を $\cos^2\theta$と略記すると次の式となります。

$$\sin^2\theta + \cos^2\theta = 1$$

正弦である$\sin\theta$、余弦である$\cos\theta$は、どちらも直角三角形の辺の長さの比で定義されていますが、どちらにも「弦」という字があります。定義の式を見ても「弦」との関係性は見えませんが、どうしてこのような名前がつけられたのでしょうか？

三角比と弦の関係を探っていきましょう。その際、円にまつわる用語も確認しましょう。円周上に異なる2点PとQをとります。このとき2点を結んだ線分PQが**弦**です。なお、点Pと点Qで円を切断すると2つの**弧**ができます。2つの弧を指して**共役弧**といい、長い弧を**優弧**、短い弧を**劣弧**といいます。

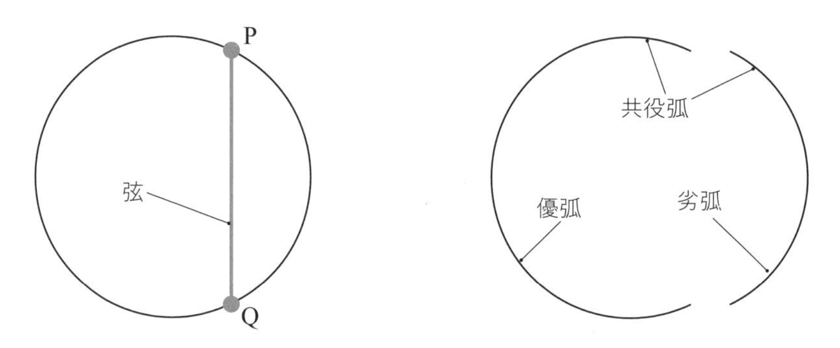

弦との関係を見るため、左上図に左下図の直角三角形を載せて考察します(右下図のイメージ)。歴史的には、角度を測る手段として円や扇形を考えるため、関連する弦に着目して、正弦($\sin\theta$)、余弦($\cos\theta$)が考えられていたようです。

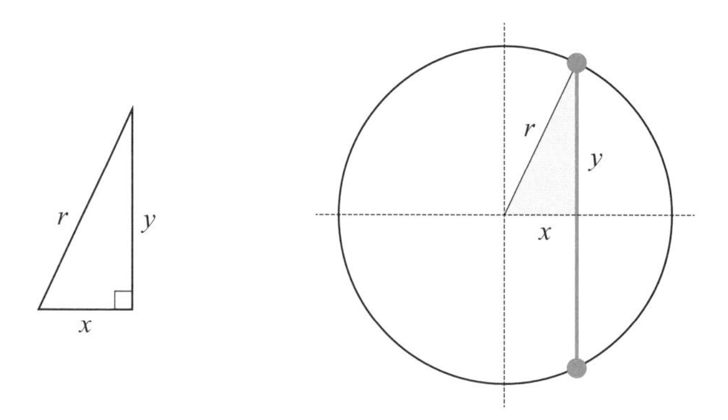

三角比と弦の関係を見るために、次図のように線を延長します。

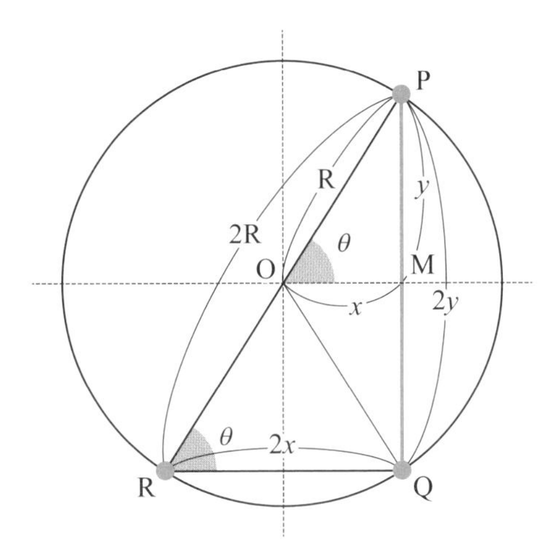

上図から、直径の長さ$2R$、弦PQの長さは$2y$、弦QRの長さは$2x$となります。また、なす角$\theta = \angle$POM　と$\angle$PRQは同位角なので等しくなります。

正弦($\sin\theta$)、余弦($\cos\theta$)の定義式の分母分子を2倍すると、

$$\text{正弦：}\sin\theta = \frac{y}{r} = \frac{2y}{2R} = \frac{\text{弦PQ}}{\text{直径}}\text{、余弦：}\cos\theta = \frac{x}{r} = \frac{2x}{2r} = \frac{\text{弦QR}}{\text{直径}}$$

となります。つまり、直径となす角θの対辺にあたる弦PQとの比が正弦($\sin\theta$)で、直径となす角θの隣辺にあたる弦QRとの比が余弦($\cos\theta$)になるわけです。

三角関数(sin$x$, cos$x$, tan$x$)の定義

大学入試を変えた定義たち

前項で三角比を紹介しました。三角比のなす角θを変数xにして関数ととらえることでグラフを描くなど、さまざまな分野に応用しようと考えられたものが**三角関数**です。三角比から三角関数にする際に、xという変数を扱うため、それに伴ってさまざまな用語が必要となります。まずは三角関数の用語から見ていきましょう。

平面上で、半直線OPが点Oを中心として回転するとき、この半直線を**動径**といい、動径の初期位置OXを**始線**といいます。

動径OPの回転には2つの向きがあり、

時計の針の回転と逆方向を**正の向き**

時計の針の回転と同方向を**負の向き**

とします。

このように決めることで、360°を超える角度や負の角度を考えることができます。

このように拡張して考えた角を**一般角**といいます。

一般的に、動径OPの表す一つの角をαとすると、動径OPの角は次の式で表すことができます。

［一般角］ $\alpha+360^\circ\times n=\alpha+2\pi\times n$ （nは整数）

αの範囲は、$0^\circ \leqq \alpha < 360^\circ$もしくは$-180^\circ \leqq \alpha < 180^\circ$とすることが多いです。

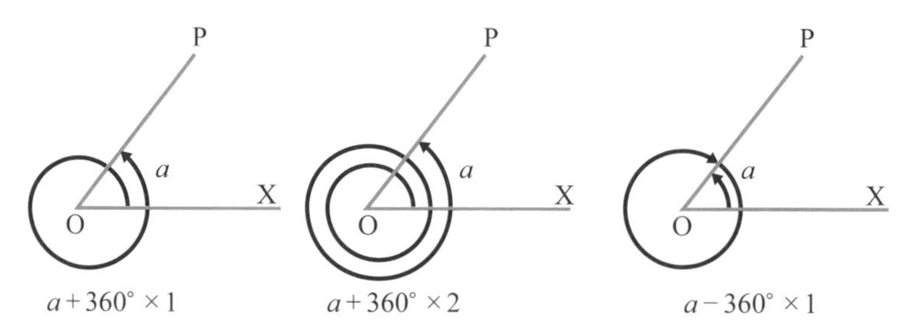

右図のように、x軸の正の部分を始線として、原点を中心とした半径rの円となす角θの動径との交点をPとし、座標を(x, y)とします。

このとき、$\frac{x}{r}$、$\frac{y}{r}$、$\frac{y}{x}$の値は、半径rの大きさに関係なく角θで決定します。

そこで三角比と同様に、

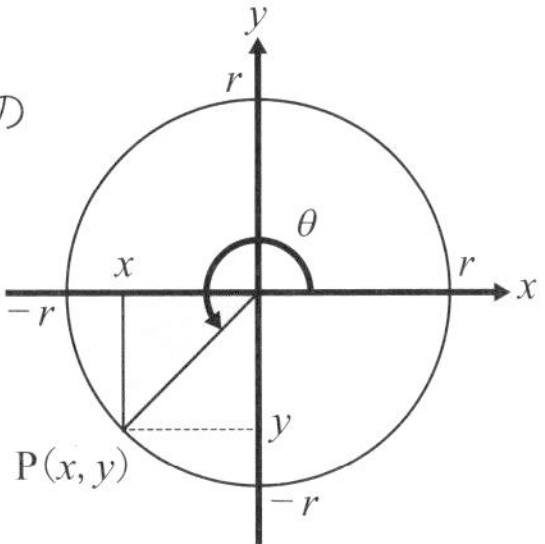

$$[\text{三角関数の定義}]\quad \cos\theta = \frac{x}{r}、\sin\theta = \frac{y}{r}、\tan\theta = \frac{y}{x}$$

と定めて、それぞれ一般角の余弦、正弦、正接をまとめて角θの三角関数といいます。

角xをラジアンで表して、$y = \sin x$のグラフを描いてみましょう。なお、$y = \sin x$のグラフを**正弦曲線**といいます。次の三角関数の表を用います。

度数	0°	30°	45°	60°	90°	120°	135°	150°	180°
x	0	$\frac{\pi}{6}$	$\frac{\pi}{4}$	$\frac{\pi}{3}$	$\frac{\pi}{2}$	$\frac{2\pi}{3}$	$\frac{3\pi}{4}$	$\frac{5\pi}{6}$	π
$y = \sin x$	0	$\frac{1}{2}$	$\frac{1}{\sqrt{2}}$	$\frac{\sqrt{3}}{2}$	1	$\frac{\sqrt{3}}{2}$	$\frac{1}{\sqrt{2}}$	$\frac{1}{2}$	0

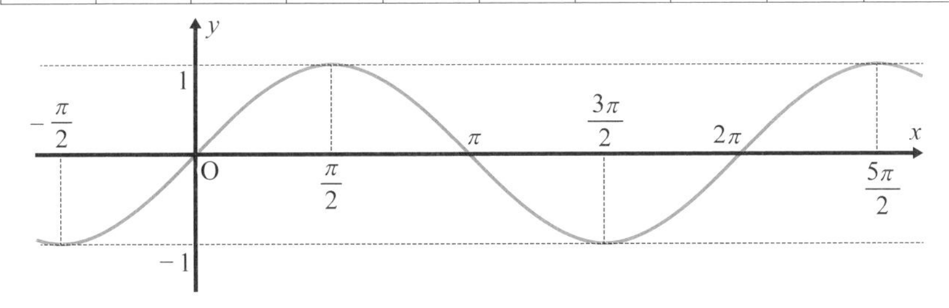

正弦曲線　$y = \sin x$は上図の通り、原点対称の奇関数となります。

また、$y = \sin x$は360°（2π）ごとに同じ形を繰り返します。そのため、

$$\sin(x + 2\pi) = \sin x$$

が成り立ちます。このように、ある値ごとに同じ形を繰り返す関数を**周期関数**、2πを**周期**といいます。一般に、関数$f(x)$について、$f(x + p) = f(x)$

がすべてのxに成り立つ正の定数pがあるとき、$f(x)$を周期関数、pのうち最小のものを周期といいます。

同様に$y = \cos x$を描きます。このグラフは**余弦曲線**といいます。

度数	0°	30°	45°	60°	90°	120°	135°	150°	180°
x	0	$\frac{\pi}{6}$	$\frac{\pi}{4}$	$\frac{\pi}{3}$	$\frac{\pi}{2}$	$\frac{2\pi}{3}$	$\frac{3\pi}{4}$	$\frac{5\pi}{6}$	π
$y =$ $\cos x$	1	$\frac{\sqrt{3}}{2}$	$\frac{1}{\sqrt{2}}$	$\frac{1}{2}$	0	$-\frac{1}{2}$	$-\frac{1}{\sqrt{2}}$	$-\frac{\sqrt{3}}{2}$	-1

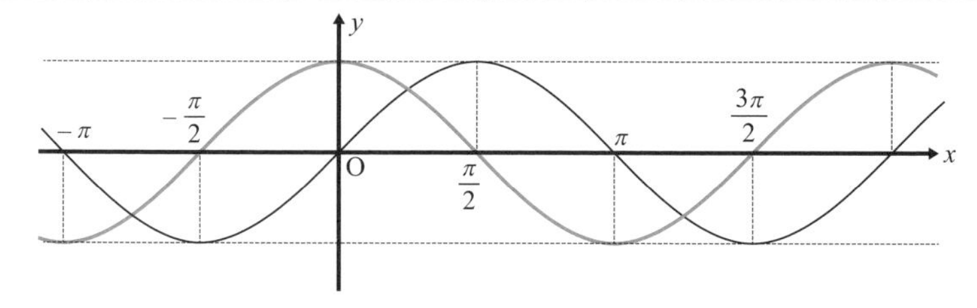

余弦曲線$y = \cos x$は上図の通りy軸対称の偶関数で、周期2πの周期関数なので、$\cos(x + 2\pi) = \cos x$が成り立ちます。

余弦曲線$y = \cos x$は、正弦曲線$y = \sin x$をx軸方向に$-\frac{\pi}{2}$平行移動したグラフとなります。そのため次の関係式が成り立ちます。

$$y = \cos x = \sin\left\{x - \left(-\frac{\pi}{2}\right)\right\} = \sin\left(x + \frac{\pi}{2}\right)$$

また、上記の式を逆に考えると、$y = \cos x$をx軸方向に$+\frac{\pi}{2}$平行移動したグラフが$y = \sin x$となるので、次の関係式が成り立ちます。

$$y = \sin x = \cos\left\{x - \left(+\frac{\pi}{2}\right)\right\} = \cos\left(x - \frac{\pi}{2}\right)$$

この式は、三角関数の合成をcosで行なうような特殊な問題が課されたときに活用できます（実例は三角関数の合成（147ページ）で扱います）。

同様に$y = \tan x$を描きます。このグラフは**正接曲線**といいます。

正接曲線$y = \tan x$は次図の通り原点対称の奇関数です。また、周期πの周期関数なので、$\tan(x + \pi) = \tan x$が成り立ちます。

度数	0°	30°	45°	60°	90°	120°	135°	150°	180°
x	0	$\frac{\pi}{6}$	$\frac{\pi}{4}$	$\frac{\pi}{3}$	$\frac{\pi}{2}$	$\frac{2\pi}{3}$	$\frac{3\pi}{4}$	$\frac{5\pi}{6}$	π
$y=$ $\tan x$	0	$\frac{1}{\sqrt{3}}$	1	$\sqrt{3}$		$-\sqrt{3}$	-1	$-\frac{1}{\sqrt{3}}$	0

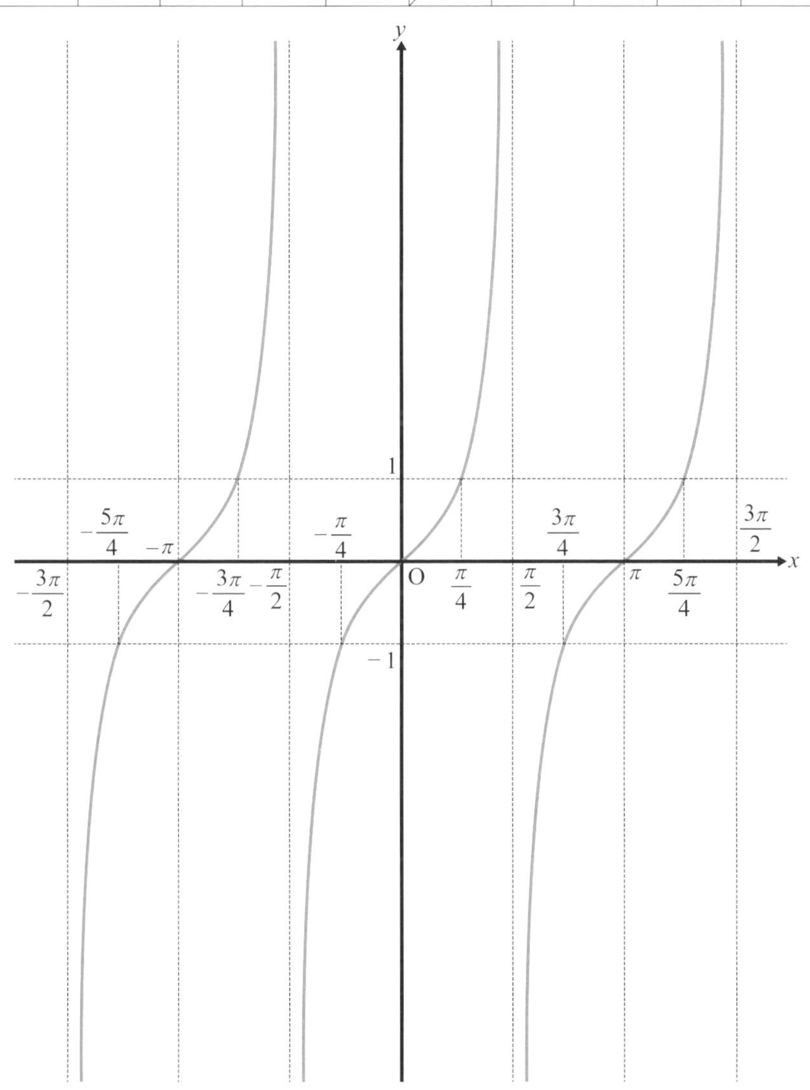

加法定理

三角関数をまとめる

加法定理は、64ページで紹介しましたが、加法定理を用いることで、15°や75°などの三角比の値を求めることができます。早速見ていきましょう。

［加法定理］　一般角α，βに対して

$$\sin(\alpha+\beta)=\sin\alpha\ \cos\beta+\cos\alpha\ \sin\beta \quad \sin(\alpha-\beta)=\sin\alpha\ \cos\beta-\cos\alpha\ \sin\beta$$

$$\cos(\alpha+\beta)=\cos\alpha\ \cos\beta-\sin\alpha\ \sin\beta \quad \cos(\alpha-\beta)=\cos\alpha\ \cos\beta+\sin\alpha\ \sin\beta$$

$$\tan(\alpha+\beta)=\frac{\tan\alpha+\tan\beta}{1-\tan\alpha\ \tan\beta} \quad \tan(\alpha-\beta)=\frac{\tan\alpha-\tan\beta}{1+\tan\alpha\ \tan\beta}$$

1999年に東京大学の入試問題で加法定理の証明が出題されインパクトを与えました。そこで、今回はその証明を見ていきます。証明は、第11章で紹介するベクトルを用いたものを紹介します。

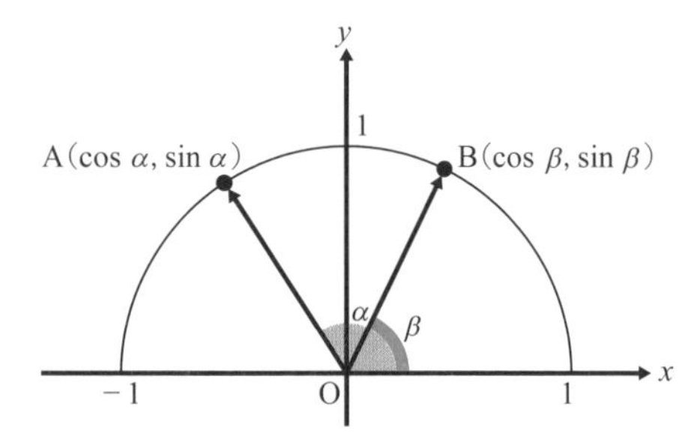

単位円上で、$\overrightarrow{OA}=\begin{pmatrix}\cos\alpha\\ \sin\alpha\end{pmatrix}$、$\overrightarrow{OB}=\begin{pmatrix}\cos\beta\\ \sin\beta\end{pmatrix}$をとります($\beta<\alpha$とします)。

ベクトルの内積を用いると、

$$\overrightarrow{OA}\cdot\overrightarrow{OB}=|\overrightarrow{OA}|\,|\overrightarrow{OB}|\cos(\alpha-\beta)$$

$$\begin{pmatrix}\cos\alpha\\ \sin\alpha\end{pmatrix}\cdot\begin{pmatrix}\cos\beta\\ \sin\beta\end{pmatrix}=1\cdot1\cos(\alpha-\beta)$$

$$\cos\alpha\ \cos\beta+\sin\alpha\ \sin\beta=\cos(\alpha-\beta)$$

$\cos(\alpha-\beta)$の加法定理を示すことができました。この式を用いて、

$\sin(\alpha+\beta)$を示していきます。その際、次の**余角の公式**を利用します。

［余角の公式］ $\sin(90^\circ-\theta)=\cos\theta$ $\cos(90^\circ-\theta)=\sin\theta$

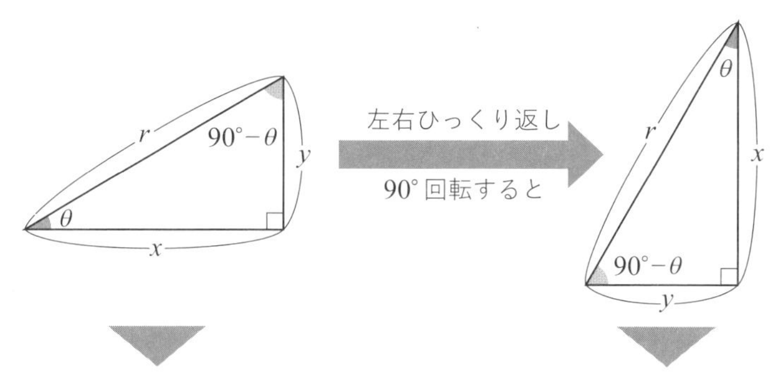

$\sin\theta=\dfrac{y}{r}$…① $\cos\theta=\dfrac{x}{r}$…② $\sin(90^\circ-\theta)=\dfrac{x}{r}$…③ $\cos(90^\circ-\theta)=\dfrac{y}{r}$…④

③と②より、$\sin(90^\circ-\theta)=\dfrac{x}{r}=\cos\theta$

④と①より、$\cos(90^\circ-\theta)=\dfrac{y}{r}=\sin\theta$

となります。これで準備が整ったので、$\sin(\alpha+\beta)$の証明を見ていきます。

$\sin\theta=\cos(90^\circ-\theta)$において、$\theta=\alpha+\beta$とすると、

$$
\begin{aligned}
\sin(\alpha+\beta)&=\cos(90^\circ-(\alpha+\beta))=\cos((90^\circ-\alpha)-\beta)\\
&=\cos(90^\circ-\alpha)\cos\beta+\sin(90^\circ-\alpha)\sin\beta\\
&=\sin\alpha\ \cos\beta+\cos\alpha\ \sin\beta
\end{aligned}
$$

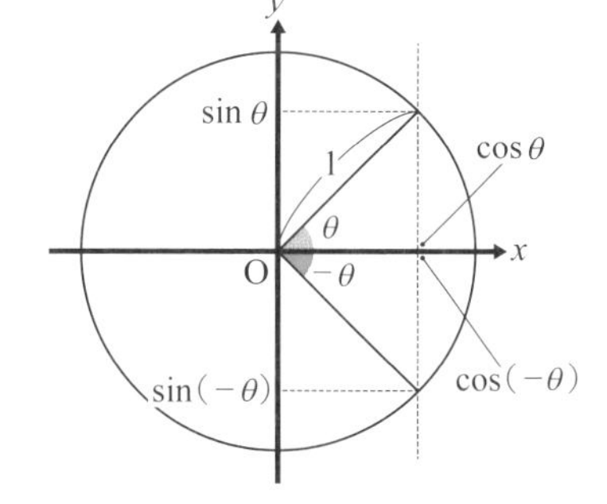

$\cos(\alpha+\beta)$については、$\cos(\alpha-\beta)$の式でβの部分を$-\beta$とします。その際に次の性質を利用します。

$\sin(-\theta)=-\sin\theta$ $\cos(-\theta)=\cos\theta$

それでは$\cos(\alpha+\beta)$の証明を見ていきましょう。

$$
\begin{aligned}
\cos(\alpha+\beta)&=\cos(\alpha-(-\beta))=\cos\alpha\ \cos(-\beta)+\sin\alpha\ \sin(-\beta)\\
&=\cos\alpha\ \cos\beta+\sin\alpha(-\sin\beta)=\cos\alpha\ \cos\beta-\sin\alpha\ \sin\beta
\end{aligned}
$$

となり、証明が終わります。

15

三角関数の合成

加法定理と裏表

前項で加法定理を紹介しました。今回は加法定理の逆に当たる**三角関数の合成**について見ていきましょう。

「加法定理」の計算

$$\sin(\alpha+\beta)=\sin\theta\ \cos\theta+\cos\theta\ \sin\theta$$

「三角関数の合成」の計算

[三角関数の合成]

$$a\sin\theta+b\cos\theta=\sqrt{a^2+b^2}\ \sin(\theta+\alpha)\quad \sin\text{の合成}$$

$$b\cos\theta+a\sin\theta=\sqrt{a^2+b^2}\ \cos(\theta-\beta)\quad \cos\text{の合成}$$

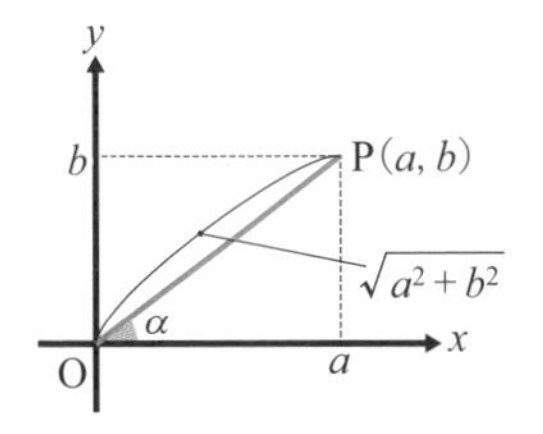

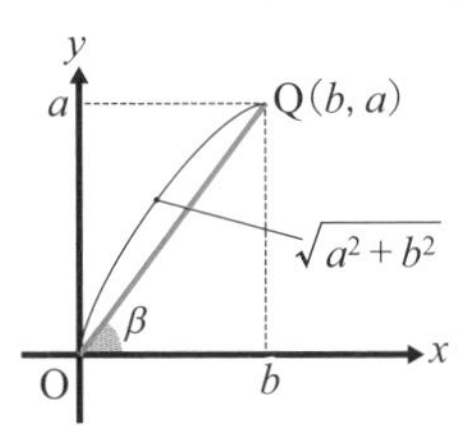

三角関数の合成のほとんどはsinで行ないますが、センター試験や共通テストでcosの合成が問われ話題になりました。後に紹介しますが、cosの合成は直接行なうのではなく、sinの合成をしてから90°ずらして導く方法が簡単です。その際に関係式$\sin\theta=\cos(\theta-90^\circ)$を用います。

この式は、142ページで紹介しましたが、グラフを用いなくても導けます。その際、$\cos(-\theta)=\cos\theta$…①と$\sin\theta=\cos(90^\circ-\theta)$ …②を用いて導きます。

$$\cos(\theta-90^\circ)\underset{①}{=}\cos(-(\theta-90^\circ))=\cos(90^\circ-\theta)\underset{②}{=}\sin\theta$$

三角関数の合成は、加法定理$\sin(\alpha+\beta)=\sin\alpha\ \cos\beta+\cos\alpha\ \sin\beta$の逆の計算なので、$\beta=\theta$とすると、$\sin(\alpha+\theta)=\sin\alpha\ \cos\theta+\cos\alpha\ \sin\theta$となります。左辺と右辺を交換して、項の順序などを整えると、$\cos\alpha\ \sin\theta+\sin\alpha\ \cos\theta=\sin(\theta+\alpha)$となります。この式を用いて導きます。

$a\sin\theta + b\cos\theta$ の a, b の部分が $\cos\alpha$、$\sin\alpha$ となるように、次のような三角形を設定します。

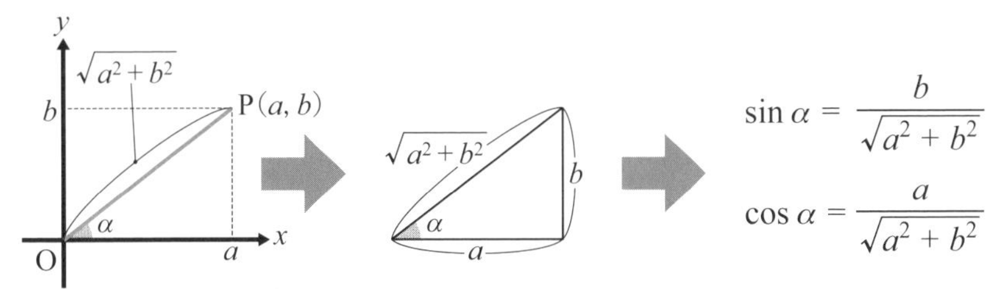

$\cos\alpha$、$\sin\alpha$ の分母が $\sqrt{a^2+b^2}$ なので、$a\sin\theta + b\cos\theta$ を強引に $\sqrt{a^2+b^2}$ でくくり、a, b を $\cos\alpha$、$\sin\alpha$ で表せるようにします。

$$a\sin\theta + b\cos\theta = \sqrt{a^2+b^2}\left(\frac{a}{a^2+b^2}\sin\theta + \frac{b}{a^2+b^2}\cos\theta\right)$$
$$= \sqrt{a^2+b^2}\,(\cos\alpha\ \sin\theta + \sin\alpha\ \cos\theta) = \sin(\theta+\alpha)$$

三角関数の合成の公式を導く過程を見てきました。それでは、具体例として $\sqrt{3}\sin\theta + \cos\theta$ と $\sqrt{2}\cos\theta - \sqrt{6}\sin\theta$ の合成を見ていきましょう。

$\sqrt{3}\sin\theta + \cos\theta$ の $\sin\theta$、$\cos\theta$ の係数はそれぞれ $\sqrt{3}$、1なので、座標平面上に $P(\sqrt{3}, 1)$ をとり、式変形していきます。

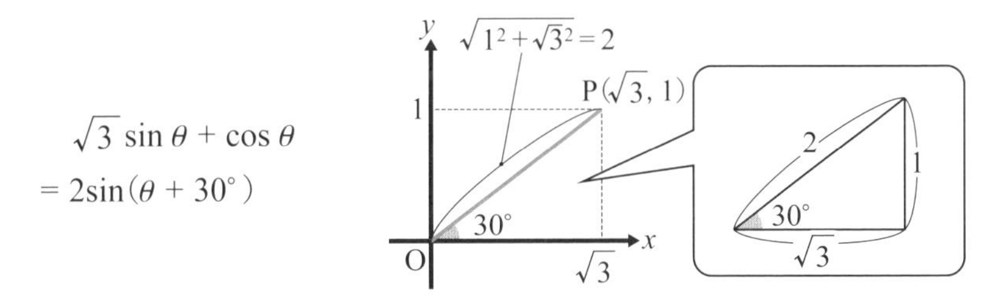

cosの合成は、sinから90°引くことで求めることができます。

$$2\sin(\theta + 30°) = 2\cos(\theta + 30° - 90°) = 2\cos(\theta - 60°)$$

$\sqrt{2}\cos\theta - \sqrt{6}\sin\theta$の$\sin\theta$、$\cos\theta$の係数はそれぞれ$-\sqrt{6}$、$\sqrt{2}$なので、座標平面上にP$(-\sqrt{6}, \sqrt{2})$をとり、式変形していきます。

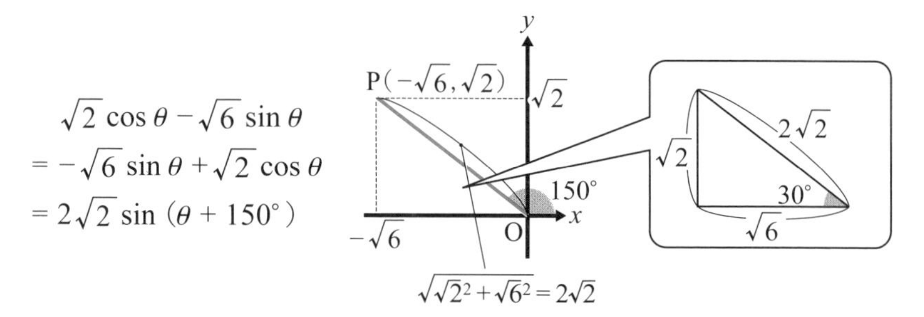

cosの合成は、sinから90°引くことで求めることができます。

$$
\begin{aligned}
&2\sqrt{2}\sin(\theta + 150°) \\
&= 2\sqrt{2}\cos(\theta + 150° - 90°) \\
&= 2\sqrt{2}\cos(\theta + 60°)
\end{aligned}
$$

第 6 章

複素数にまつわる数学用語

虚数・純虚数と複素数

似ている用語がある理由

具体的な問題から見ていきます。まず$x^2+x+1=0$の解を考えます。

因数分解が困難なので、**解の公式**を利用しましょう。

［解の公式］　$ax^2+bx+c=0$　のとき、　$x=\dfrac{-b\pm\sqrt{b^2-4ac}}{2a}$

でした。$a=1, b=1, c=1$とすれば、

$$x=\frac{-1\pm\sqrt{1^2-4\times1\times1}}{2\times1}=\frac{-1\pm\sqrt{-3}}{2}\quad\cdots①$$

となります。$\sqrt{a}$は、2乗してaになる正の数でしたが、どんな実数も2乗すれば正の数になるので、2乗して-3となる実数$\sqrt{-3}$は存在しません。そこで、存在しないのであれば創ればよいと考えられたのが**虚数単位**(imaginary unit)iで、2乗して-1となる数をi、つまり、

$$i^2=-1,\ \sqrt{-1}=i$$

と定めます。2乗して-1となる数は$-\sqrt{-1}$もあるため、$-\sqrt{-1}=i$と定めても構いませんが、多くの場合は$\sqrt{-1}=i$とします。

数学では虚数単位をiで表しますが、工学ではiを電流で使用するので、jやkなども用います。

ここで、$\sqrt{-3}$　は$\sqrt{-1}$の$\sqrt{3}$倍なので、$\sqrt{-3}=\sqrt{3}\,i$と、iを使って表すことができます。先ほどの2次方程式の解①は虚数単位iを使って表すと、

$$x=\frac{-1\pm\sqrt{-3}}{2}=\frac{-1\pm\sqrt{3}\,i}{2}=-\frac{1}{2}\pm\frac{\sqrt{3}}{2}i$$

となります。この解のように虚数単位iを含んだ数を**虚数**(imaginary number)といい、$\sqrt{3}\,i$のように実数部分を含まず虚数単位のみを含んだ数を**純虚数**といいます。

虚数、純虚数、実数を全部合わせて**複素数**(Complex Number)といい、複素数全体の集合はℂで表します。複素数は$a+bi$の形で、$a=0$のときが純虚数、$b=0$のときが実数となります。なお、解の公式で得られた2解

$-\dfrac{1}{2}+\dfrac{\sqrt{3}}{2}i$ と $-\dfrac{1}{2}-\dfrac{\sqrt{3}}{2}i$ の関係を**共役**(Conjecture)といい、

$-\dfrac{1}{2}+\dfrac{\sqrt{3}}{2}i$ の共役複素数は $-\dfrac{1}{2}-\dfrac{\sqrt{3}}{2}i$、

記号では $\overline{-\dfrac{1}{2}+\dfrac{\sqrt{3}}{2}i}=-\dfrac{1}{2}-\dfrac{\sqrt{3}}{2}i$ と表します。

また、$-\dfrac{1}{2}-\dfrac{\sqrt{3}}{2}i$ の共役複素数は $-\dfrac{1}{2}+\dfrac{\sqrt{3}}{2}i$、

記号では $\overline{-\dfrac{1}{2}-\dfrac{\sqrt{3}}{2}i}=-\dfrac{1}{2}+\dfrac{\sqrt{3}}{2}i$ と表します。

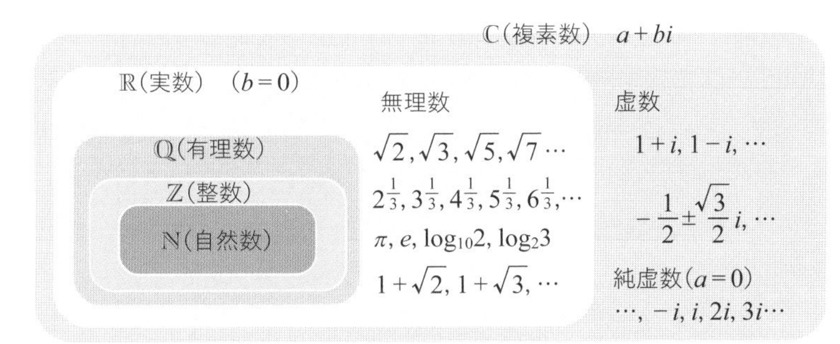

［共役複素数］　複素数$a+bi$の共役複素数は$a-bi$、$\overline{a+b_i}=a-bi$
　　　　　　　　複素数$a-bi$の共役複素数は$a+bi$、$\overline{a-b_i}=a+bi$

虚数、純虚数、複素数と似たような言葉があり混乱しそうになりますが、これには事情があります。虚数単位 i を含む問題の多くは「複素数を求めなさい」となっていますが、これを「虚数を求めなさい」にしてしまうと困ったことが起こるのです。例えば、$x^2-(1+i)x+i=0$ の解は$(x-1)(x-i)=0$より、$x=1$、$x=i$となりますが、虚数解を求めなさいと問うと、解は$x=i$だけになってしまいます。そのため、複素数という用語が必要になるのです。

ガウス平面(複素数平面、複素平面)

複素数を視覚化する

複素数$2+3i$は、2つの実数2と3よって定まるため、xy平面上の点(2, 3)と対応させることができます。そこで、xy平面のx軸に実数、y軸に純虚数を対応させて複素数を表したものを**複素数平面**(もしくは**複素平面**、**ガウス平面**)といいます。

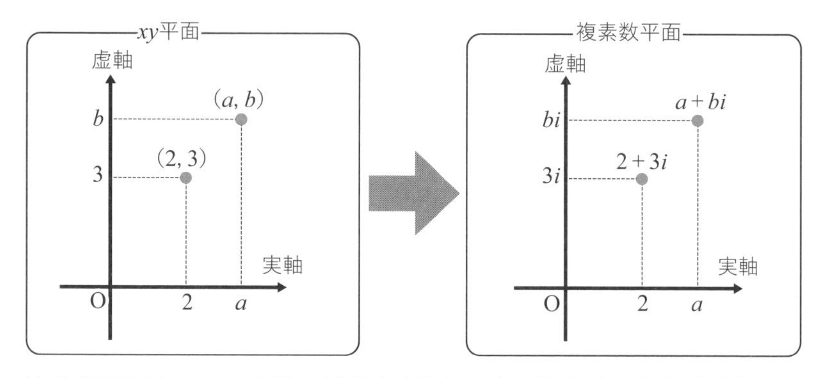

複素数平面上では、実数は横軸(x軸)上の点、純虚数は縦軸(y軸)上の点となるので、横軸(x軸)を**実軸**(Real Axis)、縦軸(y軸)を**虚軸**(Imaginary Axis)といいます。

$2+3i$のような虚数は目に見えませんが、目に見えないものを視覚的にとらえるツールが複素数平面(Complex plane)です。

虚数を視覚化することで、式だけでは見落としがちな幾何学的な(図形的な)性質をとらえることができます。幾何学的な性質は、次に紹介する極形式を用いると理解が容易になります。

それでは、$z=a+bi$(a, bは実数)の共役複素数zと絶対値$|z|$を複素数平面上で見ていきましょう。zの共役複素数$\bar{z}$は、$\bar{z}=\overline{a+bi}=a-bi$より、実軸対称となります。絶対値は原点との距離なので、zの絶対値$|z|$はピタゴラスの定理を用いることで$\sqrt{a^2+b^2}$と求まります。また、zと$\bar{z}$の積を計算すると、

$$z\bar{z}=(a+bi)(a-bi)=a^2-b^2i^2=a^2+b^2$$

と、絶対値 $|z|=\sqrt{a^2+b^2}$ の2乗になります。以上をまとめると、

［複素数の絶対値］ $|z|=|a+bi|=\sqrt{a^2+b^2}$、$|z|^2=a^2+b^2=z\bar{z}$

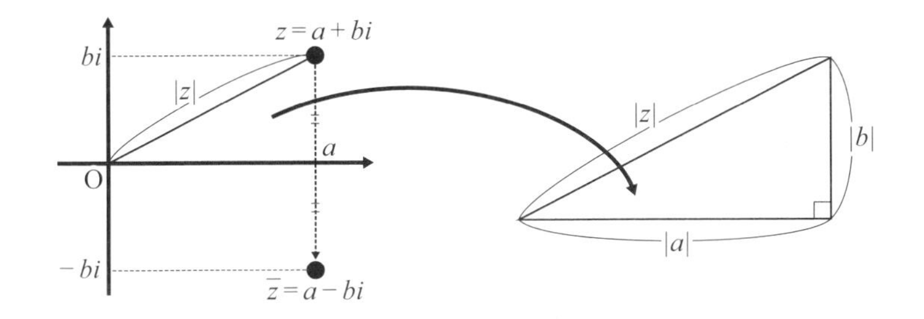

Oとaの距離は$|a|$で$|a|^2=a^2$、Oとbiの距離は$|b|$で$|b|^2=b^2$となるので、ピタゴラスの定理から$|z|^2=|a|^2+|b|^2=a^2+b^2$より$|z|=\sqrt{a^2+b^2}$。この式に$z=a+bi$を代入すると$|a+bi|=\sqrt{a^2+b^2}$となります。

それでは、$z=4-3i$の共役複素数$\bar{z}$と絶対値$|z|$を見てみましょう。

$\bar{z}=\overline{4-3i}=4+3i$

$|z|=|4-3i|=\sqrt{4^2+(-3)^2}=\sqrt{25}=5$

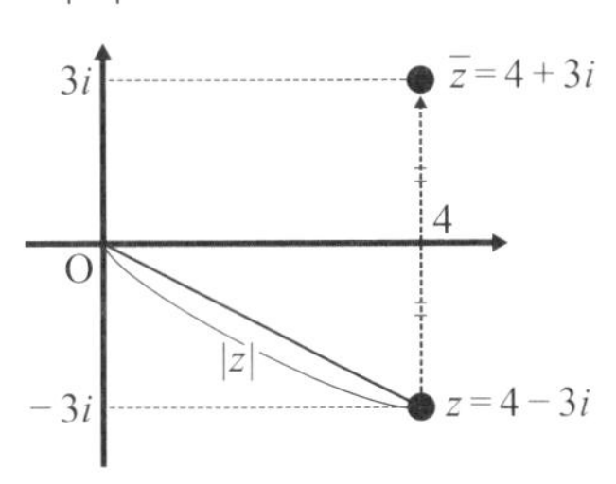

複素数$z=a+bi$には**極形式**と呼ばれる、原点との距離rとなす角θを用いた表し方があります。$z=a+bi$を表す点をPとし、OPの長さ（zの絶対値$|z|$）をr、OPが実軸の正の向きとのなす角をθとするとき、

［極形式］ $z=r(\cos\theta+i\sin\theta)$

となります。具体的に確認してみましょう。

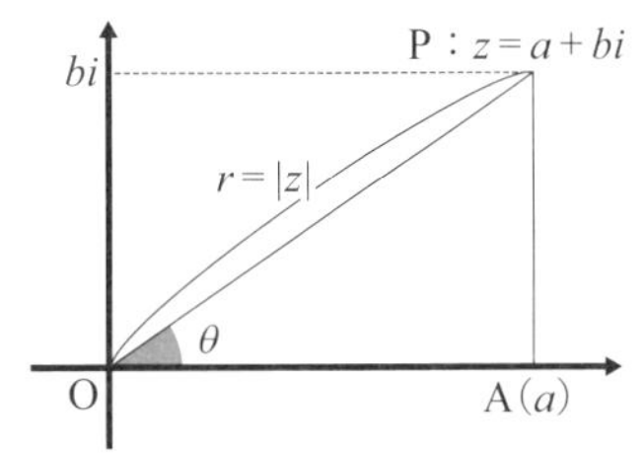

△OAPに着目すると、

$$\cos\theta = \frac{a}{r}、\sin\theta = \frac{b}{r}$$

となります。上記の式の両辺にrをかけると、$r\cos\theta = a$、$r\sin\theta = b$となるので、この式を$z = a + bi$に代入します。すると、

$$z = a + bi = r\cos\theta + (r\sin\theta)i = r(\cos\theta + i\sin\theta)$$

となります。このときのなす角θを**偏角**(argument)といい、arg zと表します。それでは、$z_1 = 1 + i$、$z_2 = \sqrt{3} + i$、$z_3 = i$、$z_4 = -1$を極形式にしてみましょう。

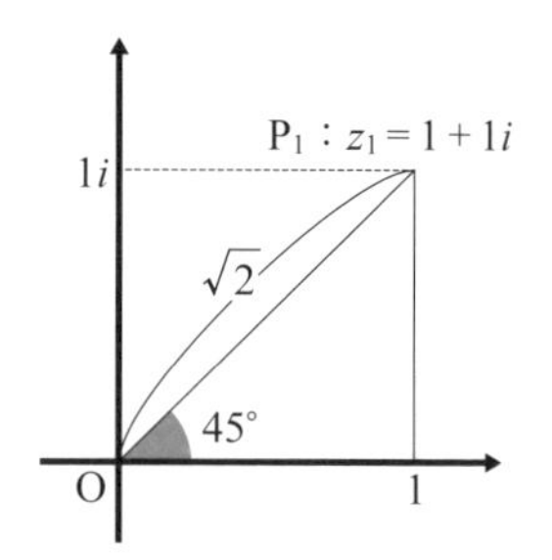

$z_1 = 1 + i$の絶対値は$|z_1| = \sqrt{1^2+1^2} = \sqrt{2}$で、$1:1:\sqrt{2}$の直角三角形となるので、偏角はarg $z_1 = 45°$となります。よって、

$z_1 = 1 + i = \sqrt{2}(\cos 45° + i\sin 45°)$

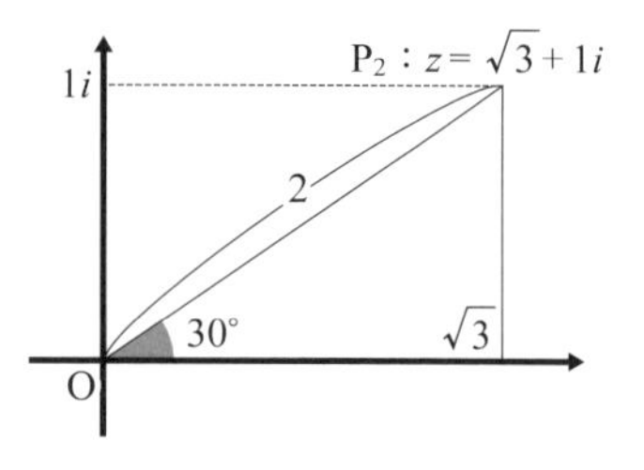

$z_2 = \sqrt{3} + i$の絶対値は

$|z_2| = \sqrt{(\sqrt{3})^2 + 1^2} = 2$

より、$1:2:\sqrt{3}$の直角三角形となるので、偏角はarg $z_1 = 30°$となります。よって、

$z_1 = \sqrt{3} + i = 2(\cos 30° + i\sin 30°)$

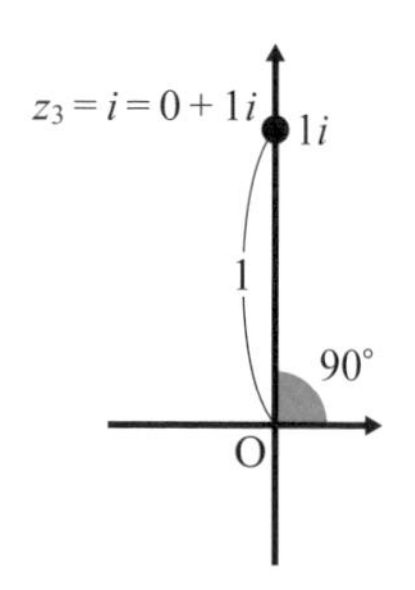

$z_3 = i$の絶対値は1で、公式より求めると

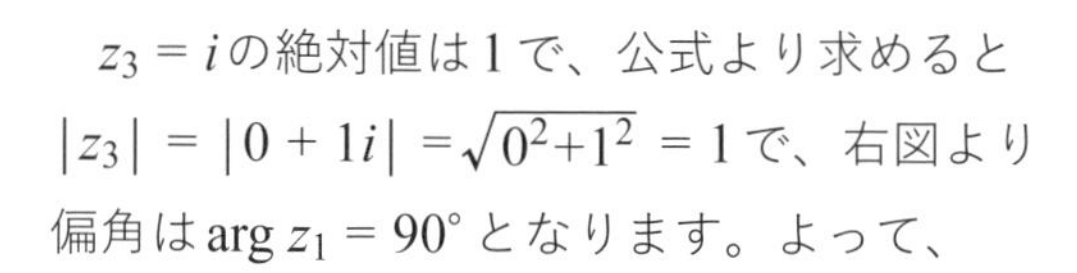
$|z_3| = |0 + 1i| = \sqrt{0^2+1^2} = 1$で、右図より偏角はarg $z_1 = 90°$となります。よって、

$z_3 = i = 1(\cos 90° + i\sin 90°)$

$= \cos 90° + i\sin 90°$

$z_4 = -1$の絶対値は1で、公式で求めると
$|z_3| = |-1+0i| = \sqrt{(-1)^2+0^2} = 1$で、
右図より偏角は$\arg z_1 = 180^\circ$となります。
よって、

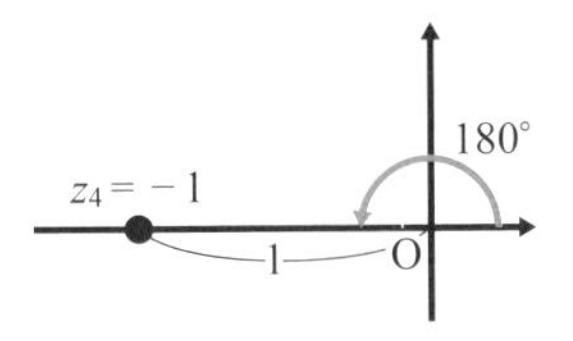

$$z_4 = -1 = 1(\cos 180^\circ + i\sin 180^\circ) = \cos 180^\circ + i\sin 180^\circ$$

ここで、$z_3 = i = \cos 90^\circ + i\sin 90^\circ$と$z_4 = -1 = \cos 180^\circ + i\sin 180^\circ$に着目してみましょう。$z_3$は1を90°回転したもの、$z_4$は1を180°回転したものと考えることもできます。

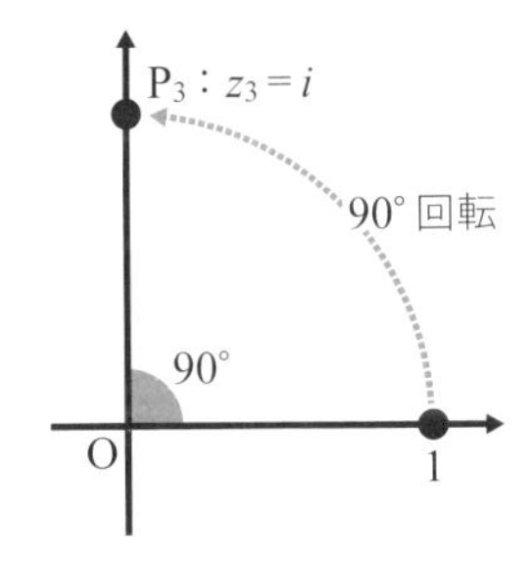

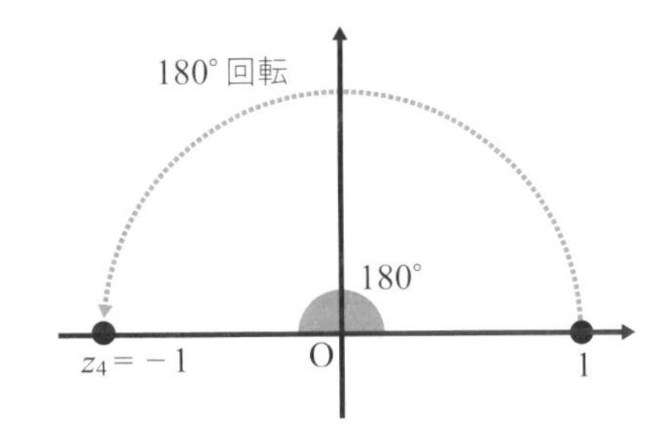

また、虚数単位iは2乗すると$i^2 = -1$になりますが、これは複素数平面上で、90°回転を2回行なったものと考えることもできます。

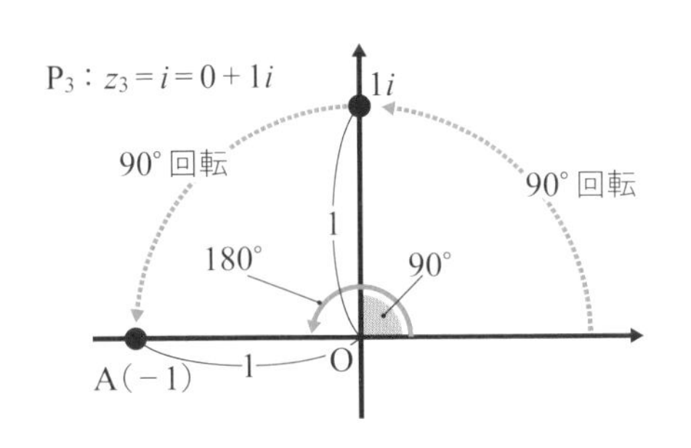

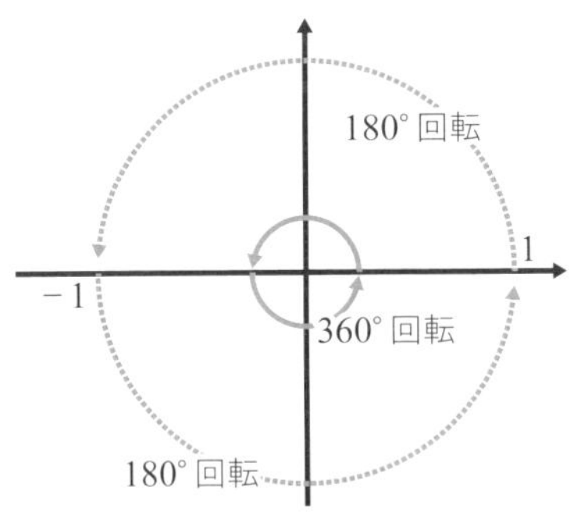

$(-1)\times(-1)$も複素数平面を考慮して考えると、1を180°回転して-1、さらに180°回転することで合計360°回転し、1に戻ることに対応していることがわかります。

複素数の積とド・モアブルの定理

複素数の性質（回転）を最大限活かす

複素数には**回転**という見方がありました。回転が鮮明に現れるのはかけ算です。ここで、複素数のかけ算について見ていきましょう。

2つの複素数$z = r(\cos\alpha + i\sin\alpha)$と$w = R(\cos\beta + i\sin\beta)$の積は、

［複素数の積］ $zw = rR\{\cos(\alpha+\beta) + i\sin(\alpha+\beta)\}$

となります。証明には以下の三角関数の**加法定理**を用います。

［三角関数の加法定理］ $\sin(\alpha+\beta) = \sin\alpha\cos\beta + \cos\alpha\sin\beta$

$\cos(\alpha+\beta) = \cos\alpha\cos\beta - \sin\alpha\sin\beta$

具体的に計算を見ていくと、

$$zw = r(\cos\alpha + i\sin\alpha)\cdot R(\cos\beta + i\sin\beta)$$

$$= rR(\cos\alpha\cos\beta + i\cos\alpha\sin\beta + i\sin\alpha\cos\beta + i^2\sin\alpha\sin\beta)$$

$$= rR\{\underline{\cos\alpha\cos\beta - \sin\alpha\sin\beta} + i(\underline{\sin\alpha\cos\beta + \cos\alpha\sin\beta})\}$$

ここで、下線部に加法定理 を用いると

$$zw = rR\{\cos(\alpha+\beta) + i\sin(\alpha+\beta)\}$$

$r = R = 1$とした

$(\cos\alpha + i\sin\alpha)(\cos\beta + i\sin\beta) = \cos(\alpha+\beta) + i\sin(\alpha+\beta)$ …＊の関係を図で見ると、回転の様子が視覚化されます。

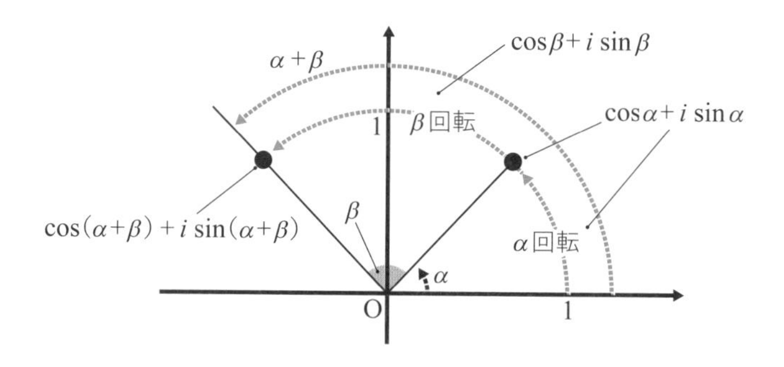

ここで、恒等式＊において、$\alpha=\beta=\theta$とすると、

$$(\cos\theta+i\sin\theta)(\cos\theta+i\sin\theta)=\cos(\theta+\theta)+i\sin(\theta+\theta)$$

$$(\cos\theta+i\sin\theta)^2=\cos 2\theta+i\sin 2\theta$$

となります。この操作を繰り返し実行することで、**ド・モアブルの定理**と呼ばれる次の定理につながります。

［ド・モアブルの定理］$(\cos\theta+i\sin\theta)^n=\cos n\theta+i\sin n\theta$（$n$：整数）

この定理は、指数が大きい複素数の展開問題に活用できます。

$(\cos 18°+i\sin 18°)^5$　と　$(1+\sqrt{3}\,i)^6$に適用してみましょう。

$(\cos 18°+i\sin 18°)^5=\cos(5\times 18°)+i\sin(5\times 18°)$

$=\cos 90°+i\sin 90°=i$

なお、$\sin 18°=\dfrac{\sqrt{5}-1}{4}$，$\cos 18°=\dfrac{\sqrt{10+2\sqrt{5}}}{4}$ですが、これらを用いて$(\cos 18°+i\sin 180°)^5$を求めるのは大変です。

$(1+\sqrt{3}\,i)^6$については、ド・モアブルの定理を用いるために、$1+\sqrt{3}\,i$を極形式にします。

$1+\sqrt{3}\,i$の絶対値は$\sqrt{1^2+(\sqrt{3})^2}=2$です。右図から1：2：$\sqrt{3}$の直角三角形とわかるので、偏角は60°です。よって、

$$1+\sqrt{3}\,i=2(\cos 60°+i\sin 60°)$$

となります。この両辺を6乗すると、

$$(1+\sqrt{3}\,i)^6=\{2(\cos 60°+i\sin 60°)\}^6$$

$$=2^6(\cos 60°+i\sin 60°)^6$$

$$=64(\cos 360°+i\sin 360°)$$

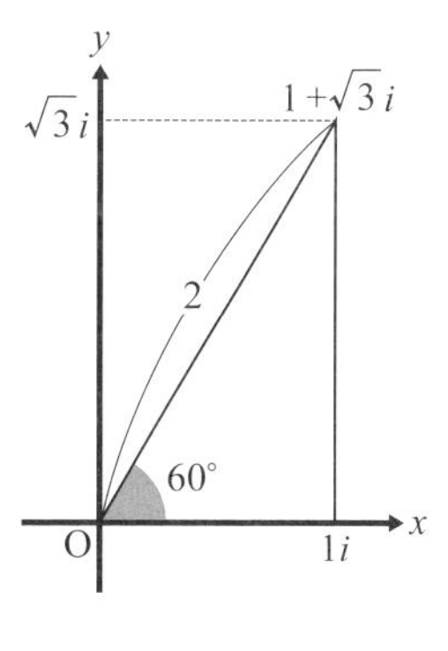

360°は0°と同じ位置なので、

$$64(\cos 360°+i\sin 360°)=64(\cos 0°+i\sin 0°)=64$$

と、容易に求めることができます。

組立除法

じつは2次の割り算にも使える

45を7で割った商と余りを求める場合、右図のように計算して、商は6、余りは3となります。この関係は、次のように等式で表すことができます。

$$
\begin{array}{r}
6 \leftarrow \text{商} \\
7 \,\big)\, 4\ 5 \\
4\ 2 \\
\hline
3 \leftarrow \text{余り}
\end{array}
$$

$45 \div 7 \quad = \quad 6$　余り3

$45 \quad = \quad 7 \quad \times 6 \quad + 3$

（割られる数）（割る数）（商）（余り）

整数の割り算のみならず、多項式についても、整数と同じように割り算を考えることができ、商と余りを求めることができます。

$2x^3 - 3x^2 + 4x - 5 \div (x - 2)$を具体的に求めてみましょう。

$2x^3 - 3x^2 + 4x - 5$ を $(x - 2)$で割ると、商は$2x^2 + x + 6$、余りは7となります。

$$
\begin{array}{rl}
 & 2x^2 + x + 6 \ \leftarrow \text{商} \\
x - 2 \,\big) & 2x^3 - 3x^2 + 4x - 5 \\
 & 2x^3 - 4x^2 \\
\hline
 & \qquad x^2 + 4x \\
 & \qquad x^2 - 2x \\
\hline
 & \qquad\qquad 6x - 5 \\
 & \qquad\qquad 6x - 12 \\
\hline
 & \qquad\qquad\qquad 7 \ \leftarrow \text{余り}
\end{array}
$$

多項式の割り算を実行できましたが、かなり大変だったと思います。この大変な割り算を軽減するテクニックが**組立除法**です。

組立除法の手順は次の通りです。

1　割られる式の係数を並べます。

$2x^3 - 3x^2 + 4x - 5$　の係数2, −3, 4, −5を並べる

$2 \qquad -3 \qquad 4 \qquad -5$　←係数を並べる

2 「割る式＝0」として解を求め、1で並べた係数の左に記入します（この方法は、割る数が1次式のときのみです）。

$x-2=0$　より $x=2$ なので、

$2\,\rfloor$　　2　　-3　　4　　-5

3　1行空けて線を引き、割られる数(2，－3，4，－5)の最高次の係数2を線の下に記入します。

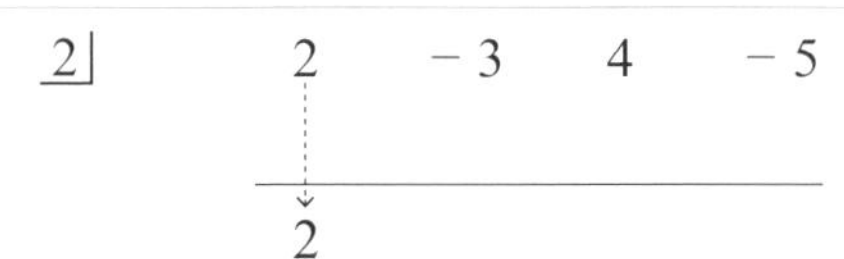

4　先ほど記入した数字2に、左上に記入した枠内の数字をかけ算して、結果である(2×2＝)4を右上に記入します。

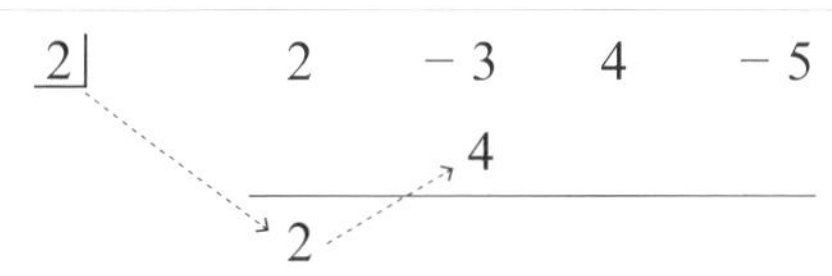

5　先頭の係数2の隣にある－3の列を計算します。

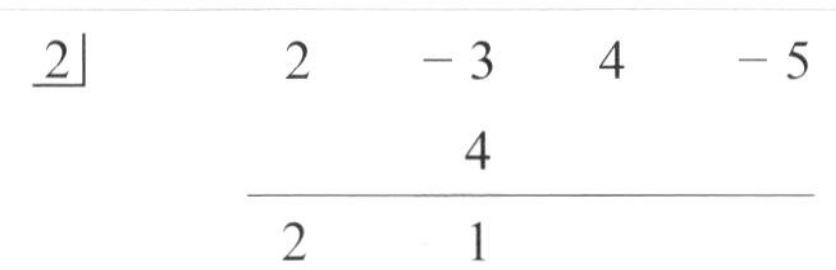

4～5の操作を同様に続けます。

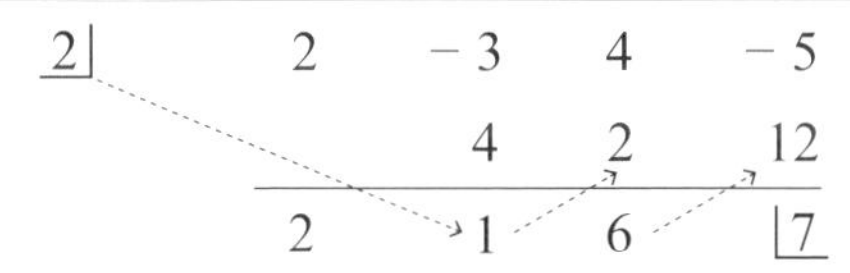

割る数が1次式のため、余りは定数項のみです。余りは一番右に示された7で、それ以外の数字は商の係数となります。

商は右から、定数項→1次(x)の項→2次(x^2)の項となっています。

商→	2	1	6	7	←余り
	x^2	x	(定数)	(定数)	

よって、商は　$2x^2+1x+6=2x^2+x+6$、　余りは7となります。

組立除法は、割る数が1次式限定ではなく、2次式以上でも活用できます。手順は先ほどと同じです。具体的に$(3x^3+4x^2-2x+1)\div(x^2-x+3)$の商と余りを、組み立て除法で求めてみましょう。

1　割られる多項式の係数を並べます。

$3x^3+4x^2-2x+1$　の係数3, 4, −2, 1を並べます。

3　4　−2　1

2・3　「割る式＝0」とし、最大次数のみ左辺に残し、右辺の係数を並べます（このとき、左辺の係数は1になるようにします）。

$x^2-x+3=0$において、最高次数のx^2のみ左辺に残して、右辺に移項した多項式の係数を並べます。左辺の$-x+3$を右辺に移項すると、$x^2=1x-3$より、係数は1, −3です。係数を下から書いていきます。そして、3, 4, −2, 1の先頭の数字3を下に記入します。

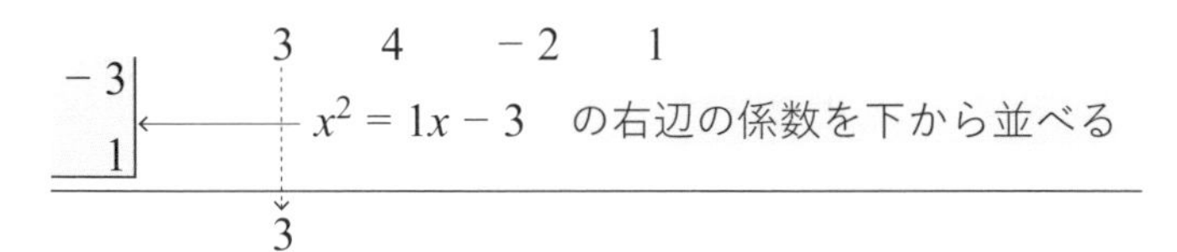

4　下に記入した数字3と、左上に記入した枠内の数字を下からかけ算して、結果を右上に記入します。

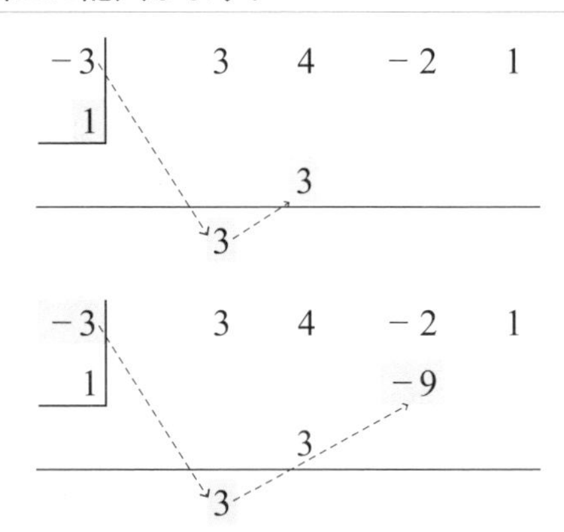

5　先頭の係数3の隣にある4の列を計算します。

	3	4	−2	1
−3			−9	
1		3		
	3	7		

4の操作を行ないます。

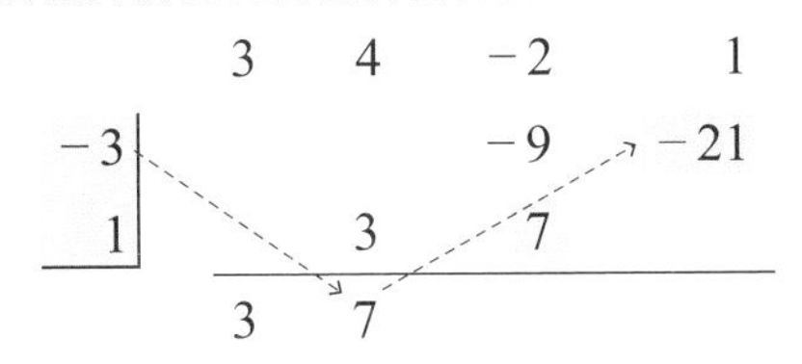

5の操作を行ないます。

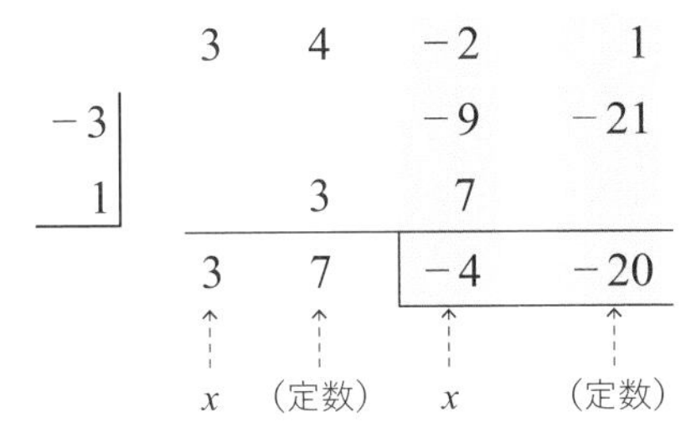

割る数が2次式のため、余りは1次式です。余りの部分は右の－4と－20で、それ以外の数字は商となります。

よって、商は$3x + 7$、余りは　$-4x - 20$

ネイピア数・オイラーの公式・オイラーの等式

世界一美しい数式

分数の形で表せない数が**無理数**で、$\sqrt{\ }$を用いた$\sqrt{2}$や$\sqrt{3}$などがその例です。無理数のなかには、それ以外にもπなどたくさんありますが、高校までに学ぶものに、**ネイピア数**もしくは**オイラー数**と呼ばれているeがあります。eは2.718281828459045235360……と無限に続く数です。

なお無理数にも分類があり、$\sqrt{2}$や$\sqrt{3}$などのように、整数係数の多項式の解になるものを**代数的数**といいます。例えば、$\sqrt{2}$は$x=\sqrt{2}$と置き、2乗して定数項を左辺に移項することで、整数係数の多項式$x^2-2=0$の解となることがわかり、$\sqrt{3}$も同様に、整数係数の多項式$x^2-3=0$の解になることがわかります。

代数的数に対して、πやeのように整数係数の多項式の解にならないものを**超越数**といいます。

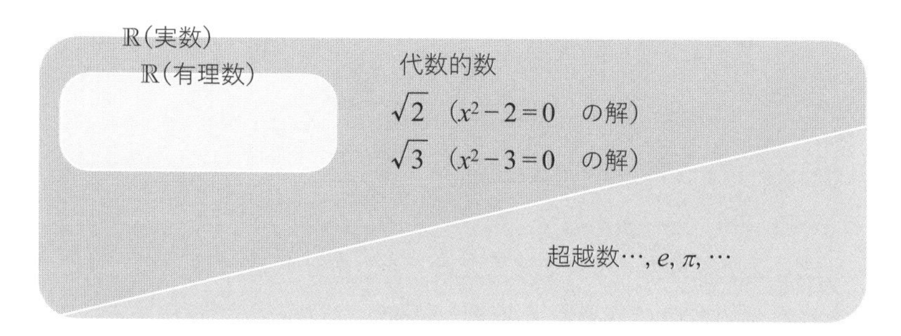

ネイピアはスコットランドの数学者・天文学者で、対数を発見した人物でもあります。ネイピアによる対数の発見は、天文学者の寿命を2倍に伸ばしたといわれるほど、偉大なものでした。

ネイピア数eは、主に微分積分の計算をシンプルにするために活用されます。

ネイピア数はオイラー数とも呼ばれます。オイラーは、ガウスと並び数学界の2大巨頭ともいわれ、さまざまな公式をつくり出しています。彼がつくり出した公式のなかに、次のオイラーの公式があります。

［オイラーの公式］ $e^{i\theta} = \cos\theta + i\sin\theta$

左辺は指数関数に虚数を代入した形となっています。

この公式の右辺を見かけたことはないでしょうか？ 右辺は、複素数を極形式で表したものです。オイラーの公式に $\theta = \pi (= 180^\circ)$ を代入すると、

$$e^{i\pi} = \cos\pi + i\sin\pi = \cos 180^\circ + i\sin 180^\circ = -1$$

この「$e^{i\pi} = -1$」で -1 を左辺に移項した「$e^{i\pi} + 1 = 0$」は、**オイラーの等式**と呼ばれ、世界一美しい数式ともいわれています。

［オイラーの等式］ $e^{i\pi} + 1 = 0$

その所以は、ネイピア数 $e = 2.71828182\cdots\cdots$、円周率 $\pi = 3.14159265358979\cdots\cdots$、虚数単位 $i = \sqrt{-1}$ という、それぞれ違う分野で生まれた概念で関係性が見えないものを、シンプルな形でつないでいる点です。それぞれの値を具体的な数で記述していくと、

$$(2.71828182\cdots\cdots)^{\sqrt{-1}\times 3.14159265358979\cdots\cdots} + 1$$

となりますが、この値がなんとゼロになるわけです。

なお、オイラーと並ぶ数学の2大巨頭の1人ガウスは「オイラーの等式」を学生に見せたとき、この式の意味をすぐに理解できなければ、第一級の数学者にはなれないと言わしめたほどでした。

コラム

目に見えない複素数は何の役に立つの?

目には見えない虚数を視覚化して何の役に立つのかと疑問に思う方がいるかもしれません。しかし、私たちは目に見えない数を意識していないだけで、普段から活用しているのです。

例えば、ここに11個のリンゴがあるとします。このリンゴを3人に4個ずつ配る場合を考えてみましょう。

1人目に配ると$11-4=7$で、7個残ります。
2人目に配ると$7-4=3$で、3個残ります。

しかし、3人目に配ろうとしても、残りは3個しかないため、4個のリンゴを配ることはできません。このとき皆さんのなかには、$4-5=-1$と計算して、1個足りない……と考えた人がいるのではないでしょうか。

また、もしどうしても3人目に配りたい場合には、足りない1個のリンゴを補充しようと考えるはずです。これは、目に見えないマイナスの数を用いて計算したからこそ考えることができたのです。

他にも、中学校の数学では方程式でxを使って計算しましたが、xも見えない数です。でも、この見えないxを使わないと、鶴亀算などの公式をたくさん覚えなくてはならなくて大変です。見えない数は、さまざまな物事を数学的に処理する際にとても便利なのです。

そして、目に見えないものは私たちの身の回りにあふれています。私たちは携帯電話を使ったり、部屋の明かりを点けたりしますが、このエネルギー源となっている電気や電波は目に見えません。

複素数平面は、そのような目には見えない現象を数字として「見える化」して考える手段として活躍しています。ガウスが導入した複素数平面は、今日の科学技術の発展を大いに支えているのです。

第 7 章

数列にまつわる数学用語

等差数列

小学生のガウスが先生を驚かせた計算

数を一列に並べたものを**数列**といいます。規則性がなくても数を一列に並べたものは数列です。なお、規則性のない数列が何の役に立つのか気になる方もいると思いますが、確率・統計の教科書に載っている乱数表の乱数も数列の一つです。ここでは、規則性のある数列を見ていきます。

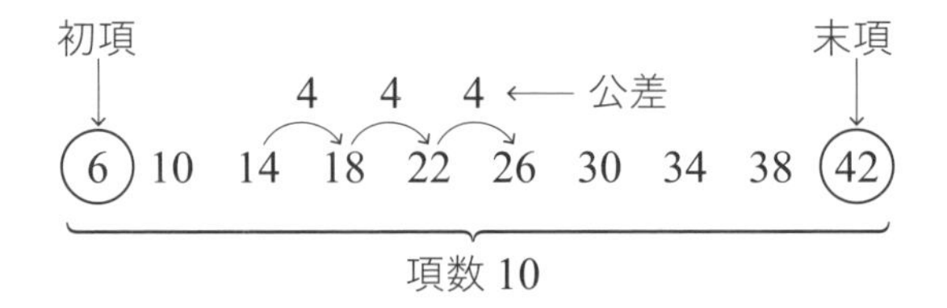

6、10、14、……と続くそれぞれの数字を**項**といい、最初の項6を**初項**、最後の42を**末項**、n 番目の項を**第 n 項**または**一般項**といいます。そして、6～42までの項の個数10を**項数**といいます。

数列の初項、第2項、第3項、……、第 n 項……は、番号を右下に添えて

$$a_1、a_2、a_3、a_4、\cdots、a_n、\cdots$$

（初項）　　　　一般項（第 n 項）

のように表し、この数列を$\{a_n\}$とまとめて表すこともできます。右下に添えた番号を**添え字**(suffix)といいます。冒頭の例の場合は次の通りです。

a_1	a_2	a_3	a_4	a_5	a_6	a_7	a_8	a_9	a_{10}
‖	‖	‖	‖	‖	‖	‖	‖	‖	‖
6	10	14	18	22	26	30	34	38	42

→ すき間

上記の数列のように、同じ数だけ増えていく(もしくは減っていく)数列を**等差数列**といいます。この数列は4ずつ増えていて、この4を**公差**といいます。等差数列は項と項のすき間の数がわかれば、何番目の項でも簡単に求めることができます。1つずつ見ていきましょう。

初　項　a_1 は 6
第 2 項　a_2 は $6+4\times1=10$（初項と 2 項の間にすき間は $2-1=1$）
第 3 項　a_3 は $6+4\times2=14$（初項と 3 項の間にすき間は $3-1=2$）
第 4 項　a_4 は $6+4\times3=18$（初項と 4 項の間にすき間は $4-1=3$）
⋮　　　⋮　　　⋮
第 10 項　a_{10} は $6+4\times9=42$（初項と 10 項の間にすき間は $10-1=9$）

と求めることができます。

この具体例から、等差数列の一般項と呼ばれる第 n 項目の公式を導くことができます。

初項が a_1、公差が d の等差数列の一般項 a_n は次の通りです。

$$[\text{等差数列の一般項}]\quad a_n=a_1+\underbrace{d+d+d+\cdots+d}_{(n-1)\text{個}}=a_1+(n-1)d$$

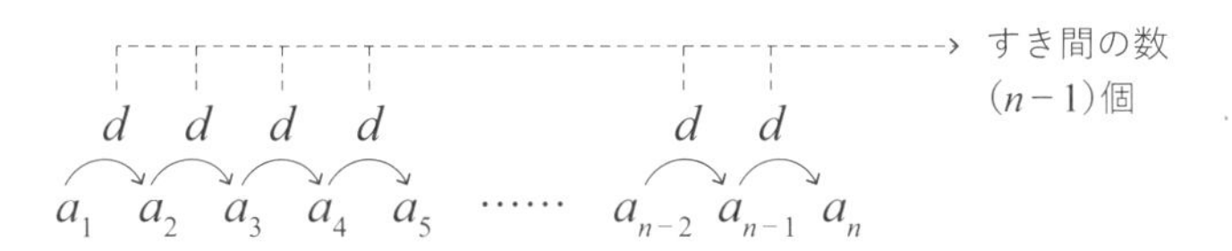

等差数列には和を求める公式があります。この公式に関する数学者ガウスのエピソードがありますので紹介します。ガウス少年が通った小学校には、ビュットナーという少しばかり意地悪な先生がいました。ガウスが 10 歳のとき、算数の授業でビュットナー先生は、1 から 100 までの数字をすべて足す問いを出題しました。

$$1+2+3+4+5+6+\cdots+98+99+100=?$$

生徒が問題を解くにはそれなりに時間がかかるとビュットナー先生は考えていたものの、ガウスはわずか数秒で「解けた」と叫びます。

先生は時間をつくるために問題を出題したため、ガウスが「解けた」と叫んだとき「どうせまだ解けていないに違いない」と思ったそうです。そして、少々意地悪なビュットナー先生ですから、ガウスが間違えていたら「おしおきをしよう」と思ったほどです。ガウスの席に向かうビュットナー先生には、計算間違いをしている他の生徒の答案が目につきます。ビュットナー先生がガウスの答案に目を向けると、「5050」という正解が書かれていました。そのときにガウスが行なったとされるアイディアは、1から100までの数の和（Sとします）を一列に並べ、その下に順序を逆にしたものを並べます。そして、2つを加えます。すると、下のように同じ数が並ぶのです。

$$
\begin{array}{rrrrrrrr}
 & S= & 1+ & 2+ & 3+\cdots\cdots+ & 98+ & 99+ & 100 \\
+) & S= & 100+ & 99+ & 98+\cdots\cdots+ & 3+ & 2+ & 1 \\
\hline
 & 2S= & 101+ & 101+ & 101+\cdots\cdots+ & 101+ & 101+ & 101
\end{array}
$$

$$\underbrace{101 + 101 + 101 + \cdots\cdots + 101 + 101 + 101}_{101\text{が}100\text{個}\ \Rightarrow\ 101\times100=10100}$$

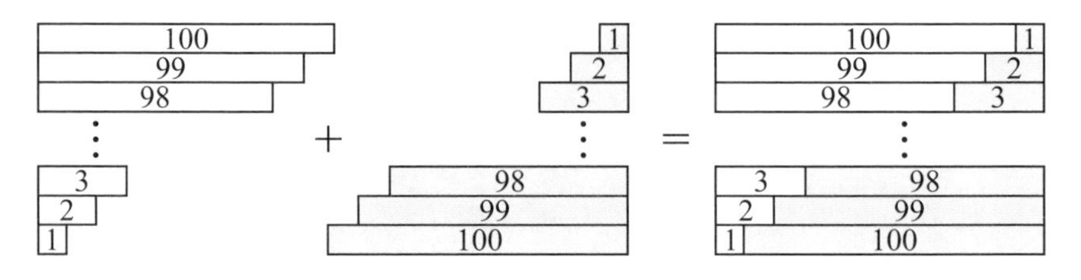

この計算から$2S = 10100$となり、$S = 5050$と求めることができます。ガウス少年がビュットナー先生を驚かせた結果になるのです。この結果から、等差数列の和S_nは、初項a_1と末項a_nを加えたものに項数nをかけて、半分にすればよいことがわかるので、次の公式を導くことができます。

$$[\text{等差数列の和の公式}]\quad S_n = \frac{n(a_1 + a_n)}{2}$$

等差数列の一般項$a_n = a_1 + (n - 1)d$を上の式に代入すると、次の公式を導くこともできます。

［等差数列の和の公式］　$S_n = \dfrac{n\{a_1 + a_1 + (n-1)d\}}{2} = \dfrac{n\{2a_1 + (n-1)d\}}{2}$

それでは、等差数列の和の公式を視覚化しましょう。その際、

$$\overset{d}{\frown}\ \overset{d}{\frown}\ \overset{d}{\frown}\ \cdots\cdots\ \overset{d}{\frown}\ \overset{d}{\frown} \leftarrow \text{すき間の数}(n-1)\text{個}$$

$$a_1 \quad a_2 \quad a_3 \quad a_4 \quad \cdots\cdots \quad a_{n-2} \quad a_{n-1} \quad a_n$$

を用いて、a_2、a_3、…a_{n-2}、a_{n-1}を初項のa_1、末項のa_nで書き換えます。

$a_2 = a_1 + d$、$a_3 = a_1 + 2d$、……となり、末項からは$a_{n-1} = a_n - d$、$a_{n-2} = a_n - 2d$、……　となります。

等差数列の和の公式を視覚化すると次の通りです。

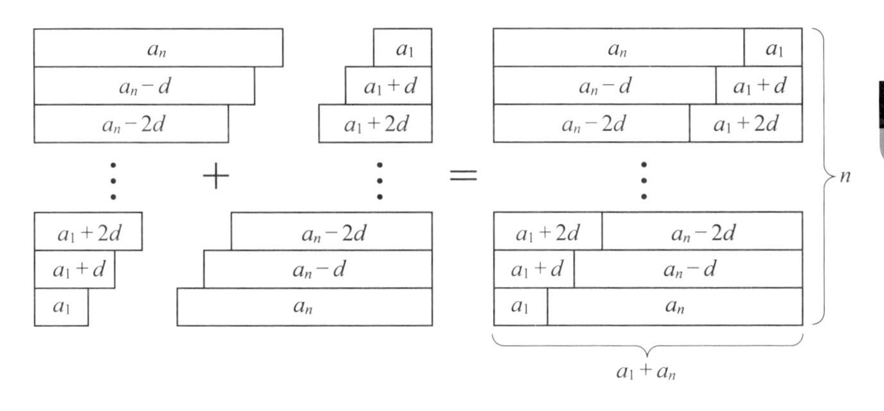

和は、縦×横の長方形の面積なので$n(a_1 + a_n)$、この数を2で割ると求まります。このエピソードはガウスのものが有名ですが、江戸時代に吉田光由が書いた『塵劫記（じんこうき）』にある俵杉算（たわらすぎざん）という計算方法にも同じアイディアが使われています。塵劫記は1627年の書籍で、ガウスが生まれる150年も前のものなので、アイディア自体は、ガウス以前から広く知られていたと考えられます。

02 等比数列

等比数列の和の公式はとっておきの方法で

5、10、20、40、80、160、……のように、初項 $a_1 = 5$ に次々に2をかけて得られる数列を**等比数列**といい、この2を**公比**といいます。

等比数列の一般項も、等差数列と同じように導くことができます。具体例を見ながら、等比数列の一般項を見ていきましょう。

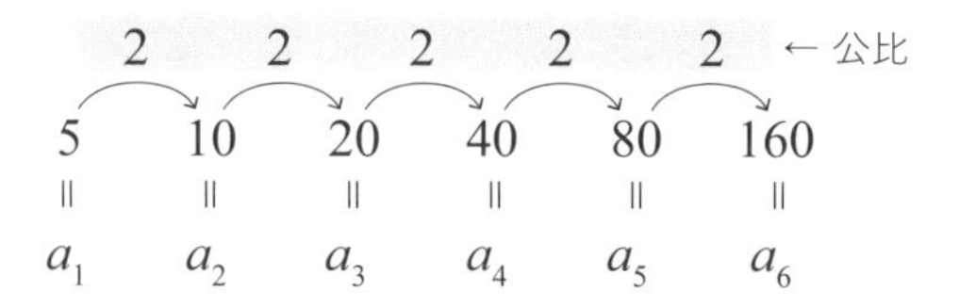

初　項　a_1 は5

第 2 項　a_2 は $5\times2=10$（a_1 と a_2 の間にすき間は $2-1=1$）

第 3 項　a_3 は $5\times2\times2=5\times2^2=20$（$a_1$ と a_3 の間にすき間は $3-1=2$）

第 4 項　a_4 は $5\times2\times2\times2=5\times2^3=40$（$a_1$ と a_4 の間にすき間は $4-1=3$）

第 5 項　a_5 は $5\times2\times2\times2\times2=5\times2^4=80$（$a_1$ と a_5 の間にすき間は $5-1=4$）

⋮

一般項　a_n は $5\times\underbrace{2\times2\times\cdots\times2\times2}_{(n-1)\text{個}}=5\times2^{n-1}$（$a_1$ と a_n の間にすき間は $n-1$）

初項が a_1、公比が r の等比数列の一般項 a_n は次の通りです。

［等比数列の一般項］　$a_n = a_1\times\underbrace{r\times r\times\cdots\cdots\times r}_{(n-1)\text{個}} = a_1\times r^{n-1}$

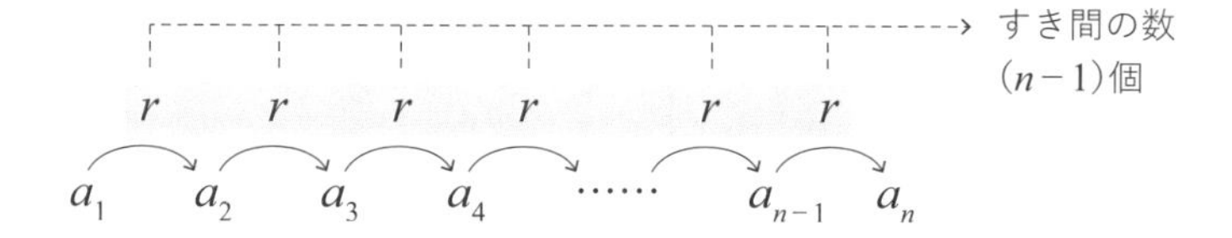

等比数列の一般項を紹介したので、次は和を紹介します。

初項 a_1、公比 $r(\neq 1)$、項数 n の**等比数列の和の公式**は次の通りです。

$$[\text{等比数列の和の公式1}]\quad \frac{a_1(r^n-1)}{r-1}=\frac{a(1-r^n)}{1-r}\cdots\cdots(*)$$

証明は、この項の最後に紹介します。

高校では(＊)と習いますが、これを少し変形して、次のように言葉で覚えると、項数の情報が不要になるので、項数で戸惑うことがなくなります。

$$[\text{等比数列の和の公式2}]\quad \frac{\text{末項}\times r-\text{初項}}{r-1}=\frac{\text{初項}-\text{末項}\times r}{1-r}\cdots\cdots(**)$$

(＊)から(＊＊)への式変形を補足します。末項を第 n 項 $a_n=a_1r^{n-1}$ とします。以下の式変形では、a_1r^n を $a_1r^{n-1}\times r$ と分けています。

$$(*)=\frac{a_1(r^n-1)}{r-1}=\frac{a_1r^n-a_1}{r-1}=\frac{a_1r^{n-1}\times r-a_1}{r-1}=\frac{a_n\times r-a_1}{r-1}$$

$$=\frac{\text{末項}\times r-\text{初項}}{r-1}=(**)$$

それでは、具体的に(＊＊)を次の例で使用してみましょう。

例：$1+2+4+8+16+\cdots\cdots+16777216$ を求めなさい。

従来の方法(＊)の場合は、16777216が何項目か知る必要があります。しかし、(＊＊)を用いれば、初項1、末項16777216、公比2で求まります。

$$\frac{\text{末項}\times r-\text{初項}}{r-1}=\frac{16777216\times 2-1}{2-1}=33554432-1=33554431$$

このように、項数がわからなくても求めることができます。従来の方法(＊)で求める場合は $16777216=2^{24}$ から 16777216 が第25項目とわかるので、公式に代入することで次のように求めることができます。

$$\frac{a(r^n-1)}{r-1}=\frac{1\times(2^{25}-1)}{2-1}=2^{25}-1=33554432-1=33554431$$

この例は(＊)で求めるのも、それほど大変ではありませんでしたが、次の例ではどうでしょうか？

$$\frac{1}{2^{2n+3}} + \frac{1}{2^{2n+2}} + \frac{1}{2^{2n+1}} + \cdots\cdots + 2^{n+3} + 2^{n+4} + 2^{n+5}$$

この項数を求めるのは大変です。しかし(＊＊)を用いると、

$$\frac{\text{末項} \times r - \text{初項}}{r-1} = \frac{2^{n+5} \times 2 - \frac{1}{2^{2n+3}}}{2-1} = 2^{n+6} - \frac{1}{2^{2n+3}}$$

と、容易に求まります。もちろん(＊)で求めることもできます。その場合、項数は$(2n+3)+1+(n+5)=3n+9$なので、次の通りになります。

$$\frac{a(r^n-1)}{r-1} = \frac{\frac{1}{2^{n+3}} \times (2^{3n+9}-1)}{2-1} = \frac{2^{3n+9}}{2^{2n+3}} - \frac{1}{2^{2n+3}}$$
$$= 2^{3n+9-(2n+3)} - \frac{1}{2^{2n+3}} = 2^{n+6} - \frac{1}{2^{2n+3}}$$

計算結果を見るとわかりますが、この例を(＊)で求める場合、項数を求めるのも、項数を求めた後の計算も大変です。

ここで、等比数列の和(＊)を示します。等比数列の和の計算も、上手な解き方があるので見ていきます。等比数列の和をSとします。

$$S = a + ar + ar^2 + ar^3 + \cdots\cdots + ar^{n-1} \quad r(\neq 1)$$

両辺をr倍したものを用意して引きます。

$$\begin{aligned} rS &= \phantom{a + {}} ar + ar^2 + ar^3 + \cdots + ar^{n-1} + ar^n \\ -)\ S &= a + ar + ar^2 + ar^3 + \cdots + ar^{n-1} \\ \hline rS - S &= -a + ar^n \\ S(r-1) &= a(r^n-1) \end{aligned}$$

この両辺を$r-1\,(r \neq 1)$で割ると、

$$S = \frac{a(r^n-1)}{r-1}$$

となり、(＊)の左辺の公式が求まります。分母と分子に(-1)をかけることで(＊)の右辺の公式も求まります。

Σ記号とΠ記号

面倒な計算をまとめる記号

数学ではさまざまな数を計算します。1～5のように加える数が少なければ、1 + 2 + 3 + 4 + 5 = 15のように具体的に書き下すことができますが、1～100となると大変です。もちろん

$$1+2+3+4+5+6+\cdots\cdots+98+99+100$$

と、「……」を使って表すこともできますが、これでは長い足し算を短く表すことしかできません。そこで、このような長い足し算の計算を記号にして、さらに応用もできるようにしたものがΣ(シグマ)です。Σ記号は、オイラーの公式などでおなじみのオイラーが、論文で使用するようになってから広まりました。数学で記号を使う目的は、長い計算をシンプルにし、求めることができない数を表すことですが、それだけではなく、記号化することで計算を簡略化するための公式を生み出すこともできるのです。

なお、足し算の結果を和といいますが、和は英語でsumなので、頭文字のSを使って表すことが多いです。なお、この大文字のSのギリシャ文字に当たるのがΣです。Σ記号は、Σの右に書いてある文字式(a_k)に、Σの下に書いてある数字($k = 1$)から、Σの上に書いてある数字(n)までを代入し足し算することを表します。

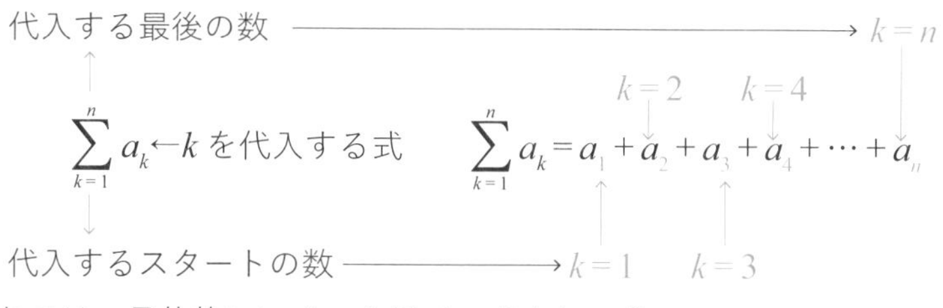

それでは、具体的にいくつか見ていきましょう。

$$\sum_{k=1}^{5} k = 1 + 2 + 3 + 4 + 5 = 15$$

$k=1$　$k=2$　$k=3$　$k=4$　$k=5$

7

数学用語 数列にまつわる

$$\sum_{k=1}^{6} 2k = 2\times\underset{\substack{\uparrow\\ k=1}}{1} + 2\times\underset{\substack{\uparrow\\ k=2}}{2} + 2\times\underset{\substack{\uparrow\\ k=3}}{3} + 2\times\underset{\substack{\uparrow\\ k=4}}{4} + 2\times\underset{\substack{\uparrow\\ k=5}}{5} + 2\times\underset{\substack{\uparrow\\ k=6}}{6} = 42$$

$$\sum_{k=5}^{9} (2k-1) = (2\times\underset{\substack{\uparrow\\ k=5}}{5}-1) + (2\times\underset{\substack{\uparrow\\ k=6}}{6}-1) + (2\times\underset{\substack{\uparrow\\ k=7}}{7}-1) + (2\times\underset{\substack{\uparrow\\ k=8}}{8}-1) + (2\times\underset{\substack{\uparrow\\ k=9}}{9}-1) = 65$$

$$\sum_{k=1}^{n-1} b_k = \underset{\substack{\uparrow\\ k=1}}{b_1} + \underset{\substack{\uparrow\\ k=2}}{b_2} + \underset{\substack{\uparrow\\ k=3}}{b_3} + \underset{\substack{\uparrow\\ k=4}}{b_4} + \cdots + \underset{\substack{\uparrow\\ k=n-1}}{b_{n-1}}$$

Σ記号の目的は、長い和の計算をまとめて表すだけではありません。次のように、公式にして計算を簡略化する機能もあります。

［和の公式］

$$\sum_{k=1}^{n} k = 1 + 2 + 3 + \cdots\cdots + n = \frac{n(n-1)}{2}$$

$$\sum_{k=1}^{n} k^2 = 1^2 + 2^2 + 3^2 + \cdots\cdots + n^2 = \frac{n(n+1)(2n+1)}{6}$$

$$\sum_{k=1}^{n} k^3 = 1^3 + 2^3 + 3^3 + \cdots\cdots + n^3 = \frac{n^2(n+1)^2}{4}$$

Σは和を表しますが、積を表す記号としてΠ（パイ）もあります。

$$\prod_{k=1}^{n} a_k = a_1 \times a_2 \times a_3 \times a_4 \times \cdots\cdots \times a_n$$

例を見ていきましょう。

$$\prod_{k=1}^{5} k = \underset{\substack{\uparrow\\ k=1}}{1} \times \underset{\substack{\uparrow\\ k=2}}{2} \times \underset{\substack{\uparrow\\ k=3}}{3} \times \underset{\substack{\uparrow\\ k=4}}{4} \times \underset{\substack{\uparrow\\ k=5}}{5} = 120$$

$$\prod_{k=3}^{6} 2k = (2\times\underset{\substack{\uparrow\\ k=3}}{3}) \times (2\times\underset{\substack{\uparrow\\ k=4}}{4}) \times (2\times\underset{\substack{\uparrow\\ k=5}}{5}) \times (2\times\underset{\substack{\uparrow\\ k=6}}{6}) = 5760$$

漸化式

お隣との関係を式で表す

前項まで、数列の一般項 a_n やその和 S_n の関係を見てきました。数列の等式にはさまざまなものがありますが、隣り合う項の間で成り立つ関係式（恒等式）を**漸化式**（ぜんかしき）(Recurrence relation) といいます。

等差数列の場合は、n 項目の a_n に公差 d を加えると $n+1$ 項目の a_{n+1} となる（もしくは、a_{n+1} と a_n の差 $a_{n+1}-a_n$ が d となる）ので、

［等差数列の漸化式］ $a_{n+1}=a_n+d \quad (n=1,\ 2,\ 3\cdots\cdots)$

$$a_1 \xrightarrow{+d} a_2 \xrightarrow{+d} a_3 \xrightarrow{+d} a_4 \xrightarrow{+d} \cdots\cdots a_{n-1} \xrightarrow{+d} a_n \xrightarrow{+d} a_{n+1}$$

と表すことができます。等差数列の場合は、n 項目の a_n に公比 r をかけると $n+1$ 項目の a_{n+1} となるので、

［等比数列の漸化式］ $a_{n+1}=a_n\times r=ra_n \quad (n=1,\ 2,\ 3\cdots\cdots)$

$$a_1 \xrightarrow{\times r} a_2 \xrightarrow{\times r} a_3 \xrightarrow{\times r} a_4 \xrightarrow{\times r} \cdots\cdots a_{n-1} \xrightarrow{\times r} a_n \xrightarrow{\times r} a_{n+1}$$

と表すことができます。「n 項目の a_n」と「$n+1$ 項目の a_{n+1}」という隣同士の漸化式を**隣接2項間漸化式**といいます。また、a_n、a_{n+1}、a_{n+2} の隣同士の3項間の漸化式を**隣接3項間漸化式**といいます。なお、漸化式のみでは数列の一般項が定まらないので、初項 a_1 などの値が必要となります。

フィボナッチ数列

アマチュア研究者もいる探求要素の宝庫

隣接3項間漸化式として有名な**フィボナッチ数列**を紹介します。

フィボナッチ数列は、イタリアの数学者レオナルド・フィボナッチにちなんで名づけられた次の数列です。

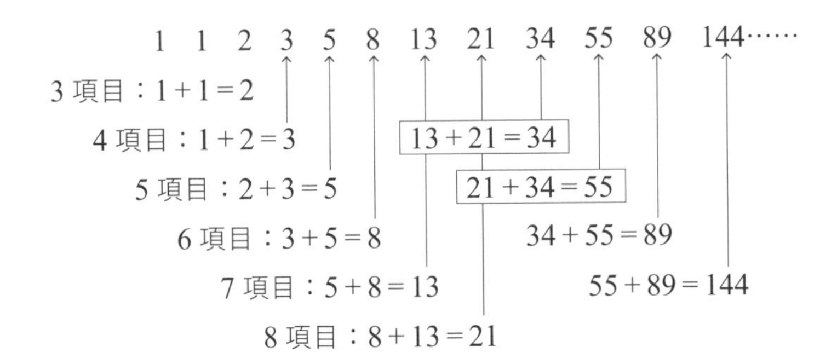

フィボナッチ数列は隣接する2つの項の和が次の項となっており、漸化式で表すと、$a_{n+2} = a_{n+1} + a_n$となっています。漸化式は、項と項の間の関係を表すのみで、それだけでは、一般項を求めることはできません。

一般項を求めるためには、**初期条件**と呼ばれるa_1などの条件が必要となります。フィボナッチ数列の初期条件は「$a_1 = a_2 = 1$」です。

フィボナッチ数列にはさまざまな性質があります。下図のように、フィボナッチ数列の項を1辺の長さに持つ正方形を並べると渦巻きが現れます。この渦巻きは植物や貝などに現れます。

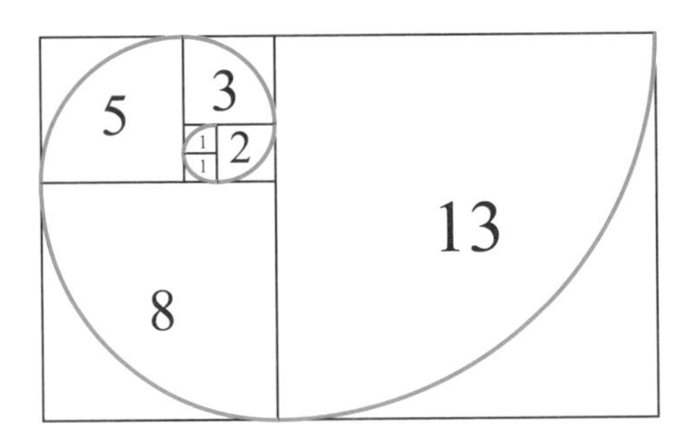

また、フィボナッチ数列の比(図の辺々の比)は、項を大きくすればするほど黄金比に近づいていきます。近づく様子を図にしたものが下図です。

$\frac{a_2}{a_1} = \frac{1}{1} = 1$、$\frac{a_3}{a_2} = \frac{2}{1} = 2$、$\frac{a_4}{a_3} = \frac{3}{2} = 1.5$、$\frac{a_5}{a_4} = \frac{5}{3} = 1.66666\cdots$

$\frac{a_6}{a_5} = \frac{8}{5} = 1.6$、$\frac{a_7}{a_6} = \frac{13}{8} = 1.625$、$\frac{a_8}{a_7} = \frac{21}{13} = 1.615\cdots$、

$\frac{a_9}{a_8} = \frac{34}{21} = 1.619\cdots$、$\frac{a_{10}}{a_9} = \frac{55}{34} = 1.617\cdots$

$\cdots$、$\frac{a_{n+1}}{a_n} \to \frac{1+\sqrt{5}}{2}$

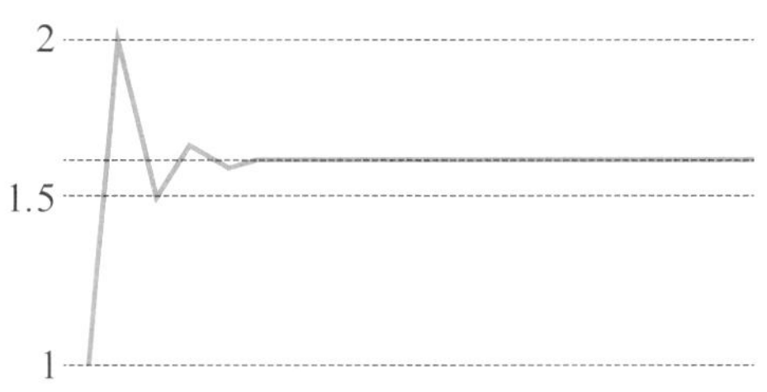

なお、漸化式は初期条件が大切であることを紹介しましたが、フィボナッチ数列と同じ漸化式で、初項を1、第2項を3とした次の数列、

1, 3, 4, 7, 11, 18, 29, 47, 76, 123, 199, 322, 521, 843, 1364, ……

の項をリュカ数(Lucas number)といいます。リュカ数はきれいに一般項を表すことができ、リュカ数をL_nとすると一般項は、

$$L_n = \left(\frac{1+\sqrt{5}}{2}\right)^n + \left(\frac{1-\sqrt{5}}{2}\right)^n$$

となります。

階差数列の一般項

項と項の間の関係を探る

次の数列 $\{a_n\}$ の一般項 a_n を考えてみましょう。

$$1 \quad 4 \quad 9 \quad 16 \quad 25 \quad 36 \quad 49 \quad 64 \quad 81 \quad 100 \quad 121 \quad 144 \quad 169 \quad \cdots\cdots$$

次のような関係が発見できれば、一般項は $a_n = n^2$ と予想できます。

$$1^2 \quad 2^2 \quad 3^2 \quad 4^2 \quad 5^2 \quad 6^2 \quad 7^2 \quad 8^2 \quad 9^2 \quad 10^2 \quad 11^2 \quad 12^2 \quad 13^2 \quad \cdots\cdots$$

しかし、いつもこのように関係性がわかるとは限りません。そのような場合は、数列の各項とその1つ前の項の差に着目してみます。

$$1 \quad 4 \quad 9 \quad 16 \quad 25 \quad 36 \quad 49 \quad 64 \quad 81 \quad 100 \quad \cdots\cdots \quad a_n \quad a_{n+1}$$

$$3 \quad 5 \quad 7 \quad 9 \quad 11 \quad 13 \quad 15 \quad 17 \quad 19 \quad \cdots\cdots \quad b_{n-1} \quad b_n$$

この数列は、初項が3、公差が2の等差数列とわかります。このような「各項とその1つ前の項の差」からなる数列を**階差数列**といいます。元の数列を $\{a_n\}$、階差数列を $\{b_n\}$ とするとき、$b_n = a_{n+1} - a_n$ $(n = 1, 2, 3\cdots\cdots)$ となります。なお、$\{b_n\}$ の一般項は $b_n = 3 + 2(n - 1) = 2n + 1$ です。

[元の数列 $\{a_n\}$]　$a_1 \quad a_2 \quad a_3 \quad a_4 \quad a_5 \quad a_6 \quad \cdots\cdots \quad a_{n-1} \quad a_n \quad a_{n+1}$

[階差数列 $\{b_n\}$]　$b_1 \quad b_2 \quad b_3 \quad b_4 \quad b_5 \quad \cdots\cdots \quad b_{n-1} \quad b_n$

それでは、冒頭の数列の一般項を考えてみましょう。

階差数列　　階差数列

$$\begin{aligned}
a_1 &= 1 \\
a_2 &= 4 = 1 + 3 &&= a_1 + b_1 \\
a_3 &= 9 = 1 + 3 + 5 &&= a_1 + b_1 + b_2 \\
a_4 &= 16 = 1 + 3 + 5 + 7 &&= a_1 + b_1 + b_2 + b_3 \\
a_5 &= 25 = 1 + 3 + 5 + 7 + 9 &&= a_1 + b_1 + b_2 + b_3 + b_4 \\
a_6 &= 36 = 1 + 3 + 5 + 7 + 9 + 11 &&= a_1 + b_1 + b_2 + b_3 + b_4 + b_5
\end{aligned}$$

$a_1 \quad a_2 \quad a_3 \quad a_4 \quad a_5 \quad a_6$

$b_1 \quad b_2 \quad b_3 \quad b_4 \quad b_5$

ここまでの具体例から、数列 $\{a_n\}$ の一般項は次の通りとなります。なお、階差数列は、数列が2項以上ないとできないので $n \geqq 2$ となります。

［階差数列と一般項］　$n \geqq 2$ のとき

数列　$\{a_n\}$ の階差数列を $\{b_n\}$ とすると、

階差数列

$$a_n = a_1 + b_1 + b_2 + b_3 + b_4 + \cdots\cdots + b_{n-1} = a_1 + \sum_{k=1}^{n-1} b_k$$

	1	4	9	16	25	36				
［元の数列］	a_1	a_2	a_3	a_4	a_5	a_6	……	a_{n-1}	a_n	a_{n+1}
［階差数列］	b_1	b_2	b_3	b_4	b_5	b_6	……	b_{n-1}		b_n
	3	5	7	9	11	13				$2n+1$

冒頭の数列 $\{a_n\}$ の初項 $a_1 = 1$ で、階差数列の一般項は $b_n = 2n + 1$ なので（b_n で $n = k$ とすると $b_k = 2k + 1$）、

$$a_n = a_1 + \sum_{k=1}^{n-1} b_k = 1 + \sum_{k=1}^{n-1}(2k+1) = 1 + 2\underbrace{\sum_{k=1}^{n-1} k}_{①} + \underbrace{\sum_{k=1}^{n-1} 1}_{②}$$

$$= 1 + 2 \times \frac{(n-1)n}{2} + (n-1) = 1 + n^2 - n + n - 1 = n^2 \ (n \geqq 2)$$

初項a_1は1なので、$n = 1$のときも成り立ちます。

①の補足：$\displaystyle\sum_{k=1}^{n} k = \frac{n(n+1)}{2}$ の公式で、nを$(n-1)$とすると、

$$\sum_{k=1}^{n-1} k = \frac{(n-1)((n-1)+1)}{2} = \frac{(n-1)n}{2}$$

②の補足：同様に、②の式も得られます。

$$\sum_{k=1}^{n-1} 1 = \underbrace{1 + 1 + 1 + \cdots\cdots + 1}_{(n-1)個} = n - 1$$

演繹法と帰納法

数学的帰納法の理解からつなげる

論理的な思考(logical thinking)の基本に**演繹法**(deduction)と**帰納法**(induction)があります。

演繹法は、前提や一般的な法則と具体的な事実を用いて結論を導き出す手法です。演繹法の代表的な手法として**三段論法**があります。

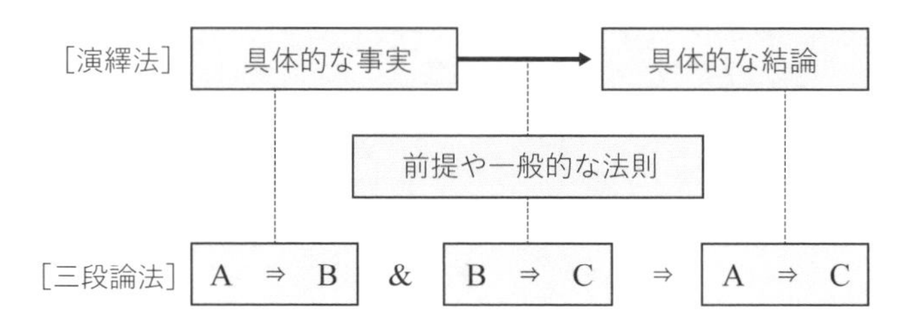

例えば、前提や一般的な法則を「人間(B)は、いずれ死ぬ(C)」とします。具体的な事実を「ソクラテス(A)は、人間(B)である」とすると、結論は「ソクラテス(A)は、いずれ死ぬ(C)」となります。

演繹法にも弱点があります。数学の法則は古くなりませんが、前提は古くなる可能性があります。例えば先ほどの例も、科学が進歩して「人間が不老不死」になった場合は、三段論法が成立しなくなります。

演繹法に対して帰納法は、観察されたデータや具体的な事実から一般的な法則や公式を推論する方法です。経験にもとづいた推論や統計を用いた手法にもとづいた結論が「帰納法」の考え方です。

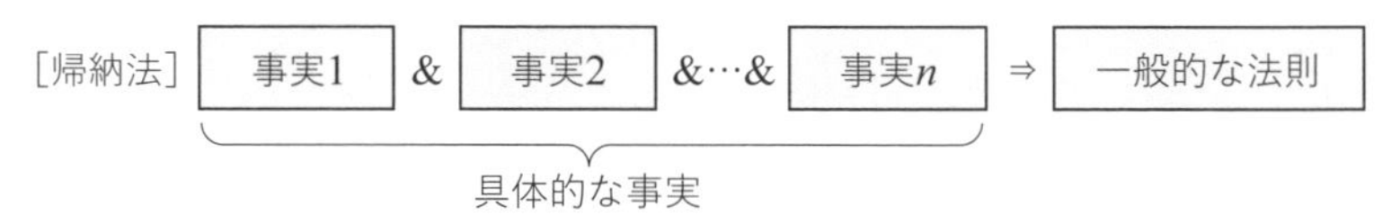

例えば、1羽目のカラスは黒い、2羽目のカラスは黒い、3羽目のカラスも黒い……のだから、一般的にカラスは黒い、と予想する方法です。帰納法で得られる結果はあくまでも推測なので、反例によって覆る可能性もあ

ります。

事実1　1羽目のカラス⇒黒い
事実2　2羽目のカラス⇒黒い
事実3　3羽目のカラス⇒黒い

結論：カラス⇒黒い

この帰納法を数列に応用したものが**数学的帰納法**です。数学的帰納法は、

［1］$n=1$のとき命題Pが成立することを示す。

具体的な事実

一般的な法則

［2］$n=k$のとき命題Pが成立すること仮定し、
　$n=k+1$のときも命題Pが成立することを示す。

この[1]、[2]の手順を踏んで行なわれますが、帰納法は抽象化のための手法なので難しく感じます。そのため、数学的帰納法はドミノ倒しを例にして説明されることが多いです。先ほどの[1]［2]の部分を、
$n=1$で命題Pが成立することを「1つ目のドミノが倒れる」と置き換え、
$n=2$で命題Pが成立することを「2つ目のドミノが倒れる」と置き換え、
……と続けていくと、すべての自然数で命題Pの成立を確かめることは、すべてのドミノが本当に倒れるかどうかを確認することに対応します。そのため、

〈1〉1つ目のドミノが倒れる。

具体的な事実

一般的な法則

〈2〉すべてのドミノが等間隔で並べてあり、
　前のドミノが倒れるとき、次のドミノが倒れる

となります。この〈1〉と〈2〉を確かめれば、連鎖してすべてのドミノが倒れることがわかります。図で見ていくと、

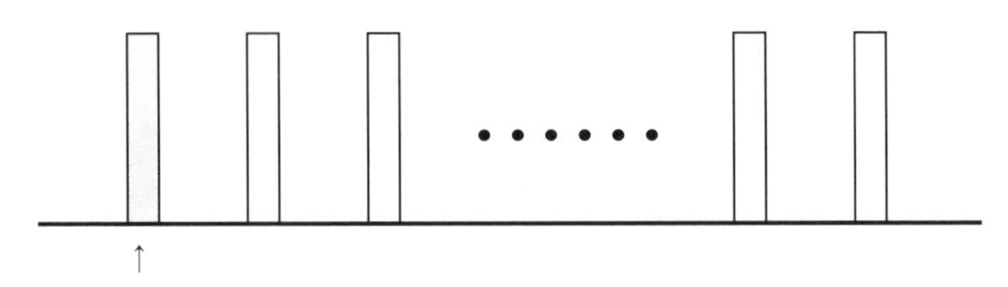

〈1〉より「1つ目のドミノが倒れる」かどうか？

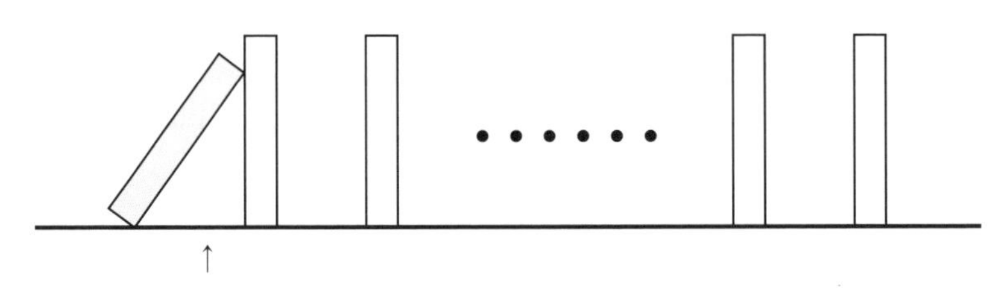

〈1〉より「1つ目のドミノが倒れる」と「2つ目のドミノが倒れる」

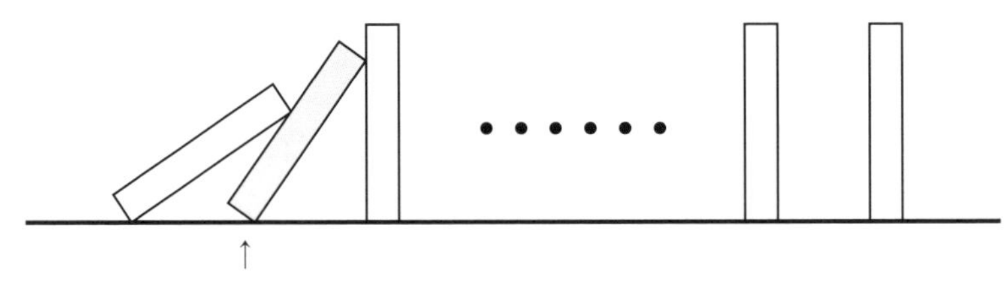

〈2〉 より「2つ目のドミノが倒れる」と「3つ目のドミノも倒れる」

この倒れるドミノが連鎖し、すべてのドミノが倒れていきます。ここで確かめた事実が、数学的帰納法における[1]と[2]に対応します。

第 8 章

確率にまつわる数学用語

確率にまつわる用語

サイコロ·コインを通して用語を押さえる

確率の用語は、統計を理解する上でも大切です。具体例と合わせて見ていきましょう。「コインを投げる」「サイコロを振る」「番号札を引く」のように、同じ条件で何度も繰り返すことができる実験や観測を**試行**(trial)といいます。実験や観測というと難しそうに聞こえますが、「コインを投げる」ことや「サイコロを振る」ことも実験です。

同じ試行を何度も繰り返す場合を**反復試行**といいます。

サイコロを振ると1～6の目が出て、コインを投げると表か裏かわかりますね。試行の結果として起こる事柄を**事象**(event)といいます。

事象は集合の記号を使って表すことができます。例えば、1個のサイコロを振る試行では$U=\{1, 2, 3, 4, 5, 6\}$と表すことができます。

奇数の目が出るという事象をAとする場合、$A=\{1, 3, 5\}$となります。この場合、偶数の$\{2, 4, 6\}$は事象A以外に該当します。これを、**余事象**といい、$\bar{A}$もしくはA^cと表します。

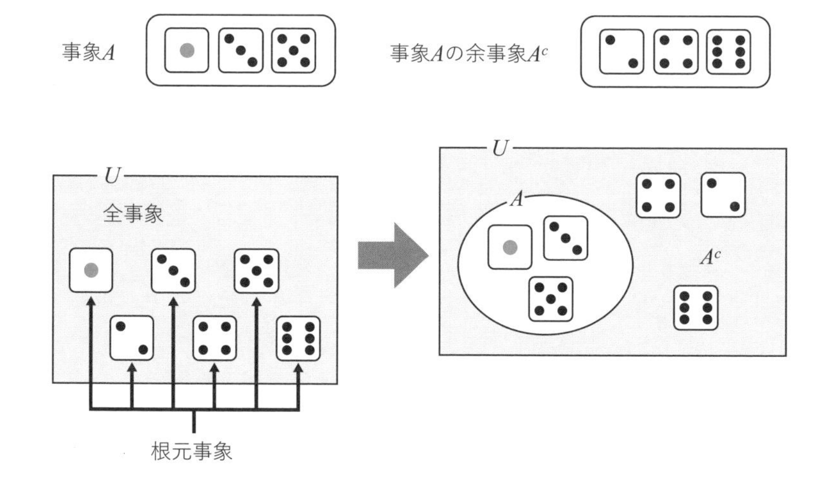

事象が1つの要素からなる集合で表される事象を、**根元事象**といいます。1個のサイコロを1回振る場合の根元事象は{1}、{2}、{3}、{4}、{5}、{6}で、1枚のコインを1回投げる場合は{表}、{裏}です(側面で立つ場合を除いています)。

存在しない事象を**空事象**といい、空集合と同様に∅で表します。1～6の目のサイコロを1回振る場合であれば、0の目が出たり7の目が出たり、3.5の目が出る事象はないので、空事象となります。

	サイコロ	コイン
試　行	1個のサイコロを1回振る	1枚のコインを1回投げる
事　象	{奇数の目が出る} = {1, 3, 5} {偶数の目が出る} = {2, 4, 6}	{表が出る} = {表} {裏が出る} = {裏}
根元事象	{1}, {2}, {3}, {4}, {5}, {6}	{表}、{裏}
全事象	{1, 2, 3, 4, 5, 6}	{表、裏}
空事象	∅	

事象AとBのうちAまたはBが起こる事象を「**和事象**」といい、$A \cup B$と表します。AもBも起こる事象を「**積事象**」といい、$A \cap B$と表します。

例えば、事象Aを、1個のサイコロを1回振ったときに奇数の目が出る事象とし、事象Bを、1個のサイコロを1回振ったときに2以下の目が出る事象とするとき、$A = \{1, 3, 5\}$、$B = \{1, 2\}$となり、$A \cup B = \{1, 2, 3, 5\}$、$A \cap B = \{1\}$となります。和事象と積事象の関係をベン図で表すと下のようになります。

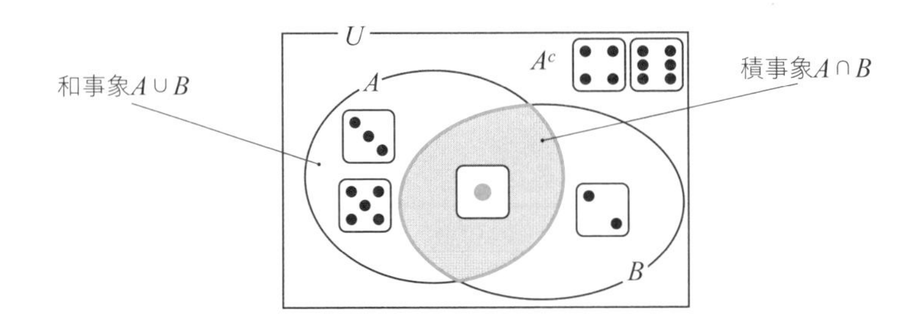

大数の法則

サイコロを振って1の目が出る確率が1/6である理由

歪みのないサイコロを振った場合、1～6の目が出る確率はどれも同じになることが期待されるので1/6となりますが、これは、6回サイコロを投げたら1～6の目が1回ずつ出る……という意味ではありません。

1の目が2～3回出ることもあれば、2の目が1回も出ない……ということもあります。では、サイコロを1回振ったときに1～6の目が出る確率1/6は何を表しているのでしょうか？

確率には大きく2つの用語があります。この1/6は、**理論的確率**もしくは**数学的確率**といい、理論的に求めた値です。それに対して、実際にサイコロを6回振って1の目が2回出た場合の確率2/6＝1/3のように、データを積み上げて測った確率を**統計的確率**といいます。

サイコロを投げる回数を大きくすれば、それぞれの目が出る確率は、理論的(数学的)確率である1/6に近づいていきます。試行の回数 n を大きくすれば、統計的確率が理論的(数学的)確率に近づくのです。これを**大数(たいすう)の法則**といいます。

サイコロを振る回数を増やす → ⚀ が出る確率 → 1/6に近づく

コインを投げる回数を増やす → 表 が出る確率 → 1/2に近づく

実際に、コインやサイコロで大数の法則のシミュレーションを行なってみました。コインを20回、200回、……、200万投げて表・裏が出た回数・確率、サイコロを60回、600回、……、600万振って1～6の目が出た回数・確率は次の表の通りです。コイン、サイコロいずれも、少ない試行回数の場合はバラつきがありますが、試行回数が増えるにつれ、コインは1/2＝0.5、サイコロは1/6＝16.666666……％の理論的確率に近づいていることがわかります。

コインを投げて表・裏が出た回数

試行回数	20	200	2000	20000	200000	2000000
表	8	94	1004	10056	100083	999015
裏	12	106	996	9944	99917	1000985

コインを投げて表·裏が出た確率(統計的確率)

試行回数	20	200	2000	20000	200000	2000000
表	40%	47%	50.2%	50.28%	50.042%	49.951%
裏	60%	53%	49.8%	49.72%	49.959%	50.049%

サイコロを振って、1～6の目が出た回数

試行回数	60	600	6000	60000	600000	6000000
⚀	12	97	1045	9945	100069	999325
⚁	5	102	1020	10020	99720	1000014
⚂	9	99	963	9890	100146	1001186
⚃	12	104	970	10112	100189	998410
⚄	11	101	994	10088	100157	1001807
⚅	11	97	1008	9945	99719	999258

サイコロを振って、1～6の目が出た確率(統計的確率)

試行回数	60	600	6000	60000	600000	6000000
⚀	20.000%	16.167%	17.417%	16.575%	16.678%	16.655%
⚁	8.333%	17.000%	17.000%	16.700%	16.620%	16.667%
⚂	15.000%	16.500%	16.050%	16.483%	16.691%	16.686%
⚃	20.000%	17.333%	16.167%	16.853%	16.698%	16.640%
⚄	18.333%	16.833%	16.567%	16.813%	16.693%	16.697%
⚅	18.333%	16.167%	16.800%	16.575%	16.620%	16.654%

順列(P)と階乗(!)

違いを押さえよう

いくつかのもののなかから一部を取り出して、順序をつけて1列にする並べ方を**順列**といいます。

A、B、C、Dの4文字から異なる2文字を選んで、横1列に並べるとき、2文字の並べ方は何通りあるのかを考えてみましょう。すべての並べ方は、右の樹形図の通りとなります。

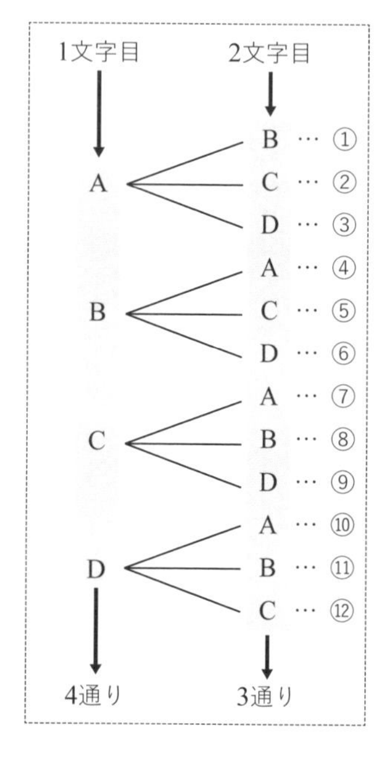

1番目の文字の取り出し方はA、B、C、Dの4文字から選ぶため4通りあります。

2番目の文字の取り出し方は、1番目で取り出した文字を除いた3文字から選ぶため3通りあります。よって、並べ方の総数は、1番目の文字の並べ方「4通り」に対して、樹形図の通り2番目の文字の並べ方はそれぞれ3通りあるので、

$4 \times 3 = 12$通りです。

順列(並べ方)の問題など、このように1ずつ引いてかけ算することが多くあるので、記号が用意されています。この問題のように4文字から2文字を選んで並べる場合は「$_4P_2$」と表し、次のように計算します。

4からスタートして1ずつ引く

$$_4P_2 = 4 \times 3 = 12$$

2個のかけ算

なお「$_4P_2$」の「P」は順列を表す「Permutation」の頭文字です。

ここから、異なる(区別のできる)n個のものからr個を選んで並べた場合の数$_nP_r$の公式は、次の通りです。

$$[\text{順列}]\quad {}_nP_r = \underbrace{n(n-1)(n-2)(n-3)\cdots\cdots(n-r+1)}_{r\text{個のかけ算}}$$

問題を通して記号に慣れていきましょう。

A、B、C、D、E、Fの6人を横一列に並べるとき、並べ方の総数は、

$$_6P_6 = 6 \times 5 \times 4 \times 3 \times 2 \times 1 = 720$$

です。この問題の結果$_6P_6$のように、全部取り出して並べる場合(Pの左下の数字と右下の数字が一致しているとき)は、階乗(factorial)と呼ばれる「!」記号を使って、$_6P_6 = 6!$と簡略化することができます。n人を並べる場合は、

$$[\text{階乗}]\quad n! = {}_nP_n = n \times (n-1) \times (n-2) \times \cdots\cdots \times 3 \times 2 \times 1$$

と定義します。$_nP_r$も次のように階乗を用いて表すことができます。その際、$0!$の計算が必要になる場合があるため、$0! = 1$と定義します。

$$n! = \underbrace{n \times (n-1) \times (n-2) \cdots \times (n-r+1)}_{_nP_r} \times \underbrace{(n-r) \times (n-r-1) \cdots \times 3 \times 2 \times 1}_{(n-r)!}$$

$n! = {}_nP_r \times (n-r)!$の両辺を$(n-r)!$で割ると、

$$_nP_r = \frac{n!}{(n-r)!}$$

となります。ここで、$r = n$とすると、

$$_nP_n = \frac{n!}{(n-n)!} = \frac{n!}{0!}$$

となるので、この等式を成立させる際に$0! = 1$が必要となります。

同じものを含む順列と組合せ(C)

順列の理解から組合せの理解へ

ABCDのように異なる4つの文字を並べる場合は順列の問題となり「$4! = 24$」通りと求めることができます。しかし、AABBを並べる場合は、Aが2つ、Bが2つあるので普通の順列ではなく、同じ文字を含む順列となります。同じものを含む順列の総数は、順列の公式を直接使うだけでは求めることができません。もちろん具体的に数えることもでき、

AABB、ABBA、ABAB、BABA、BAAB、BBAA

となりますが、このように1つずつ数えていく方法は、数えもらしや重複して数えてしまう可能性があります。また数が大きい場合は直接数えるのは困難です。そこで、順列の公式を利用して工夫して数えていきます。

順列の公式を使うためには、同じ文字を異なるものとして区別する必要があります。そこで、AABBを異なる文字にするために番号をつけて、強制的に区別をします。

$$AABB \quad \rightarrow \quad A_1A_2B_1B_2$$

$A_1A_2B_1B_2$ の順列は$4! = 24$通りです。$A_1A_2B_1B_2$ の順列のなかには、

$$A_1A_2B_1B_2、A_2A_1B_1B_2、A_1A_2B_2B_1、A_2A_1B_2B_1$$

が別のものとしてカウントされていますが、これは番号がついているから別のものとしてカウントされているだけで、番号を外せばすべて「AABB」の1通りです。

つまり、AABBの1通りのものを番号づけすることで、重複して数えているのです。これは裏を返すと、重複して数えている分(この場合は4)で割ることで求めることができます。

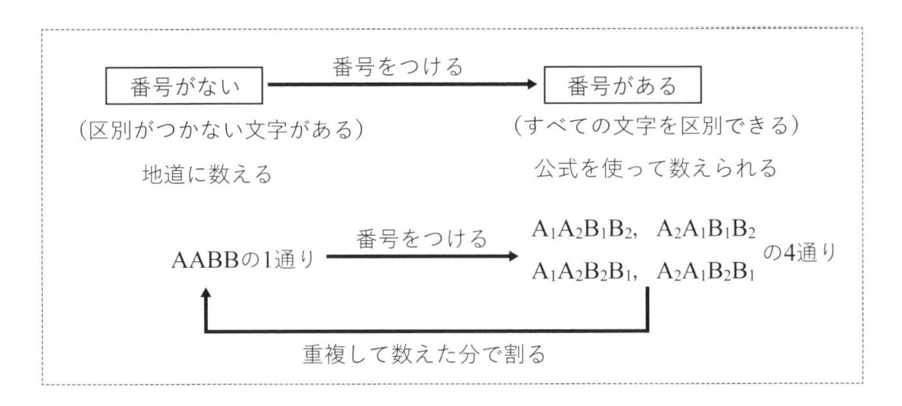

$$\frac{4!}{4} = \frac{24}{4} = 6$$

では、この重複分の4はどうやって求めることができるでしょうか？

ここで、$A_1A_2B_1B_2$、$A_2A_1B_1B_2$、$A_1A_2B_2B_1$、$A_2A_1B_2B_1$の番号だけを抽出してみると、

1212、2112、1221、2112

Aの番号1と2とBの番号1と2を並べているだけであることがわかります。Aの番号1と2の並べ方2!と、Bの番号1と2の並べ方2!をかけて4となるのです。

具体例も見てみましょう。PPPQRRの並べ方の総数は、PとRに番号をつけると「$P_1P_2P_3QR_1R_2$」となります。Qは1つしかないため区別をつける必要がないので、番号をつけません。$P_1P_2P_3QR_1R_2$の順列は6!です。Pは番号の1と2と3を並べた3!分だけ重複し、Rは番号の1と2を並べた2!分だけ重複するので、次の通り求めることができます。

$$\frac{6!}{3! \times 2!} = \frac{6 \times 5 \times 4}{2} = 60$$

いくつかのものを「順番を考えず取り出し」て組をつくるとき、その一つひとつを**組合せ**といいます。順番を考えないので、例えば「AとB」を選んだ場合と「BとA」を選んだ場合は同じものと考えます。「お寿司が好きなのはAさんとBさんです」と言うのと「お寿司が好きなのはBさんとAさんです」と言うのは同じですね。

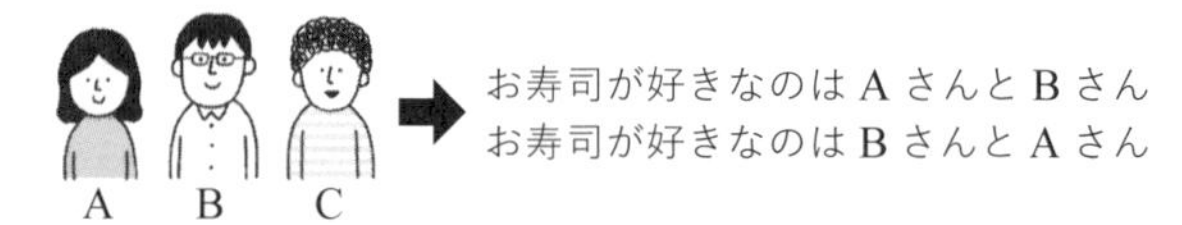

このように、選んだ順番を考慮しないのが組合せです。組合せの総数は、順列の考え方を利用して数えます。順列の場合、4つのなかから2つを順番に選ぶ場合の数は、${}_4P_2 = 4 \times 3 = 12$と求めました。具体的にこの12通りを記述すると下表の左側のようになります。

【順列】A, B, C, Dの4文字から2文字を選び並べる			【組合せ】A, B, C, Dの4文字から2文字を選ぶ
AB…①	BA…④	→	AとB…①
AC…②	CA…⑦	→	AとC…②
AD…③	DA…⑩	→	AとD…③
BC…⑤	CB…⑧	→	BとC…⑤
BD…⑥	DB…⑪	→	BとD…⑥
CD…⑨	DC…⑫	→	CとE…⑨

順列の場合、上図の左側のように、「AとB」1つの組合せがAB、BAの2通り、「AとC」1つの組合せがAC、CAの2通りと、並べた分だけ別のものとして数えられています。つまり、順列の公式から組合せを数える場合、並べた分だけ重複(ダブリ)があるので、重複(ダブリ)分で割ればよいのです。

$$\frac{{}_4P_2}{2} = \frac{4 \times 3}{2} = \frac{12}{2} = 6$$

このように組合せの公式は、順列の公式を活用して求めることができます。まずは順列の公式が利用できるように、区別ができないものに番号づけをして並べて($_nP_r$)、番号を外した際に生じる重複した分で割ります($r!$)。「n 個のなかから r 個を選ぶ組合せの数」は「$_nC_r$」と表して、

$$[組合せ]\quad {}_nC_r = {}_nP_r \div r! = \frac{{}_nP_r}{r!}$$

と計算します。「C」は順列を表す「Combination」の頭文字です。

$_n\mathrm{P}_r$ が階乗を用いて表せるように、$_n\mathrm{C}_r$ も次のように階乗を用いて表すことができます。

$$[組合せ]\quad {}_nC_r = {}_nP_r \times \frac{1}{r!} = \frac{n!}{(n-r)!} \times \frac{1}{r!} = \frac{n!}{(n-r)!r!}$$

順列と組合せの違いは、n 個のものから r 個選んだ後、「並べる」か「並べない」かです。

$_nP_r$：n の個のものから r 個を選び並べる
$_nC_r$：n 個のものから r 個を選ぶ(並べない)

n 個のものから r 個選び($_nC_r$)、その後、選んだ r 個を並べる($r!$)と、順列($_nP_r$)となるので、次の式が成り立ちます。

$${}_nC_r \times r! = {}_nP_r$$

それでは $_2C_1$、$_4C_2$、$_6C_2$、$_6C_4$ の計算を通して、$_nC_r$ の計算方法を見ていきましょう。

$${}_2C_1 = \frac{{}_2P_1}{1!} = \frac{2}{1} = 2 \quad {}_4C_2 = \frac{{}_4P_2}{2!} = \frac{4 \times 3}{2 \times 1} = \frac{12}{2} = 6$$

$${}_6C_2 = \frac{{}_6P_2}{2!} = \frac{6 \times 5}{2 \times 1} = 15 \quad {}_6C_4 = \frac{{}_6P_4}{4!} = \frac{6 \times 5 \times 4 \times 3}{4 \times 3 \times 2 \times 1} = \frac{6 \times 5}{2 \times 1} = 15$$

ここで「$_6C_2$」と「$_6C_4$」の値に注目してください。いずれも「15」ですが、これは偶然一致したわけではありません。「$_6C_2$」と「$_6C_4$」の値を文章で意味

づけすると、一致する理由がわかります。「${}_6C_2$」を文章にすると「6人から委員になる2人を選ぶ」となりますが、委員にならない4人が残ります。これは、「6人から委員にならない4人選ぶ(${}_6C_4$)」ことで、委員になる2人を選ぶと考えることもできるので、「${}_6C_2$」と「${}_6C_4$」は同じことを意味しているため、値が一致するのです。

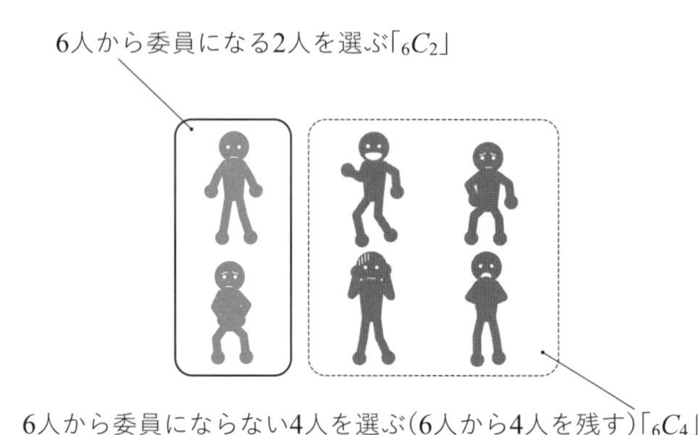

同様に「n人からr人選ぶこと」は「$n-r$人を残すこと(選ばないこと)」になるので、次の式が成り立ちます。

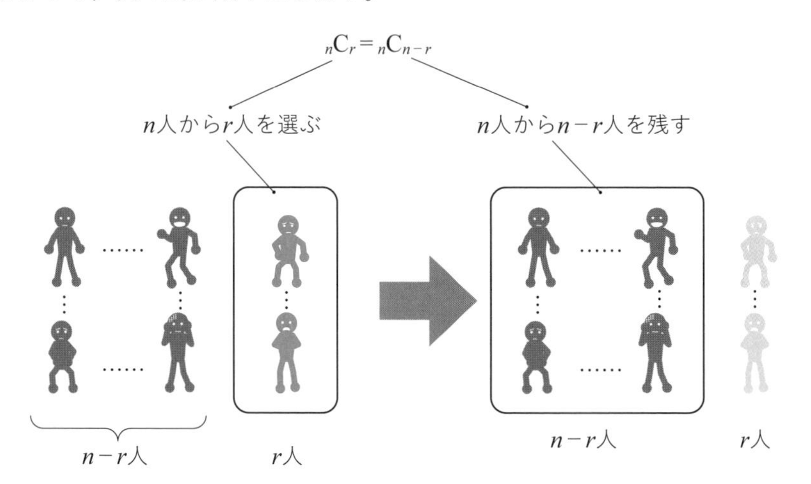

05

重複順列(Π)と重複組合せ(H)

ダブりの数え方にも違いがある

これまでは、異なるものを選んで並べる順列と、異なるものを選ぶだけの組合せを見てきました。私たちが数えるものは、異なるものだけとは限りません。例えば、サイコロを10回振って出た目を数える場合は、5, 6, 5, 2, 4, 5, 4, 4, 5, 2のように重複する(ダブる)こともあります。

この重複ありの順列や組合せを見ていきましょう。重複ありの順列を**重複順列**(Permutation with Repetition)といいます。

それでは、5つの数字1, 2, 3, 4, 5から重複ありで3桁の数を求める場合を考えてみましょう。

百の位、十の位、一の位に入る数字は、それぞれ1～5の5通りです。

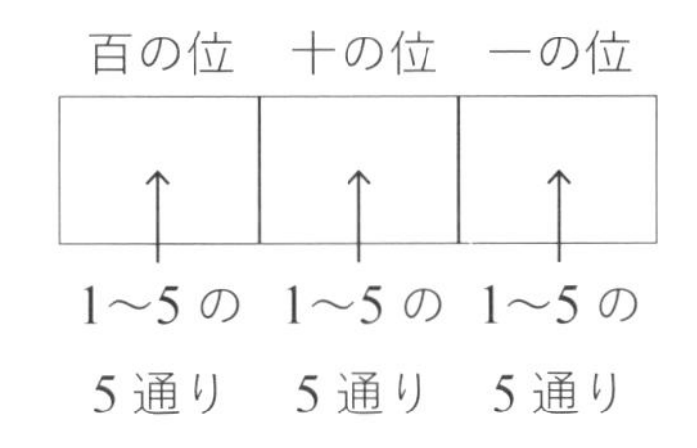

そのため、求める3桁の総数は5 × 5 × 5 = 125通りです。結果からわかりますが、重複順列のほうが順列よりも考え方は簡単です。

n 個のものから重複ありで r 個取り出して並べる重複順列は次の通りで、${}_n\Pi_r$という記号が用意されています。

$$[\text{重複順列}] \quad {}_n\Pi_r = \underbrace{n \times n \times n \times \cdots\cdots \times n}_{r\text{個}} = n^r$$

ただし、重複順列は順列以上にシンプルなので、記号を用いず直接計算式で記述することが多いです。ギリシャ文字の Π は、円周率 π の大文字で、英語ではPにあたります。先ほどの例を記号で表すと、

${}_5\Pi_3 = 5^3 = 125$ となります。

次に、ダブりありの組合せである**重複組合せ**（Combination with repetitions）を見ていきましょう。例えば、○と△と■の3種類の図形から4つ選ぶ場合などにあたります。実際に数えてみると次の15通りとなります。

○○○○、▲▲▲▲、■■■■
○○○▲、○○○■、▲▲▲○、▲▲▲■、■■■○、■■■▲
○○▲▲、○○■■、▲▲■■
○○▲■、▲▲○■、■■○▲

ダブり（重複）や数えもらしがないように数えるのは難しそうです。そこで、今まで活用してきた公式の活用を検討します。

今回は、○と△と■の3種類の図形を4つ割り当てる問題なので、4つのXを用意して3つに分割する方法を考えます。

3つに分割するためには、2つの仕切り▌を用意して、

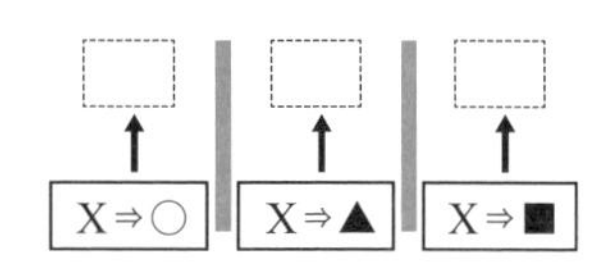

左側の仕切り▌より左側にあるXに○
2つの仕切り▌の間にあるXに▲
右側の仕切り▌より右側にあるXに■

を割り当てることで対応させることができます。

実際、具体的に対応関係を見てみると、

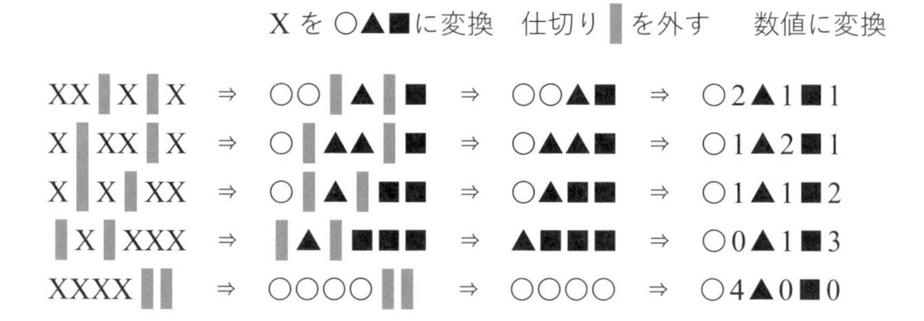

この結果から、○と△と■の3種類の図形から4つ選ぶ場合は、XXXX（4つのX）と、仕切り 2つの計6つを並べたものに対応することがわかり、並べ方の総数は公式を用いて求めることができます。

並べ方の総数を「同じものを含む順列」の公式を用いて求める場合は、XXXX||に番号をつけて6つの異なるものとして並べて6!となり、重複分は、Xを4つ並べた分の4!と|2つ並べた分の2!なので、

$$\frac{6!}{4! \times 2!} = \frac{6 \times 5}{2 \times 1} = 15$$

となります。並べ方の総数を「組合せ」の公式を用いて求める場合は、X4つと|2つが入る6つの□を準備し、4つのXを配置します。

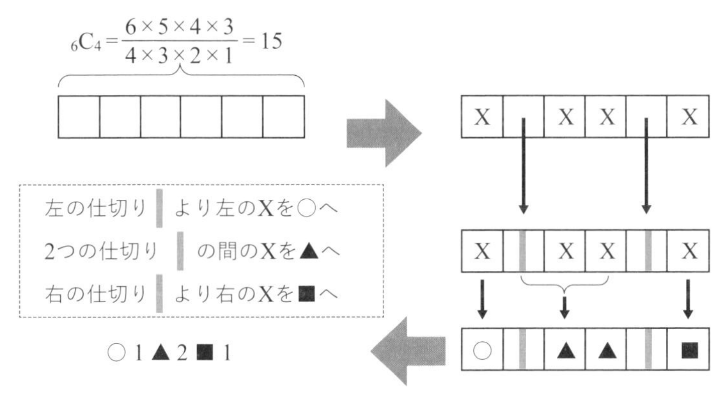

重複組合せにも重複順列と同じように記号が用意されています。n 種類のものから、重複を許して r 個選ぶ組合せの総数は、

$${}_nH_r = {}_{(n-1)+r}C_r = {}_{n+r-1}C_r$$

r 個の X を n 種類に分ける
⇒$(n-1)$個の仕切り|

先ほどの問題は、3種類の図形から4つ選ぶ場合なので、${}_3H_4 = {}_{3+4-1}C_4 = {}_6C_4 = 15$となります。

06 完全順列とモンモール数

席替えをして、席が全員変わる確率

1から n までの整数を並べてできる順列のうち、k 番目が k ではない順列を**完全順列**、もしくは**かく乱順列**といいます。

$n=2$ の場合は、1番目が1ではなく、2番目が2ではない場合なので(2、1)となります。

1番目	2番目
≠	≠
1	2

$n=3$ の場合は、1番目が1ではなく、2番目が2ではなく、3番目が3ではない場合です。

1番目が2のとき、3番目に3を配置できないので、3番目は1で2番目が3です。

1番目が3のときは、2番目に2を配置できないので、2番目は1、3番目が2です。まとめると、(2, 3, 1)と(3, 1, 2)の2つとなります。

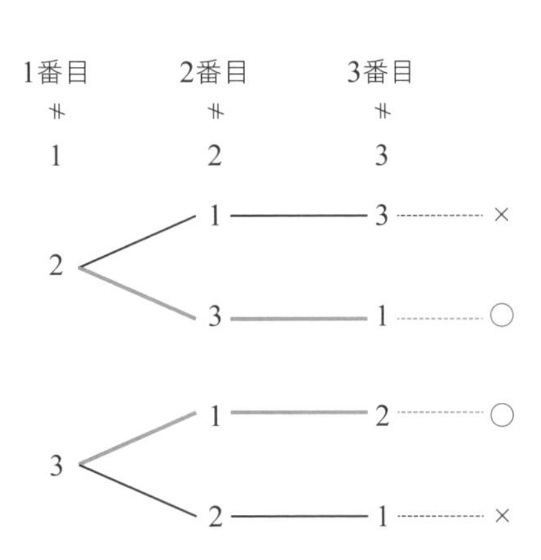

同様に $n=4$ の場合は、
(2, 1, 4, 3), (2, 3, 4, 1), (2 ,4, 1, 3),
(3, 1, 4, 2), (3, 4, 1, 2), (3, 4, 2, 1),
(4, 1, 2, 3), (4, 3, 1, 2), (4, 3, 2, 1)
の9通りです。

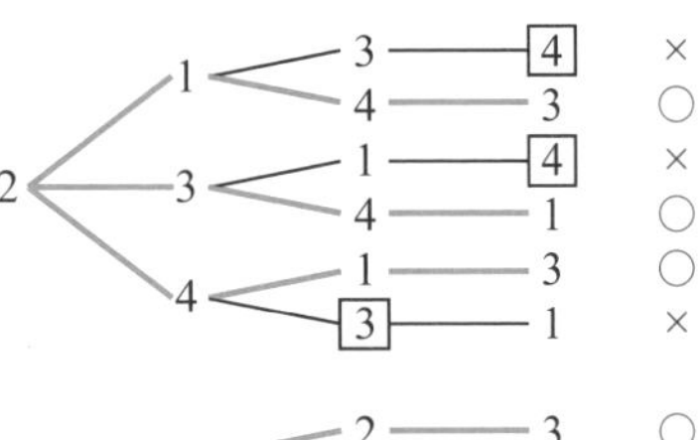
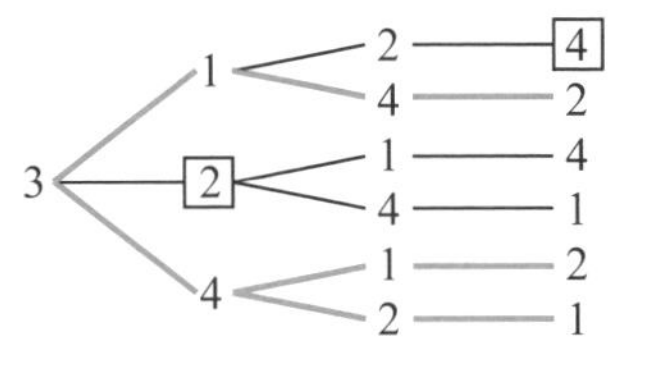
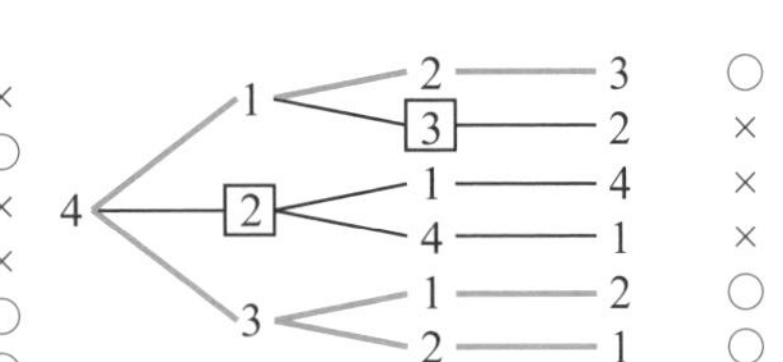

この完全順列は「プレゼント交換で、自分のプレゼントをもらう人がいない場合の配り方」や「席替えをしたときに全員の席が変わるパターン」の総数を数えることに対応しています。

完全順列の総数を**モンモール数**（Montmort number）といいます。モンモール数は、フランスの数学者ピエール・モンモールが由来です。

モンモール数には、さまざまな性質や関係式があり、モンモール数を a_n とするとき、次の漸化式が成り立ちます。

$$a_{n+2} = (n+1)(a_{n+1} + a_n)$$

この漸化式を解くと、次の結果となります。

$$a_n = n!\sum_{k=2}^{n} \frac{(-1)^k}{k!}$$

ここで、適当な順列が完全順列になる確率を考えてみましょう。完全順列の総数は a_n、1から n までの順列の総数は $n!$ より、求める確率は $a_n/n!$ となります。このとき n を十分大きくすると、値は $1/e$ とオイラー数（ネイピア数）に近づいていきます。

$$\frac{a_n}{n!} = \sum_{k=2}^{n} \frac{(-1)^k}{k!} \xrightarrow[\text{大きくする}]{n\text{を十分}} \frac{1}{e} \fallingdotseq \frac{1}{2.718281828459\cdots\cdots} = 0.367879441$$

結果から、適当な順列が完全順列になる確率は約37％とわかります。

例えば、席替えをくじ引きで決めるときに、全員の席が変わる確率が約37％で、裏を返せば、席が変わらない人が少なくとも1人いる確率は約63％もあることになります。

07 条件付き確率

残り物には福がある?

くじ引きをするとき「残り物には福がある」なんて言葉を思い出して、最後のほうにくじを引いたらよいことがあるかも……、と思ったことがあるかもしれません。

確率を学ぶと、くじ引きは何番目に引いても当たる確率は同じとわかりますが、当たりが3本ある10本のくじを引いたとき、1人目がはずれ、2人目がはずれ、3人目がはずれ……とはずれていくと、後ろの人は当たる確率が上がっていくような気がしませんか？ 刻一刻と確率が変化しているような感じがします。そして、この刻一刻と変わる確率こそが**条件付き確率**なのです。「残り物には福がある」という言葉の裏にあるのが条件付き確率(conditional probability)です。

まずは「普段扱う確率」と「条件付き確率」を対比させながら、具体的なイメージをつかんでいきましょう。全事象をUとします。

普段扱う確率を図で表すと、下のようになります。

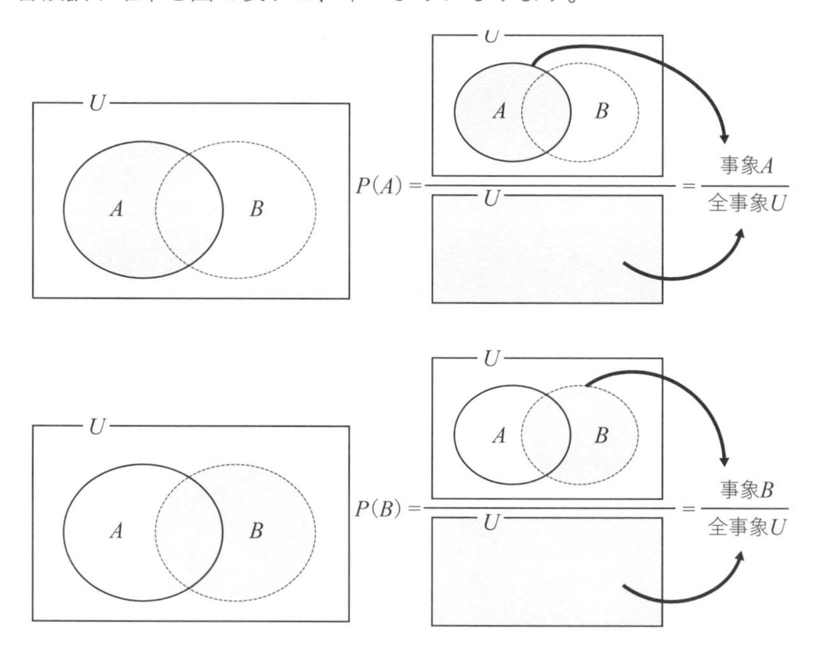

条件付き確率は、その名の通り「条件が付いたときの確率」なので、確率の分母が全体ではなく、一部分になっています。

まずは定義と記号から紹介します。

事象Aが起こるときに事象Bが起こる確率を、条件付き確率といい、記号で$P(B|A)$と表します。「PかっこBギブン(given)A」と読みます。記号は右から解釈していきます。

条件付き確率はほかに、$P_A(B)$と書く場合もあります。これは主に高校の教科書で使用されています。この条件付き確率の定義は「事象Aが起こるときに事象Bが起こる確率」ですから、次の式で表せます。

$$P(B|A) = \frac{P(A \cap B)}{P(A)} = \frac{\text{事象}A\text{かつ}B\text{が起こる確率}}{\text{事象}A\text{が起こる確率}} \cdots \text{(公式①)}$$

「事象Aが起こる場合」という条件が付いているので、「事象Aが起こる場合」が確率の分母にきます。条件付き確率を図で表すと、下のようになります。

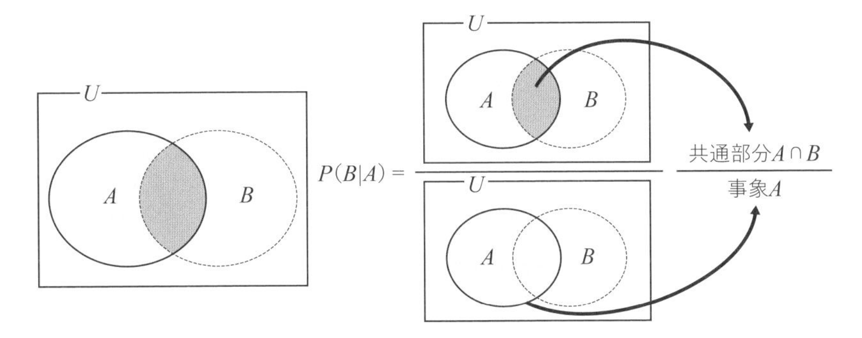

条件付き確率は、記号と考え方に慣れることが大切です。具体的な問題を解いて、慣れていきましょう。

45人のクラスでメガネをかけている生徒を調査したところ、下表のような結果でした。

	男性	女性	合計
裸眼	12	20	32
メガネをかけている	8	5	13
合計	20	25	45

このクラスから1人を任意に選び、事象を次のように設定します。

事象A：その人が女性である
事象B：その人がメガネをかけている

次の各々の条件付き確率を表す記号と、その確率を求めてください。
(1) 女性が選ばれたとき、その人がメガネをかけている
(2) メガネをかけている人が選ばれたとき、その人が女性である

まずは用語からお話ししていきます。本問のように結果などのデータを集計する際に、2つ以上の観点でまとめる統計手法を**クロス集計**といい、そのときの表を**クロス集計表**もしくは**分割表**といいます。

本問の「男性／女性」のように、表の上部にある項目を**表頭**(ひょうとう)、本問の「裸眼／メガネをかけている」のように、表の左側にある項目を**表側**(ひょうそく)といいます。

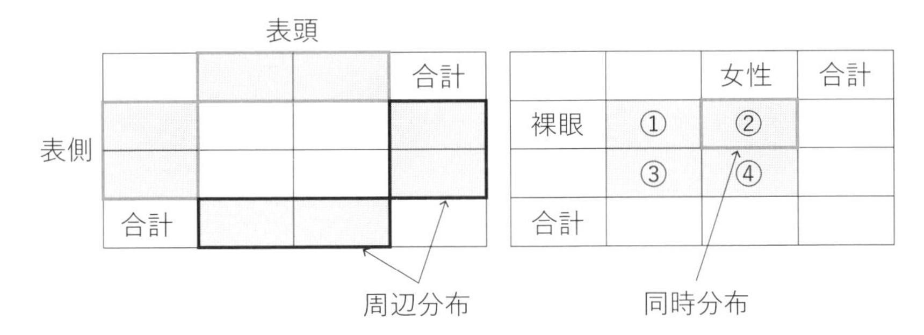

列や行の合計に当たる部分を**周辺分布**といい、「裸眼」の「女性」のように（右上図の②）、クロス集計表の2つの条件を満たす部分を**同時分布**といいます。下表のように、1行または1列に着目した部分を**条件付き分布**といいます。

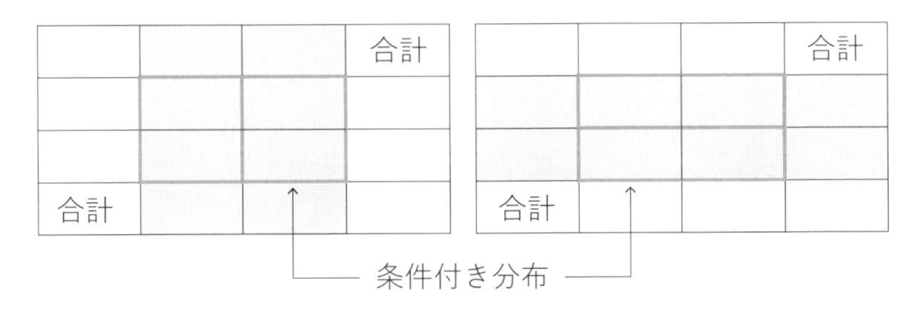

それでは、問題を解きながら記号にも慣れていきましょう。

(1) まず記号で表しましょう。問題文から事象A、Bにあたる部分を探します。そして、文章を後ろから記号にしていきます。

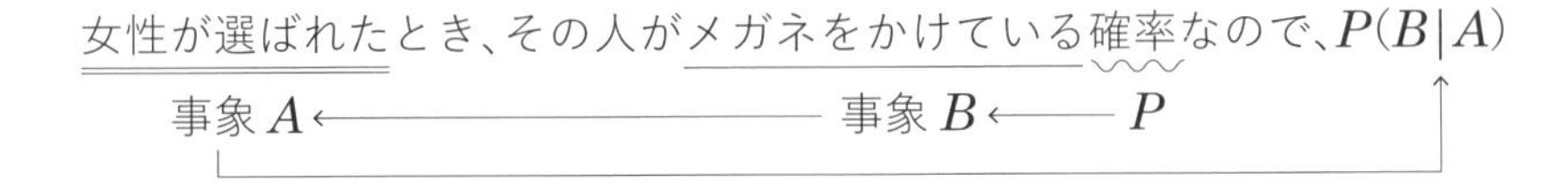

記号が$P(B|A)$とわかったので、条件付き確率を求めましょう。

	男性	A：女性	合計
裸眼	12	20	32
B：メガネをかけている	8	5	13
合計	20	25	45

表より、女性が25人(A)で、そのなかでメガネをかけている($A\cap B$)のは5人なので、

$$P(B|A) = \frac{5}{25} = \frac{1}{5}$$

(2) まず記号にしましょう。

メガネをかけている人が選ばれたとき、その人が女性である確率なので、

事象 B ← 事象 A ← P

↓

$P(A|B)$

	男性	A：女性	合計
裸眼	12	20	32
B：メガネをかけている	8	5	13
合計	20	25	45

表より、メガネをかけているのは13人(B)で、そのなかの女性は5人($A\cap B$)なので、

$$P(A|B) = \frac{5}{13}$$

このように、どちらもメガネをかけた女性ですが、条件の取り方によって確率が変わります。

	男性	A：女性	合計
裸眼	12	20	32
B：メガネをかけている	8	5	13
合計	20	25	45

この集計表を総数の45で割ると次の表となります。

同時確率分布

	男性	A：女性	合計
裸眼	$\frac{12}{45}=\frac{4}{15}$	$\frac{20}{45}=\frac{4}{9}$	$\frac{32}{45}$
B：メガネをかけている	$\frac{8}{45}$	$\frac{5}{45}=\frac{1}{9}=P(A\cap B)$	$\frac{13}{45}=P(B)$
合計	$\frac{20}{45}=\frac{4}{9}$	$\frac{25}{45}=\frac{5}{9}=P(A)$	$\frac{45}{45}=1$

周辺確率分布

先ほど求めた

$$P(B|A)=\frac{5}{25}=\frac{1}{5}、\quad P(A|B)=\frac{5}{13}$$

を、次のように公式①を用いて求めることもできます。表の該当する同じ部分の計算をしていることがわかります。

$$P(B|A)=\frac{P(A\cap B)}{P(A)}=\frac{\frac{1}{9}}{\frac{5}{9}}=\frac{\frac{1}{9}\times 9}{\frac{5}{9}\times 9}=\frac{1}{5}$$

$$P(A|B)=\frac{P(A\cap B)}{P(B)}=\frac{\frac{1}{9}}{\frac{13}{45}}=\frac{\frac{1}{9}\times 45}{\frac{13}{45}\times 45}=\frac{5}{13}$$

ベイズの定理

時間の流れに逆らって、現在から過去の確率を求める

ベイズの定理は条件付き確率を発展させたもので、現代から過去へのタイムシフトさせた確率を求めることができます。まず、条件付き確率を確認しましょう。AのときBが起こる（条件付き）確率は、

$$P(B|A) = \frac{P(A \cap B)}{P(A)} \cdots ①$$

です。逆の、BのときAが起こる（条件付き）確率は、

$$P(A|B) = \frac{P(A \cap B)}{P(B)} \cdots ②$$

① の分母を払うと、$P(A \cap B) = P(B|A)P(A)$となり、②の $P(A \cap B)$ に代入すると、

［ベイズの定理］ $$P(A|B) = \frac{P(B|A)}{P(B)} P(A) \cdots ②'$$

$P(A|B)$ ↑［事後確率］　$P(A)$ ↑［事前確率］

とベイズの定理が導かれます。$P(A)$ はAとなる確率で、**事前確率**と呼ばれ、$P(A|B)$ は「Bのとき」Aとなる確率で、**事後確率**と呼ばれます。

条件付き確率の公式①と②を使ってベイズの定理②'を求めただけのように見えますが、$P(B|A)$ の時系列を見ると、Aが先（過去）でBが後（未来）となります。この観点で②の $P(A|B)$ を見ると、時間の流れに逆らった未来でBが起きたとき、過去のAが起こっていた確率を求めることになります。

未来から過去の確率を予想する必要性があるのか、疑問に思う方もいるかもしれませんが、例えば高熱を発症したとき、それが風邪のウイルスによるものなのか？ インフルエンザのウイルスによるものなのか？ それともコロナウイルスによるものなのか？ さまざまな要因が考えられます。要因によって処方する薬は変わりますから、お医者さんは、患者さんの症状を詳しく聞き、過去のデータ（確率）を参考にして、薬を処方しているのです。

第 9 章

統計にまつわる数学用語

記述統計と推測統計

わかりやすくする統計と予想する統計

統計学には、さまざまな用語があります。ここでは、具体例と合わせて用語を押さえていきましょう。統計でよく使う用語といえば**データ**です。データは資料、実験や観察などによって得られた事実や科学的な数値を指します。数値だけではなく、事実もデータに含まれます。

春、夏、秋、冬という四季や、血液型のA型、B型、O型、AB型などもデータですし、小学校、中学校、高校、大学もデータです。

統計調査の対象となるデータのもとになっている人やモノの集まりを**母集団**といいます。

近年はデータの重要性が日に日に増していますが、データを適切に扱う上で、身近にあるものが統計学です。

例えば、左下にあるテストの点数のような数値データをただ眺めても、その特徴を理解するのは困難です。

そこで、右下にあるように最高得点や平均点を求めたり、場合によっては偏差値を求めたり、受験であれば合否判定をしたり、意味のある数値にします。つまり、統計は雑多なデータを、価値のある、意味のある情報に変えることととらえることができます。

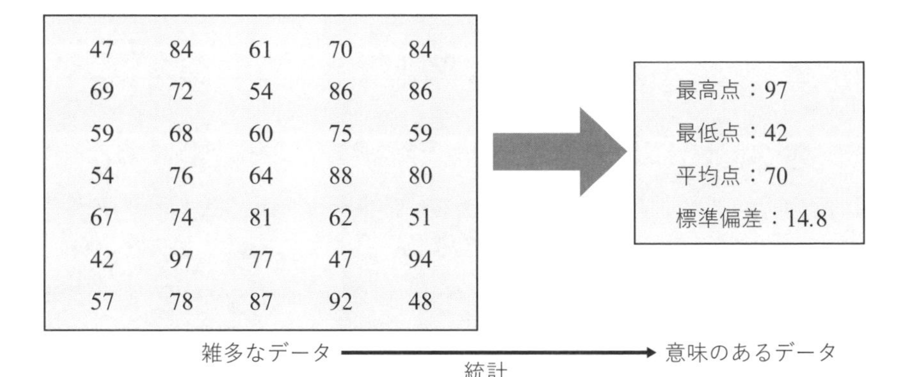

統計は大きく分けて記述統計(descriptive statistics)、推測統計(inferential statistics)、ベイズ統計(Bayesian statistics)の3つがあります。

記述統計は、データの特徴をわかりやすくすることが目的の統計です。わかりやすくする手段として、次の3つがあります。

①「数値」にする(平均点、偏差値など)
②「表」にする(度数分布表、クロス集計表など)
③「グラフ」にする(棒グラフ、円グラフ、ヒストグラムなど)

一方で推測統計は、標本(サンプル)と呼ばれる一部のデータから、母集団データを推測します。推測という言葉は難しいですが、ざっくりとしたイメージでいうと予測です。推測のなかで、未来のことについて推し測ったものが予測です。ただし、この推測統計は未来のことだけではなく、過去のことも推し測ります。

ベイズ統計は、ベイズの定理(条件付き確率)にもとづいて行なわれる統計的な手法の一つです。ベイズ統計は、既知の事象をもとに、未知の事象の確率を推定するのに役立つ手法です。ベイズ統計の一つの特徴は、事前の情報(事前確率)を組み込むことができるという点です。新しい情報(新たなデータ)が得られたとき、ベイズの定理を使って、事前の情報(事前確率)を更新し、新しい情報(事後確率)を得ることができます。これは「ベイズ更新」と呼ばれます。

ベイズ統計は、データ解析だけでなく、機械学習やAIの分野でも広く応用されています。特に不確実性が大きい問題や、新しいデータが続々と得られるような状況では、ベイズ統計のアプローチが有効に働くことが多いです。

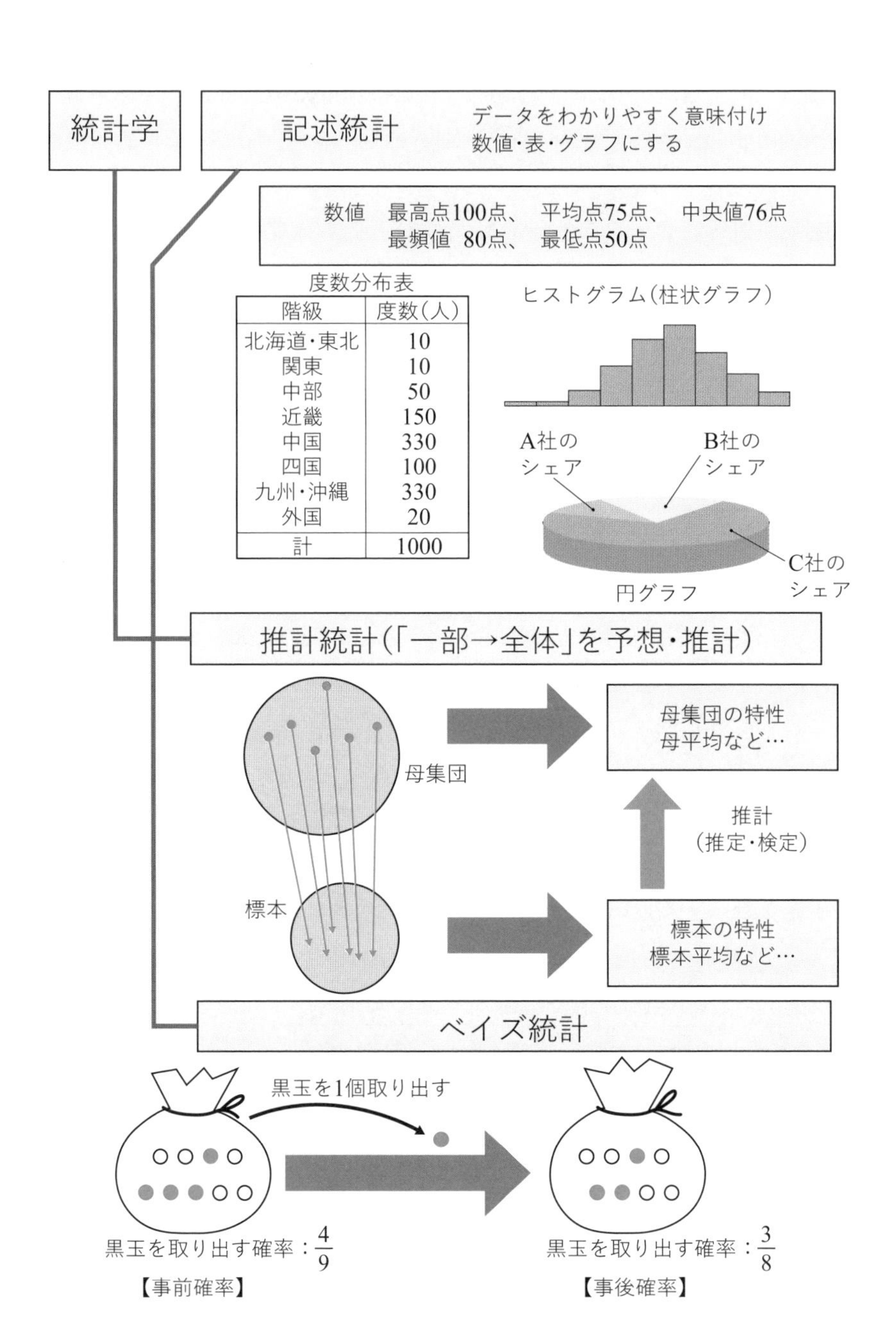
統計学
記述統計
データをわかりやすく意味付け
数値・表・グラフにする
数値　最高点100点、　平均点75点、　中央値76点
最頻値　80点、　最低点50点
度数分布表
階級
度数(人)
北海道・東北
関東
中部
近畿
中国
四国
九州・沖縄
外国
計
10
10
50
150
330
100
330
20
1000
ヒストグラム(柱状グラフ)
A社の
シェア
B社の
シェア
C社の
シェア
円グラフ
推計統計(「一部→全体」を予想・推計)
母集団
母集団の特性
母平均など…
推計
(推定・検定)
標本
標本の特性
標本平均など…
ベイズ統計
黒玉を1個取り出す
黒玉を取り出す確率：4/9
【事前確率】
黒玉を取り出す確率：3/8
【事後確率】

尺度

計算やグラフの作成に必要な分類

私たちは普段、さまざまなデータに接しています。データは大きく分けて、計算できないデータと計算できるデータの2つがあり、計算できないデータを**質的データ**(**カテゴリデータ**)、計算できるデータを**量的データ**といいます。

質的データ、量的データには、それぞれ2つの尺度があります。質的データは、**名義尺度**と**順序尺度**、量的データは**間隔尺度**と**比率尺度**(**比例尺度**・**比尺度**ともいいます)です。このようにデータを分類するのは、尺度によって「できること」と「できないこと」があるからです。

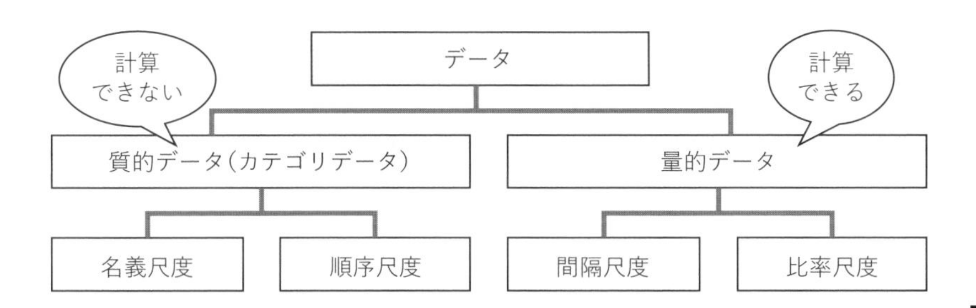

名義尺度は、区別・分類するために用いる尺度です。区別・分類が目的のため、等しいかどうか(データが「=」か「≠」)を判定します。そして、判定したデータを数えること(カウント)のみできます。

ID、郵便番号、電話番号のように数値を使って区別するものや、人の名前、性別、血液型、出身地、病因のように、数値をまったく使わずに区別・分類するものがあります。

順序尺度はカウントと比較ができる尺度です。具体的には順位(1位、2位、3位……)、学年(1年生、2年生、3年生……)、相撲の番付(横綱、大関、関脇、……)などがあります。

大小関係や順序には意味がありますが、足し算、引き算に意味はありません。そのため、「1年生と2年生を合わせて3年生」とはできませんよね。

足し算、引き算ができないため、後に紹介する平均の計算をしても意味がありませんが、中央値や最頻値を用いることはできます。

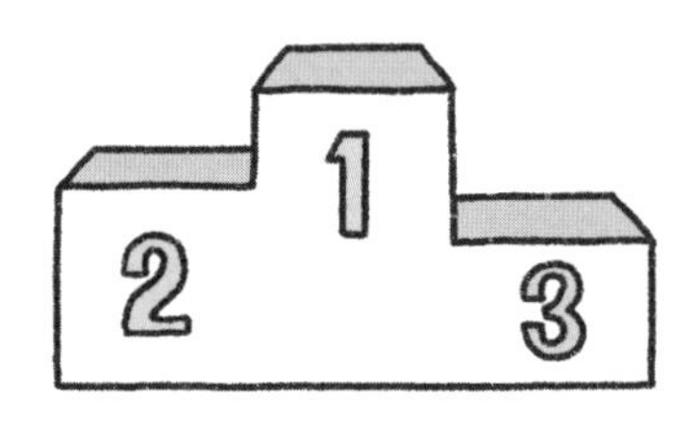

年齢、西暦、気温、テストの点数のように、数値の目盛が等間隔になっているものを間隔尺度といいます。

間隔尺度は足し算、引き算、平均の計算はできますが、かけ算、割り算はできません。

そのため、気温が10°Cから20°Cに上昇したとき「気温が10°C上がった」とはいいますが、気温が「2倍になった」とはいいません。また20°Cから10°Cになったとき、気温が10°C下がったとはいいますが、半分になったとはいいません。気温が10°Cから20°Cになったときに気温が「2倍になった」とはなぜいわないのかというと、気温は0°Cが基準ではないからです。

間隔尺度に対して、間隔と比率に意味があり、足し算、引き算のみならずかけ算、割り算もできる尺度を比率尺度(比例尺度・比尺度)といいます。比率尺度の例としては、身長、体重、速度、給与などがあります。比率尺度がかけ算・割り算をできる理由は、絶対原点と呼ばれる「何もない」ことを示す基準があるからです。間隔尺度にはこの絶対原点がありません。

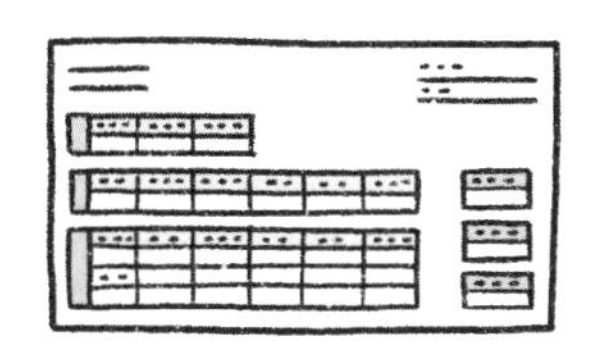

そのため間隔尺度と比率尺度の違いを判断する際には、この絶対原点(0)の有無を基準に考えるのがわかりやすいです。比率尺度(身長、体重、速度)から見ていきましょう。身長0cm・体重0kg・速度0km/hは、身長がない・体重がない・速度がないことを意味します。

それに対し、間隔尺度(気温、時刻、点数)は、0が何もないことではありません。気温0°Cは気温がないというわけではなく、時刻の0時は時刻がないというわけでもありません。テストの点数が0点は、受けた者の学力がなかったわけではなく、受けたものにとって難しい試験だったというだけです。例えば普通の中学1年生が、東京大学の理系数学の試験を受けたら、0点になる可能性は十分考えられますが、それは数学の学力がないわけではありません。

<table>
<tr><td rowspan="4">質的データ
(計算不可)</td><td rowspan="2">名義尺度</td><td>等しいか否か(＝)</td></tr>
<tr><td>人の名前、性別、血液型、出身地など</td></tr>
<tr><td rowspan="2">順序尺度</td><td>大小(≦、≧)、カウント</td></tr>
<tr><td>順位、出席番号、相撲の番付など</td></tr>
<tr><td rowspan="4">量的データ
(計算可能)</td><td rowspan="2">間隔尺度</td><td>足し算、引き算(＋、－)、平均値</td></tr>
<tr><td>テストの点数、時刻、気温など</td></tr>
<tr><td rowspan="2">比率尺度</td><td>四則演算(＋、－、×、÷)</td></tr>
<tr><td>身長、体重、速度、給与など</td></tr>
</table>

棒グラフと折れ線グラフ

効果的な使い方

棒グラフ(bar chart)と**折れ線グラフ**(line graph)は、データを視覚的に表現するための手段の一つです。それぞれのグラフは、特定の目的やデータタイプに応じて効果的に使用することができます。なお、グラフは基本的に2Dで描く(表す)ようにしてください。グラフ作成ツールには3Dで描写できるものもありますが、3Dのグラフは遠近法効果により、データが歪んで見えることがあります。

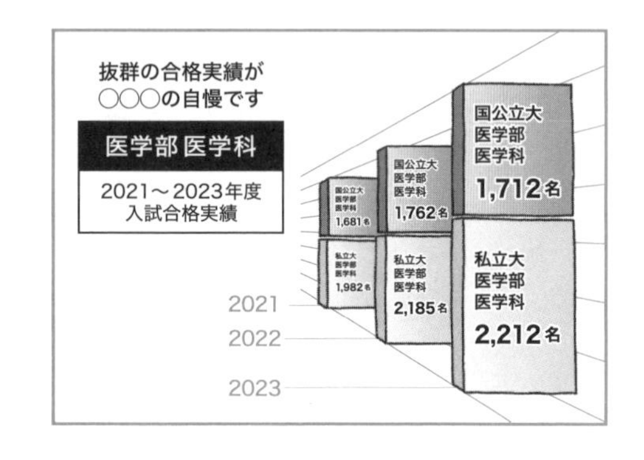

右図であれば、よく見ると、国公立大医学部・医学科の合格者数は2023年度より2022年度のほうが多いのに、棒グラフ上はそのように見えません。また、国公立大と私立大学の合格者数の合計が表示されていませんが、こちらも2023年度より2022年度のほうが多くなっています。つまり、実際の数値とグラフの大きさが異なって見えるので、特別な理由が限り、3Dのグラフは用いないようにしてください。

なお、棒グラフは、質的データ(カテゴリデータ)や離散的な量的データを表現し比較するのに適したグラフで、棒と棒の間隔は空けて表示します。棒グラフは、質的データ(カテゴリのデータ)を縦軸または横軸に沿って棒で表示することで、カテゴリ間の比較をしやすくします。棒グラフには、縦棒グラフと横棒グラフの2つがありますが、ラベル数が多いときは横棒グラフにしたほうが見やすいです。

棒グラフの例としては、さまざまな製品の売上、異なる年齢層の人口、試験の得点分布、収入階層などがあります。次の図は、あるスーパーの月間のバナナ、リンゴ、オレンジの売上個数とします。このバナナ、リンゴ、オレンジが質的データです。

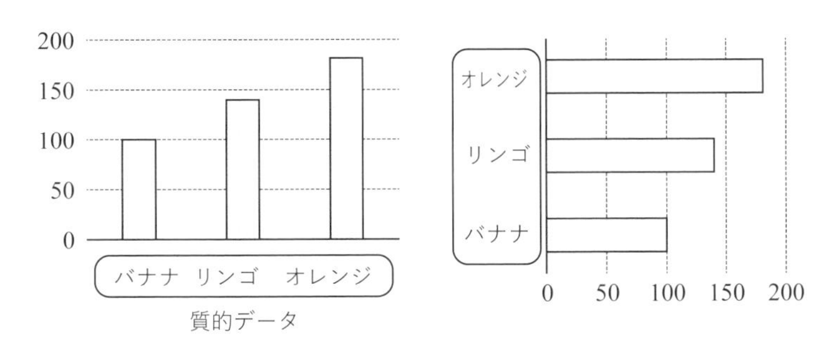

折れ線グラフは、時系列データを視覚化する際によく用いるグラフです。まず時系列データを紹介します。時系列データは、調べる一つの対象を毎日・毎週・毎月などのように一定の時間間隔で記録・観察し、得たデータです。

年間の気温変化、売上の推移、株価の推移など、時間の経過とともに変化するデータを追跡する際に利用します。

なお、複数の対象について、一定の時間間隔で記録・観察し、得たデータは**パネルデータ**といいます。

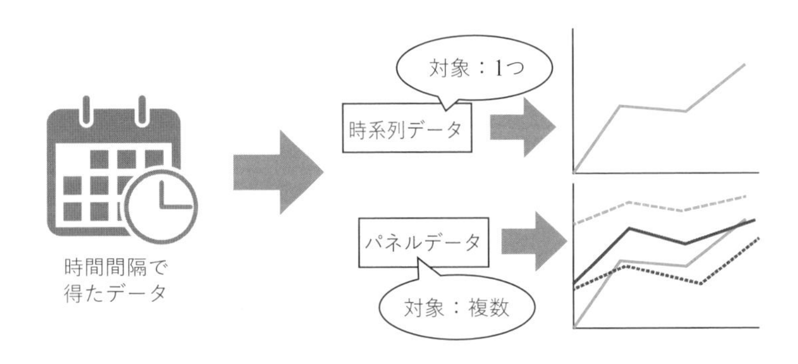

時系列データには、トレンドと呼ばれる長期的な傾向、季節性変動、周期性変動、不規則性変動など、さまざまなパターンがあります。季節性変動は、季節的な条件によって生まれる変動で、毎月の家計における電気料金などがあります。

時系列データが活用される例をまとめると次の通りです。

経済	売上、株価、失業率、消費者物価指数(CPI)など
ビジネス	月次売上、週次在庫、クリック率など
科学	気温、降水量、地震の発生数など
医学	患者の体重、血圧、薬の服用回数など

折れ線グラフは、時系列データや連続的な量的データを表現するのに適しています。折れ線グラフは、データの点を線でつなぐことで、データの変化や傾向を視覚的に把握しやすくします。

なお、時系列データは、特殊な要因によって大きく変動することもあります。このような特殊な変動があると、トレンドをつかむことが難しくなります。その際、特殊な変動を取り除く方法に**移動平均法**があります。

移動平均法は、3か月などの一定の期間を定めて、データの平均を取ります。平均はその名の通り「平らに均(なら)す」ので、極端な変動も均してくれます。

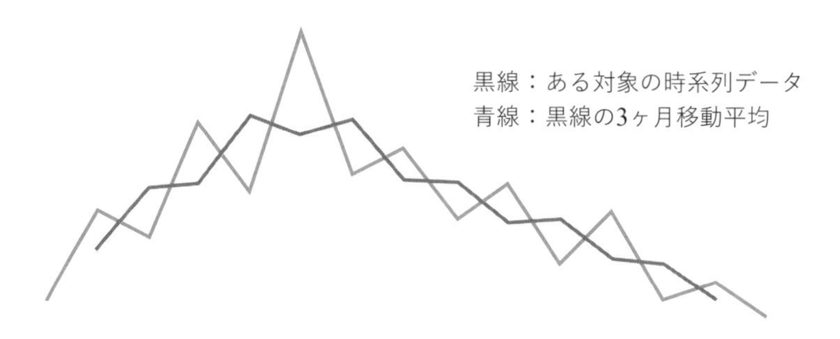

まとめると、カテゴリデータや離散的な量的データを比較・表示したい場合は、棒グラフを使用します。

時系列データや連続的な量的データの変化・傾向を分析・表示したい場合は、折れ線グラフを使用します。

効果的な使い分けをすることで、データの特性を正確に表現し、視覚的にわかりやすいグラフを作成することができます。

代表値

データの特徴や傾向を1つの数値で表す

データを分析するときには、データが持っている特徴、傾向、バラつきを表す数値が必要です。データが持っている特徴や傾向を表す数値を代表値といい、平均値(mean)、中央値(median)、最頻値(mode)、最大値(maximum)、最小値(minimum)などがあります。平均値は平均ということも多いです。平均値、最大値、最小値はよく耳にする数値ではないでしょうか。

代表値に対して、データのバラつきを表すものを散布度といい、分散(variance)、標準偏差(standard deviation)、範囲(range)、四分位範囲、四分位偏差などがあり、次のように対応する代表値があります。

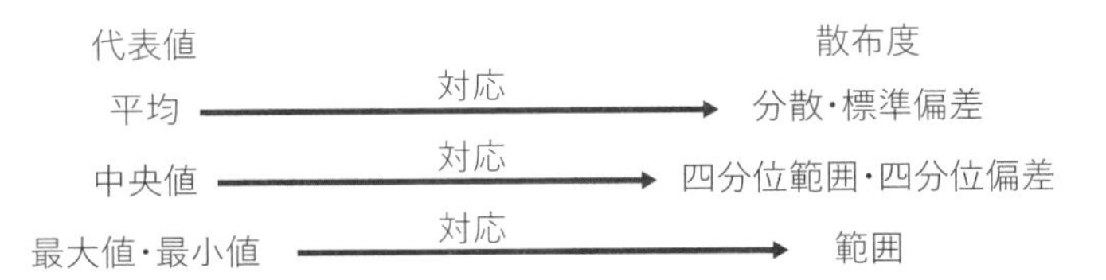

代表値も散布度も、それぞれ得意とする部分や苦手とする部分があるので、代表値や散布度を1つだけ利用するのではなく、得意とする部分を組み合わせて利用していきます。

まず、代表値の最大値・最小値を見ていきましょう。ともに数学の授業でよく耳にした言葉だと思います。定期テストがあれば、最高点(最大値)が気になり、大学受験・高校受験などの受験や検定試験であれば、合格者の最低点(最小値)が重要な指標になります。

最大値・最小値は一番大きい値、一番小さい値を知ることで、データの範囲を把握することができます。また、最大値・最小値ともに極端なデータなので、外れ値と呼ばれる、平均から外れている値を把握する際にも役立ちます。

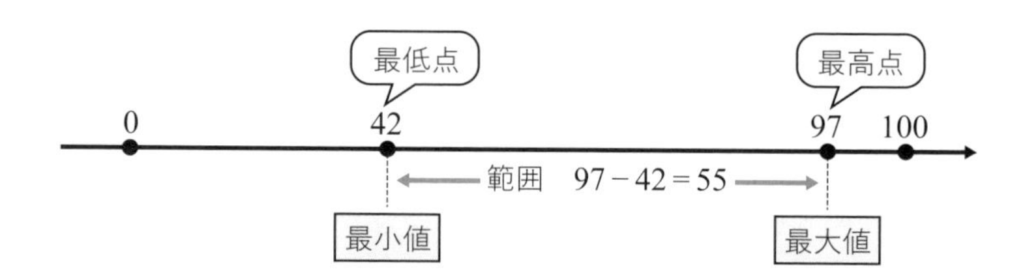

また、最大値や最小値を見ることで、測定ミスや入力ミスなどによる、明らかにデータに適さない異常値の有無もチェックできます。人間はミスをするものですから、データに異常値があった場合は、修正することで解決できます。

私たちは日頃から平均値に慣れているので、分析をする際、平均値から計算しがちですが、実際にデータを分析するときは、平均値ではなく最大値・最小値から計算します。

なぜなら、**ローデータ**（Raw Data）と呼ばれる、加工していない生データを分析する際は、異常値が含まれている場合がよくあるからです。

異常値のようにデータに適さない数値があると、平均などの計算結果に影響を及ぼします。平均値などの結果に正しく反映させるためにも、最大値・最小値を調べておくことは必須となります。

ただし、最大値・最小値は極端なデータがわかるだけで、データの内訳を知ることはできません。データに偏りや歪みがある場合は、適切にデータを分析できないという弱点もあります。

平均値・中央値・最頻値

平均値のイメージと弱点を押さえる

平均点、平均身長、平均年収など、「**平均**」を用いた言葉は日常でよく耳にし、使います。平均は「データを全部加え」、「データの個数で割り算する」ことで求めることができます。平均は英語でmeanなので頭文字の「m」で表すことや、ギリシャ文字の「μ」で表すことが多いです。

$$[\text{平均}]\quad \mu = \frac{\text{データの合計}}{\text{データの個数}} = (\text{データの合計}) \div (\text{データの個数})$$

データを $x_1, x_2, \cdots\cdots x_n$ とするとき $\mu = \dfrac{x_1 + x_2 + \cdots\cdots + x_n}{n} = \dfrac{1}{n}\sum_{k=1}^{n} x_k$

平均値は小学生も使うためなじみがあり、計算しやすく認知度が高いですね。そのため、平均といって通用しないことはほとんどないほど、用語の説明が不要な点は強みの一つです。

しかし平均の計算方法は知っていても、平均の意味やイメージ、弱みがあることを知らない人もいると思います。そこでイメージをざっくり押さえましょう。平均はその名の通り、データを平らに均すことです。

例えば、左下図のように100mLの水と500mLの水があり、真ん中に仕切りがあったとします。この仕切りを取り除くと、右下図のように300mLの位置で平らになります。このように平らに均すことが平均です。

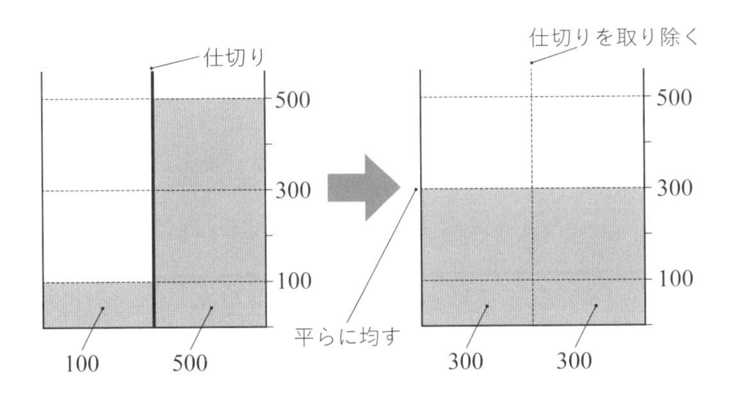

計算は次の通りとなります。

$$\frac{100+500}{2}=\frac{600}{2}=300$$

他の例も見てみましょう。左下図のように40mL、70mL、50mL、80mLの水が、それぞれ仕切りで分けられている場合を考えます。この仕切りを取り除くと、右下図のように60mLの位置で平らになるので、平均は60mLとなるのです。

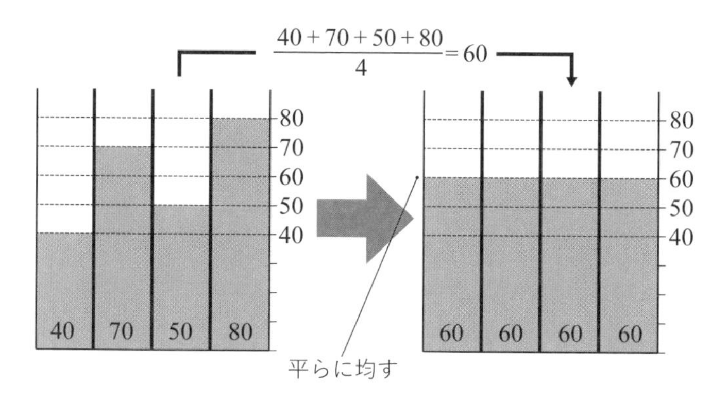

$$\frac{40+70+50+80}{4}=\frac{240}{2}=60$$

平均は、データを一言で要約する場合に適しています。特にデータが均一にバラついているときは、データの特性をよく表します。しかし、データが均一でなく特定の場所に偏っていると、平均が代表値として機能しなくなります。

データに外れ値や異常値などの偏りがあると、平均値は大きな影響を受けるため、代表値としての意味をなさない可能性があることも押さえておきましょう。

ただし、平均値が代表値として適さない例を見ないとイメージもできないと思います。そこでここでは、都道府県別の1人あたりの銀行預金残高(2021年)を例にとって考えてみましょう。ヒストグラムにしたものと、表にしたものが次図です。

私たちはデータを見るとき、平均に目が行きがちですが、まずは外れ値の有無をチェックするために、最大値・最小値を見ていきます。最小値は特に外れているわけではありませんが、最大値である東京都の預金残高は、ヒストグラムや表を見ればわかるように偏っています。

順位	都道府県	預金残高
1	東京都	2343.4
2	大阪府	899.6
3	徳島県	732.7
4	香川県	654.8
5	富山県	620.8

順位	都道府県	預金残高
6	愛媛県	619.8
7	京都府	619.3
…	…	…
24	埼玉県	487.6
…	…	…

全国平均	736.3

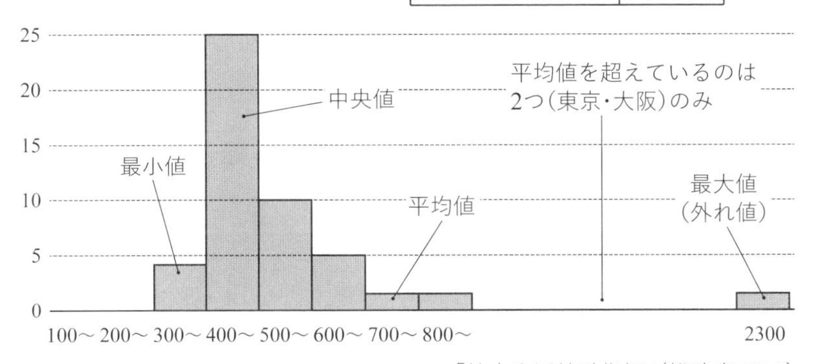

「社会生活統計指標」(総務省2023)

実際、全国平均の預金残高736.3万円を超えているのは、東京都と大阪府しかありません。これでは、平均の預金残高736.3が代表値として機能しているとは言いがたいでしょう。

また、このデータの東京都の預金残高を見てください。たとえ、東京に住む人の給与が高くても、1人約2343万円も預金を持っているというのは極端です。このデータから、東京に住んでいる方のなかには、極端に大きな額を預金している方がいることがわかります。他にも外れ値が存在する例として「世帯別平均貯蓄残高」などがあります。

平均は、異常値や外れ値があると影響を受ける弱点がありました。そこで、異常値や外れ値の影響を受けにくい代表値が**中央値**(median)です。**中位数**とも呼ばれます。異常値や外れ値の影響を受けにくく安定していることを**頑健性**(**ロバスト性**：Robustness)といいます。

中央値は、小さい順(昇順)、大きい順(降順)に並べ替えたとき中央に位置する値、つまり真ん中の数値です。真ん中というと平均をイメージする方も多いと思いますが、真ん中の数値は中央値です。

データの個数が偶数の場合と奇数の場合で、データの真ん中が変わるので、求め方も少し変わります。

データの個数が奇数の場合は、真ん中の値が1つに決まるので問題ありません。しかし、データの個数が偶数の場合は、真ん中の値が2つ存在するので、その2つの値の平均、つまり2つの値を足して2で割った値とします。

［中央値］　データの個数が奇数 ⇒ 真ん中(中央)の値
　　　　　　データの個数が偶数 ⇒ 真ん中の2つの値の平均

データを小さい順に並べたものを $x_1 \leqq x_2 \leqq x_3 \leqq \cdots\cdots \leqq x_n$ とする。
n が奇数の場合：真ん中の番号は $\frac{n+1}{2}$ より、中央値は $x_{\frac{n+1}{2}}$
n が偶数の場合：真ん中の番号は $\frac{n}{2}$ と $\frac{n}{2}+1$ より、中央値は $\frac{1}{2}(x_{\frac{n}{2}}+x_{\frac{n}{2}+1})$

「5、7、2」と「2、4、2、5、6、1」の中央値を考えてみましょう。それぞれを小さい順(もしくは大きい順)にして、真ん中の値を求めます。

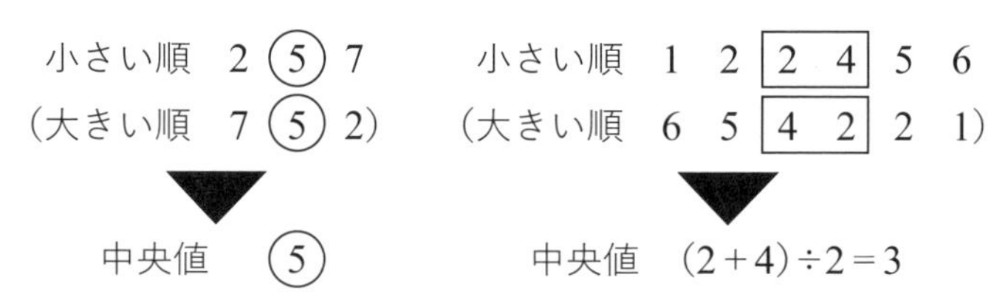

学校の生徒会長を決めるときなどに多数決を利用することはよくあると思いますが、この多数決の代表値版を、**最頻値**(mode)といいます。最頻値は、データのなかで出現頻度が一番高い数値です。

数えればよいだけなので、計算の必要がありません。この計算の必要がないことが最頻値の重要なポイントで、最頻値は平均値や中央値と違い、計算できない(数値データではない)カテゴリデータや質的データに対しても利用できます。

[最頻値]　データのなかで、最も現れる値

例えば、「1、1、2、2、2、2、2、3、3、4、5、5、6」の最頻値は2です(データのサイズが5)。

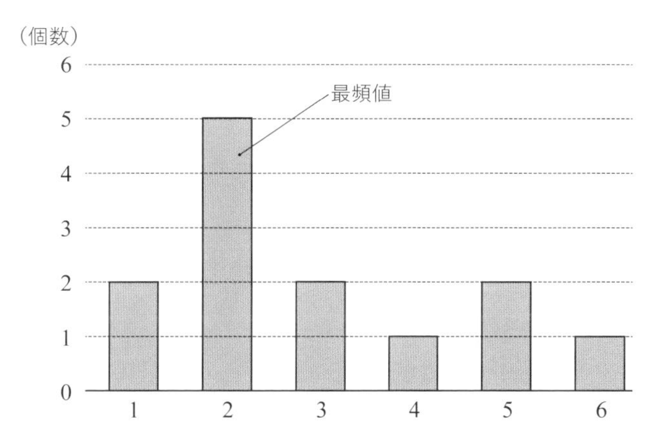

最頻値のメリットは、①最も出現可能性が高い数値がわかる、②一番データが多い場所(ボリュームゾーン)がわかる、③カテゴリデータ(質的データ)に対しても利用できる、④求めるのが容易で、小数や端数が出てこない、などです。デメリットは①全体の傾向がわからない、②平均値や中央値と比べ認知度が低く、応用できる範囲も狭いことです。

分散と標準偏差

バラつきを表す指標

分散(variance)は、あるデータの値が平均からどれだけバラついているか・広がっているかを示す統計的な尺度です。

分散の計算は、まずデータの平均値mを求めます。次に、各データから平均値を引いた**偏差**(deviation)を計算し、それぞれを2乗して合計します。最後に合計をデータ数nで割って求めます。式は次の通りです。

データ	X	x_1	x_2	…	x_n
偏差	$X-m$	x_1-m	x_2-m	…	x_n-m
(偏差)^2	$(X-m)^2$	$(x_1-m)^2$	$(x_2-m)^2$	…	$(x_n-m)^2$

－平均

2乗

［分散］ $$\frac{(x_1-m)^2+(x_2-m)^2+(x_3-m)^2+\cdots+(x_n-m)^2}{n}=\frac{1}{n}\sum_{k=1}^{n}(x_k-m)^2$$

分散が大きい場合はデータが大きく広がっていることを示し、分散が小さい場合はデータが平均値の周りに密集していることを示します。

分散は統計学上重要な概念で、金融、工学、社会科学など多くの分野で、データのバラつきを理解し分析するために使用されています。

具体例を見ながら分散を確認していきましょう。次のクラスX～クラスWの平均点の表を見てください。

	クラスの得点	平均点
クラスX	58、58、58、58、58	58
クラスY	43、53、58、63、73	58
クラスZ	28、48、58、68、88	58
クラスW	0、40、60、90、100	58

いずれも平均点(期待値)は58点ですが、だからクラスX～Wは同じ実力のクラスと考えるのは無理があります。では、この4クラスは何が違うのでしょうか？　平均点は同じですが、平均点からのバラつき、散らばりの度合いが違うのです。そこで、各々の生徒の点数から平均点を引いた偏差を調べてみましょう。

	偏差1	偏差2	偏差3	偏差4	偏差5	平均
クラスX	0	0	0	0	0	0
クラスY	－15	－5	0	5	15	0
クラスZ	－30	－10	0	10	30	0
クラスW	－58	－18	2	32	42	0

それぞれの点数から58点(平均点)を引いたので、それぞれの平均は0点(偏差の平均は0)となります。しかし、これではクラスX～Wの偏差の平均がすべて0になるだけで比較ができません。

この平均点が0となる理由は、偏差が正と負の値をとるためです。そこで、偏差の平均が常に0の状況を改善します。

偏差を強制的に正の値にする方法は、絶対値を考える、2乗するなどが考えられます。それぞれ特色や応用性がありますが、2乗する方法が広く知られているので、本書でもその方法を考えてみます。

前置きが長くなりましたが、偏差を2乗した和を平均したもの(今回の場合は÷5をしたもの)が分散です。

	$(偏差1)^2$	$(偏差2)^2$	$(偏差3)^2$	$(偏差4)^2$	$(偏差5)^2$	合計	分散
クラスX	0	0	0	0	0	0	0
クラスY	225	25	0	25	225	500	100
クラスZ	900	100	0	100	900	2000	400
クラスW	3364	324	4	1024	1764	6480	1296

分散が大きければ、平均から離れていることがわかるため、全体としてはバラつきが大きいことがわかります。この例の場合は、次の順にバラつきが大きいとわかります。

クラスX < クラスY < クラスZ < クラスW

たしかに、クラスXはみな同じ58点ですから、まったくバラついていません（分散0）し、クラスWは0点から100点までいますから、バラつきが大きい（分散1296）とわかります。

このように、平均だけではわからない点を知らせる値が分散なのです。

ただし分散は、応用する面でやや難点があります。左下の表を見てください。先ほどの分散の値に単位をつけたものですが、単位が「点^2」となっています。2乗の単位は面積のm^2、cm^2を除くと普段なかなか見かけないと思います。普段、見かけないということは、あまり活用されないと考えることもできます。

そこで、分散の値の平方根（$\sqrt{\ }$）をとって、単位を2乗から、普段見慣れたものにしたものが**標準偏差**（standard deviation）です。

	分散
クラスX	0点^2
クラスY	100点^2
クラスZ	400点^2
クラスW	1296点^2

	標準偏差
クラスX	0点
クラスY	10点
クラスZ	20点
クラスW	36点

標準偏差は、模擬試験などの偏差値や知能試験のIQを求める場合や、一部から全体を推定する際など、幅広く応用されています。

［標準偏差］　分散Vの標準偏差は$\sqrt{V}$
分散Vをs^2と置くとき、標準偏差はs

標準化と偏差値・標準得点

受験時に使った「偏差値」を考察

前項では、バラつき具合を応用できる指標として標準偏差を紹介しました。標準偏差の応用例はさまざまありますが、一番身近なものは「**偏差値**」ではないかと思います。

偏差値は、平均 m、標準偏差 s のデータ値 x を、平均50、標準偏差10へ強制的に換算した際の値です。次式で求められます。

$$[偏差値]\quad \frac{x-m}{s}\times 10+50=10Z+50 \qquad \left(Z=\frac{x-m}{s}\right)$$

なおデータxに対して $\frac{x-m}{s}$ を**標準得点**(Z-score)といいます。

標準得点は、平均 m、標準偏差 s のデータ値 x を、平均0、標準偏差1へ強制的に換算したときの値なので、標準スコアを10倍して、50を加えると偏差値になります。

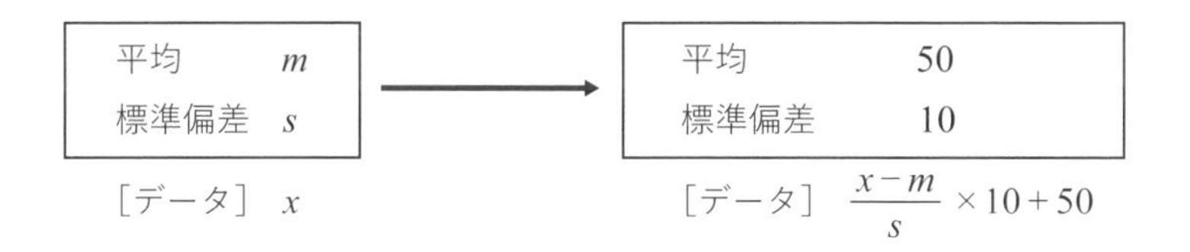

偏差値を利用することで、自分の成績が「集団のなかでどれぐらいの位置か」を推定できます。学力テストであれば、「全受験者のうち、自分が上位何%程度の実力なのか」を推定できるわけです。自分の実力の位置がわかることで、合格可能性を測ることができるのです。

偏差値は受験だけではなく、知能の測定などさまざまな分野にも活用されます。そもそも、なぜ自分の実力を測るうえで平均の情報だけでは不足なのでしょうか？ 具体例を通して見ていきましょう。学校の定期考査や模擬試験では、答案が返されるタイミングで多くの場合、平均点も教えてもらえますが、自分の点と平均点だけでは、自分の位置がどのくらいなのか詳細はわかりません。例えば、次の例で考えてみましょう。

Aさんはある模擬試験で、英語と数学と物理の試験を受けて、結果は右表の通りだったとします。このとき、一番よい成績だったのはどの科目でしょうか？

	Aさんの点	平均点
英語	80	65
数学	58	40
物理	65	45

点数だけを見ると、英語の成績が一番よく見えます。一方で、平均点から一番離れているのは物理なので、物理の成績が一番よいのかもしれません。じつは、この情報だけでは、どの科目の成績が一番よいのか判断できません。

もちろん、平均点をもとに成績の良し悪しをざっくり評価するのも一つの方法ですが、高校受験、大学受験のように、1点で合否が分かれる競争試験の場合、正確な情報で評価しなければトラブルになります。

そこで、平均点が違う科目をより公平に比較するツールとして用いるのが偏差値です。偏差値を求める際、標準偏差の情報が必要となるので、その情報を付け加えたのが次の表です。

	Aさんの点	平均点	標準偏差
英語	80	65	15
数学	58	40	6
物理	65	45	10

	Aさんの偏差値
英語	$\frac{80-65}{15} \times 10 + 50 = 60$
数学	$\frac{58-40}{6} \times 10 + 50 = 80$
物理	$\frac{65-45}{10} \times 10 + 50 = 70$

結果を見ると、英語でも物理でもなく数学の偏差値が一番高いことがわかりました。しかし、なぜこの式で偏差値が求まるのか、疑問に思った方もいると思いますので、具体的に追っていきましょう。

その際に、いきなり偏差値を求めようとするのではなく、まず平均0、標準偏差を1に強制的に換算した標準得点を求めるプロセスを経てから、偏差値を求めていきます。今回は、先ほどの数学の58点を偏差値80にするプロセスを見ていきましょう。数学の平均点が40なので、数直線の真ん中の値を40にし、標準偏差が6なので、目盛りの間隔を6にしたものから考えます。

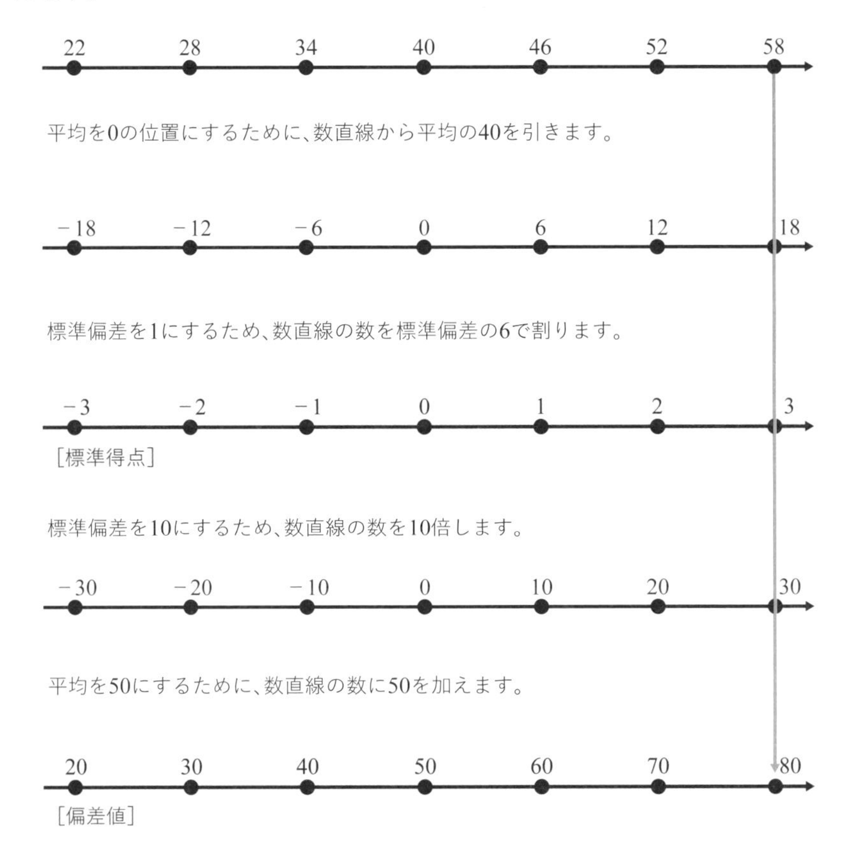

22 28 34 40 46 52 58
平均を0の位置にするために、数直線から平均の40を引きます。
−18 −12 −6 0 6 12 18
標準偏差を1にするため、数直線の数を標準偏差の6で割ります。
−3 −2 −1 0 1 2 3
[標準得点]
標準偏差を10にするため、数直線の数を10倍します。
−30 −20 −10 0 10 20 30
平均を50にするために、数直線の数に50を加えます。
20 30 40 50 60 70 80
[偏差値]

よって数学の点数、標準得点、偏差値は次の通りです。

[点数：58点] → [標準得点：3] → [偏差値：80]

アチーブメントスコア（成就値）

学力と知能の関係を数値にする

私たちは受験などで学力偏差値と、人によっては嫌になるほど付き合ってきました。偏差値は学力以外に、知能などでも活用することができます。日本では知能を偏差値ではなく、知能指数として求める場合が多いのですが、知能偏差値を活用することもあります。

それは、学習の達成度の観点から学力と知能の関係を調べる場合です。学力偏差値から知能偏差値を引いたものを**成就値**（じょうじゅち）（**アチーブメントスコア**）といいます。

［成就値（アチーブメントスコア）］　学力偏差値－知能偏差値

学力偏差値が高いことはいいことですが、よい成績をとるために本人にとっては負担のかかる勉強をしているのかもしれません。しかし、そのような状況は、学力偏差値の数値だけではわかりません。そこで、学力偏差値から知能偏差値を引いた成就値という指標を活用します。成就値が正の値で大きい場合を、**オーバーアチーバー**といい、逆に成就値が負の値で特に大きい場合を、**アンダーアチーバー**といいます。学力偏差値と知能偏差値が均衡している場合を**バランスドアチーバー**といいます。

成就値（学力偏差値－知能偏差値）
　［＋］知能検査結果と比べ学業成績がよい → オーバーアチーバー
　［－］知能検査結果と比べ学業成績が悪い → アンダーアチーバー
　［0に近い］知能検査結果≒学業成績 → バランスドアチーバー

ざっくりいえば、頑張らせすぎかどうかを見るにはオーバーアチーバーかどうかを見ればよく、さぼり癖があるかどうかを見るには、アンダーアチーバーかどうかを見ればよいことになります。

ただし、ここまで読んで、具体的な数値が示されていないことに気づいたと思います。それは、オーバーアチーバーなどを判断するために成就値を改良した**修正成就値**を利用する場合が多いのです。修正成就値は、学力偏差値から学力期待値を引くことで求まります。学力期待値は、知能偏差値を修正したもので、「0.7 ×（知能偏差値 − 50）＋ 50」を計算することで求まります。オーバーアチーバーなどは、修正成就値で8以上の差があるかどうかで判断します。まとめると次の通りです。

［学力期待値］　0.7 ×（知能偏差値 − 50）＋ 50
［修正成就値］　学力偏差値 − 学力期待値
　　　　　　　　＝学力偏差値 − 0.7 × 知能偏差値 − 15

［オーバーアチーバー］　修正成就値＞8
［アンダーアチーバー］　修正成就値＜−8
［バランスドアチーバー］　−8 ≦ 修正成就値 ≦ 8

一般に、知能検査はすべての集団を対象に標準化されたものであるため、知能と学力を比較するには、すべての集団を対象に標準化された学力テストでなければ正確に比較できないことに注意してください。

確率変数と確率分布

確率の用語をコイン・サイコロの例で押さえる

統計学は起きた事象を手掛かりとして、未来に起き得る事象を予測する分野です。その際、**確率変数**や確率の様子を表す**確率分布**が重要となります。ただし、確率分布はわからない場合がほとんどのため、手元にあるデータを用いて真の確率分布を推定することとなります。理解を深めるために、具体例を通して確率変数・確率分布を見ていきます。

1枚のコインを1回投げるとき、表が出る回数を X とすると、X のとり得る値は0と1で、確率はそれぞれ1/2です。表にすると、

確率変数 →

Xの値	0	1	計
確　率	$\frac{1}{2}$	$\frac{1}{2}$	1

この表にある X のように、コインを投げるなどの試行の結果によって、確率が定まる変数を確率変数といいます。また、この表のように確率変数 X と確率の対応関係を表したものを確率分布といいます。

確率分布には、**離散型確率分布**と**連続型確率分布**の2つがあります。

[確率変数・確率分布]

確率変数：試行の結果によって、確率が定まる変数

確率分布：確率変数Xと確率の対応関係で、式や表で表される
離散型確率分布と連続型確率分布の2つがある

離散型確率分布は、確率変数が離散的な値、とびとびの値をとる場合に用いられます。例えば先ほど挙げた、コインを投げた際の表の回数「1, 2, 3, ……」や、サイコロの目「1, 2, 3, 4, 5, 6」は、とり得る値がとびとび(離散)なので、離散型確率分布となります。

連続型確率分布は、確率変数が連続的な値をとる場合に使われます。例えば、身長、体重、体温のように、とびとびではない（離散ではない）場合に用いられます。

確率分布は表だけでなく、式で表すこともできます。先ほどの1枚のコインを1回投げる場合を式で表すと、次の通りとなります。

$X=0$　となる確率が $\frac{1}{2}$ なので、$P(X=0)=\frac{1}{2}$ …①

$X=1$　となる確率が $\frac{1}{2}$ なので、$P(X=1)=\frac{1}{2}$ …②

①、②の式は　$P(X=k)=\frac{1}{2}\ (k=0,\ 1)$ とまとめることもできます。

この場合、$k=0$ が①、$k=1$ が②に対応しています。

離散型確率分布となるサイコロの例も見てみましょう。

サイコロを1回振って、出た目を X とするとき、X のとりうる値は1、2、3、4、5、6で、確率はそれぞれ1/6です。表にすると、

確率変数 →

X	1	2	3	4	5	6	計
確　率	$\frac{1}{6}$	$\frac{1}{6}$	$\frac{1}{6}$	$\frac{1}{6}$	$\frac{1}{6}$	$\frac{1}{6}$	1

となります。先ほどと同様に式で表すと、

$$P(X=1)=P(X=2)=P(X=3)=P(X=4)=P(X=5)=P(X=6)=\frac{1}{6}$$

となります。この式も $P(X=k)=\frac{1}{6}\ (k=1, 2, 3, 4, 5, 6)$ とまとめることができます。このサイコロの場合、3以上の目（6以下の目）が出る確率を求める場合は、次のように表して求めることができます。

$$P(3 \leqq X \leqq 6)=\frac{1}{6}+\frac{1}{6}+\frac{1}{6}+\frac{1}{6}=\frac{1}{6}\times 4=\frac{2}{3}$$

それでは、再びコインの場合を考えてみましょう。

コインを2回投げて表が出る回数を X とすると、

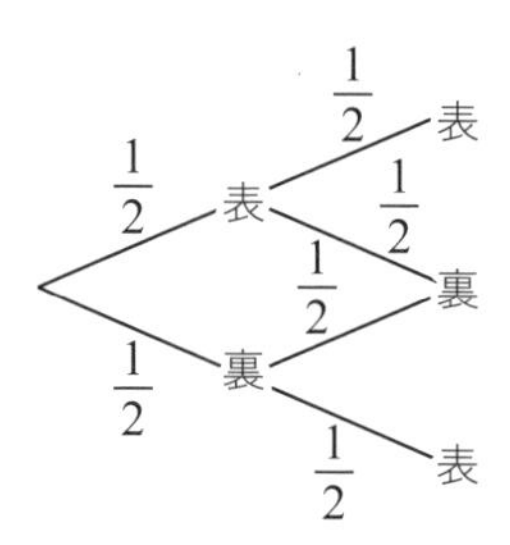

表が0回($X=0$)の確率 $P(X=0)$ は、表・表の場合なので、$\frac{1}{2} \times \frac{1}{2} = \frac{1}{4}$

表が1回($X=1$)の確率 $P(X=1)$ は、表・裏と裏・表の場合なので、

$$\left(\underset{\substack{\uparrow \\ 表}}{\frac{1}{2}} \times \underset{\substack{\uparrow \\ 裏}}{\frac{1}{2}}\right) + \left(\underset{\substack{\uparrow \\ 裏}}{\frac{1}{2}} \times \underset{\substack{\uparrow \\ 表}}{\frac{1}{2}}\right) = \frac{1}{2}$$

表が2回($X=2$)の確率 $P(X=2)$ は、裏裏の場合なので、$\frac{1}{2} \times \frac{1}{2} = \frac{1}{4}$

この結果を表にまとめると、

確率変数 →

Xの値	0	1	2	計
確　率	$\frac{1}{4}$	$\frac{1}{2}$	$\frac{1}{4}$	1

となります。あらためて式で表したものを次に記述します。

$$P(X=0) = \frac{1}{4},\ P(X=1) = \frac{1}{2},\ P(X=2) = \frac{1}{4}$$

コインを2回投げて表が1枚以上(2枚以下)出る確率は、

$$P(1 \leqq X \leqq 2) = P(X=1) + P(X=2) = \frac{1}{2} + \frac{1}{4} = \frac{3}{4}$$

と求めることができます。

期待値（平均値）

期待される値とは

期待値（expectation）は、確率変数Xがとる値 x_k を、確率 p_k によって重みづけした平均です。期待値は確率変数 X がとり得ると期待される値であることから名づけられ、記号では $E[X]$ と表します。

確率分布を表にまとめたものと期待値の式は次の通りです。

確率変数 →

X	x_1	x_2	x_3	…	x_{n-1}	x_n	計
確　率	p_1	p_2	p_3	…	p_{n-1}	p_n	1

$$[期待値]：E[X] = x_1 \cdot p_1 + x_2 \cdot p_2 + x_3 \cdot p_3 + \cdots + x_{n-1} \cdot p_{n-1} + x_n \cdot p_n$$
$$= \sum_{k=1}^{n} x_k \cdot p_k$$

具体的に、前項の例「コイン1枚を投げて表が出る回数」と「コインを2枚投げて表が出る回数」の期待値を見てみましょう。コインは1/2の確率で表が出るので、2枚投げた場合、1枚は表が出ることが期待されます。それを式で表したものが期待値です。

X_1	0	1	計
確　率	$\frac{1}{2}$	$\frac{1}{2}$	1

X_2	0	1	2	計
確　率	$\frac{1}{4}$	$\frac{1}{2}$	$\frac{1}{4}$	1

$$E[X_1] = 0 \times \frac{1}{2} + 1 \times \frac{1}{2} = \frac{1}{2}（回）\cdots①$$

$$E[X_2] = 0 \times \frac{1}{4} + 1 \times \frac{1}{2} + 2 \times \frac{1}{4} = 1（回）\cdots②$$

期待値の意味づけをしましょう。期待値はその名の通り、期待される値なので、コインを1回投げた場合は①の通り、$\frac{1}{2}$ 回は表が出ることを表し、コインを2回投げた場合は②の通り、1回は表が出ることを表しています。

サイコロの期待値も考えてみましょう。サイコロでは、出た目 X が得点になるものとして考えてみましょう。

X	1	2	3	4	5	6	計
確　率	$\frac{1}{6}$	$\frac{1}{6}$	$\frac{1}{6}$	$\frac{1}{6}$	$\frac{1}{6}$	$\frac{1}{6}$	1

$$E[X] = 1 \times \frac{1}{6} + 2 \times \frac{1}{6} + 3 \times \frac{1}{6} + 4 \times \frac{1}{6} + 5 \times \frac{1}{6} + 6 \times \frac{1}{6}$$
$$= \frac{1+2+3+4+5+6}{6} = 3.5$$

サイコロを1回投げたら期待値は3.5点になることを示しています。次に別の具体例を見ていきましょう。

皆さんは「チンチロリンハイボール」というものをご存じでしょうか？容器の中に2つのサイコロを入れて、出た目によってハイボールの値段が変わるものです。今回はハイボール1杯500円として、値段のルールは次の通りとします。

(1) 出た目がゾロ目のとき	…	1杯の料金が無料
(2) 出た目の合計が偶数のとき	…	1杯の料金が半額の250円
(3) 出た目の合計が奇数のとき	…	1杯の料金が倍の1000円

このとき、ゲームに参加したほうが得でしょうか？

2つのサイコロを振ったときに出た目の場合の数は $6 \times 6 = 36$ です。

まず(1)の確率を考えます。

ゾロ目は1と1、2と2、3と3、4と4、5と5、6と6の6通りなので、ゾロ目となる確率((1)の確率)は $\frac{6}{36} = \frac{1}{6}$ です。なお、ゾロ目の合計は2, 4, 6, 8, 10, 12と、いずれも偶数となります。

次に(2)と(3)の確率を考えます。

2つのサイコロを振ったときに出た目は36通りで、偶数の18通りと奇数の18通りに分かれます。

(2)の確率は、偶数の18通りからゾロ目の6通りを除いて12通りなので、$\frac{12}{36}=\frac{1}{3}$ です。

(3)の確率は、出た目の合計が奇数となるのは18通りから、$\frac{18}{36}=\frac{1}{2}$

これらの結果を表にまとめると次の通りです。

Xの値	0	250	1000	計
確　率	$\frac{1}{6}$	$\frac{1}{3}$	$\frac{1}{2}$	1

期待値は次のようになります。

$$E[X]=0\times\frac{1}{6}+250\times\frac{1}{3}+1000\times\frac{1}{2}=583.3333\cdots$$

普通にハイボールを飲むと1杯500円で、ゲームに参加すると583円かかりますから、この問題の設定の場合は、ゲームに参加しないほうが得となります。ただし、実際は出た目の和が奇数の場合は、価格が倍になるだけでなく、量も倍になるなど、飲みきれればお得になることのほうが多いようです。

11 ベルヌーイ試行と2項分布

一か八かを考える

「起こるか起こらないか」「成功か失敗か」「勝ちか負けか」のように、結果が2種類のみの実験や試行で、何度繰り返しても結果が起こる確率は同じ試行を、**ベルヌーイ試行**といいます。

例えば、裏表の出る確率が同じコインを投げる場合、側面が立つ場合を除けば、結果は表が出るか裏が出るか2通りで、それぞれ確率が1/2となるので、ベルヌーイ試行となります。

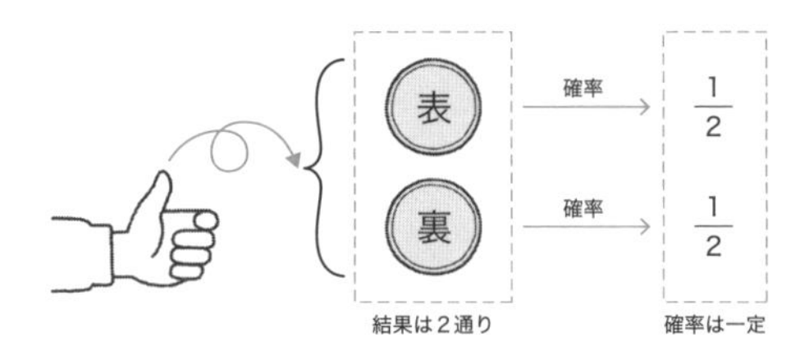

また、はずれが9本、当たりが1本のくじ引きで、引いたくじを元に戻す場合を考えます。このくじ引きは、当たりくじを引くか、はずれくじを引くか、結果は2通りなので、ベルヌーイ試行となります。

なお、当たりくじを引く確率は1/10、はずれくじを引く確率は9/10です。

サイコロの出た目を確率変数にすると結果は6通りなので、ベルヌーイ試行ではありませんが、条件を変えることでベルヌーイ試行となります。例えば、サイコロの出た目を「偶数」と「奇数」に分けると、結果が2通りなのでベルヌーイ試行となります。他にも、1の目に着目して「1の目」と「1の目以外」に分けると、結果が2通りなので、ベルヌーイ試行となります。

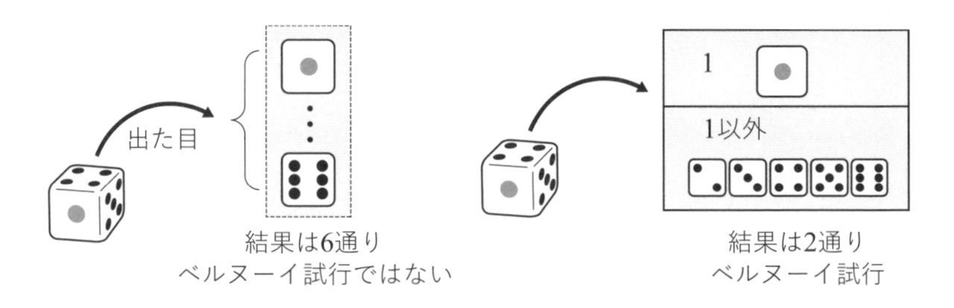

X	1	1以外	計
確　率	$\frac{1}{6}$	$\frac{5}{6}$	1

ベルヌーイ試行を n 回行なったとき、事象Aの起こる回数をk、確率変数を X とするとき X の確率分布は、次の式で表されます。

$$[2項分布]\quad P(X=k) = {}_nC_k\, p^k(1-p)^{n-k} \quad (k=0, 1, 2, 3, \cdots, n)$$

この式の右辺のように、離散型確率変数 X に対して確率を対応させる関数を**確率質量関数**(Probability Mass Function : PMF)といいます。また、この右辺の式で与えられる確率分布を**2項分布**(Binomial Distribution)といい、$B(n, p)$ や $Bin(n, p)$ と表します。

そのため、次のように記述することもあります。

$$[2項分布]\quad B(n, p) = {}_nC_k\, p^k(1-p)^{n-k} \quad (k=0, 1, 2, 3, \cdots, n)$$
$$Bin(n, p) = {}_nC_k\, p^k(1-p)^{n-k} \quad (k=0, 1, 2, 3, \cdots, n)$$

またこのとき、確率分布 X は2項分布 $Bin(n, p)$ に従うといいます。

確率分布 X が2項分布 $Bin(n, p)$ に従うとき、平均 $E[X]$、分散 $V(X)$、標準偏差 $\sigma(X)$ は、次のように容易に求めることができます。

[2項分布の平均、分散、標準偏差]

平均:$E[X] = np$　分散:$V(X) = np(1-p)$　標準偏差:$\sigma(X) = \sqrt{np(1-p)}$

それでは、具体的に、コインを100回投げるときに表が出る回数 X の平均、分散、標準偏差を求めてみましょう。コインを100回投げるので

$n = 100$、表が出る確率は $p = 1/2$ なので、$Bin(100, 1/2)$ です。

$$E[X] = 100 \times \frac{1}{2} = 50,\quad V(X) = 100 \times \frac{1}{2} \times \left(1 - \frac{1}{2}\right) = 25,$$
$$\sigma(X) = \sqrt{100 \times \frac{1}{2} \times \left(1 - \frac{1}{2}\right)} = 5$$

12 ポアソン分布

稀な確率も考察できる

2項分布 $Bin(n, p) = {}_nC_k\, p^k(1-p)^{n-k}$ において、試行を何度も何度も繰り返し（回数 n が十分大きい）、発生する確率 p が十分小さな現象の場合は、次の確率質量関数で近似されます。

$$e^{-m} \cdot \frac{m^k}{k!}$$

（e は自然対数の底、m は平均値、k は試行回数）

この確率質量関数で表される確率分布を**ポアソン分布**（Poisson distribution）といいます。冒頭の通り、特定の期間や領域で発生する希少な事象の回数をモデル化するのに適しています。

ポアソン分布は2項分布の一種なので、確率質量関数「${}_nC_k\, p^k(1-p)^{n-k}$」を変形することで求められます。ここに概略をお伝えします。平均を m とします。2項分布の平均の公式から $m = np$ で、$p = \frac{m}{n}$ となります。

また、組合せの式を次のように変形します。

$${}_nC_k = \frac{n!}{k!(n-k)!} = \frac{n(n-1)(n-2)\cdots(n-k+1)}{k!}$$

文字で表すと一番右の式は複雑ですが、組合せの式を具体的に計算する場合は、一番右の式の形を利用しています。これらから、

$$Bin(n, p) = {}_nC_k\, p^k(1-p)^{n-k}$$

$$= \frac{n(n-1)(n-2)\cdots(n-k+1)}{k!} \cdot \left(\frac{m}{n}\right)^k \cdot \left(1-\frac{m}{n}\right)^{n-k}$$

$$= \frac{m^k}{k!} \cdot \frac{n}{n} \cdot \frac{n-1}{n} \cdot \frac{n-2}{n} \cdots \cdot \frac{n-k+1}{n} \cdot \left(1-\frac{m}{n}\right)^n \cdot \left(1-\frac{m}{n}\right)^{-k}$$

$$= \frac{m^k}{k!} \cdot \underbrace{1 \cdot \left(1-\frac{1}{n}\right) \cdot \left(1-\frac{2}{n}\right) \cdots \cdot \left(1-\frac{k-1}{n}\right) \cdot \left(1-\frac{m}{n}\right)^{-k}}_{n\to\infty\text{とすると1に近づく}} \cdot \left(1-\frac{m}{n}\right)^n$$

$n \to \infty$とすると、青い文字の部分はすべて1に近づき、$\left(1-\frac{m}{n}\right)^n$は次式の通り$e^{-m}$に近づきます(「lim」については260ページ参照)。

$$\lim_{n\to\infty}\left(1-\frac{m}{n}\right)^n = \lim_{n\to\infty}\left\{\left(1+\frac{-m}{n}\right)^{\frac{n}{-m}}\right\}^{-m} = e^{-m}$$

これらより、2項分布$B\,in(n, p) = {}_nC_k\, p^k(1-p)^{n-k}$で$n$が十分大きい場合、ポアソン分布の確率質量関数に近づくことがわかります。

$$Bin(n, p) = {}_nC_k\, p^k(1-p)^{n-k} \xrightarrow[n\text{が十分大きい}]{} P(X=m) = e^{-m}\cdot\frac{m^k}{k!}$$

なお、ポアソン分布の平均を求めなさい……という問題があった場合、それは計算して求めるのではなく、確率質量関数の式から「m」の値を答えるだけです。なお、2項分布の散布$np(1-p)$から、ポアソン分布の分散は

$$V(X) = \sigma^2 = np(1-p) = m\left(1-\frac{m}{n}\right) \xrightarrow{n\text{が十分大きい}} m$$

となり、ポアソン分布は、平均と分散が同じ値に近づいたものとなります。

具体的にポアソン分布でモデリング可能な現象は、

一日に起こる交通事故の件数、書籍1ページあたりの誤植の数、
大量生産の不良品数、破産件数、火災件数、遺伝子の突然変異数、
1年間に肺がんで亡くなる人の人数

などがあります。かつて「馬に蹴られて死んだ兵士の数」を調査分析した統計学者がいましたが、このきわめてレアなケースが、ポアソン分布の初の実用例といわれています。

そこで、この「馬に蹴られて死んだ兵士の数」を通してポアソン分布の計算を見ていきましょう。この調査を行なったのは、ドイツの数理統計学者であり数理経済学者であるラディスラフ・フォン・ボルトキエヴィッチです。

ボルトキエヴィッチは、1875～1894年の20年にわたりプロシア陸軍で「馬に蹴られて死んだ兵士の数」を10部隊（延べ200部隊）調査しました。結果は次の表の通りです。

馬に蹴られて死んだ兵士の数（人）	0	1	2	3	4	5以上	合計
部隊の数	109	65	22	3	1	0	200
割合（%）	54.5	32.5	11	1.5	0.5	0	100

馬に蹴られて死んだ兵士の人数は20年間で、

$0 \times 109 + 1 \times 65 + 2 \times 22 + 3 \times 3 + 4 \times 1 + 5 \times 0 = 0 + 65 + 44 + 9 + 4 + 0 = 122$

ですから、1部隊あたり平均

$m = 122 \div 200 = 0.61$

となります。ポアソン分布の式に代入すると、

$$P(X = 0.61) = e^{-0.61} \cdot \frac{0.61^k}{k!} = \frac{0.61^k}{e^{0.61} \cdot k!}$$

となります。kに具体的な値を代入して予測してみましょう。

馬に蹴られて死んだ人がいない「$k = 0$」確率

$$\frac{0.61^0}{e^{061} \cdot 0!} = \frac{1}{e^{061}} = \frac{1}{1.840431398781637455328\cdots} \fallingdotseq 0.543350869074\cdots \fallingdotseq 54.3\%$$

馬に蹴られて死んだ人が1人「$k = 1$」確率

$$\frac{0.61^1}{e^{061} \cdot 1!} = \frac{0.61}{e^{061}} = \frac{0.61}{1.840431398781637455328\cdots} \fallingdotseq 0.331444030135\cdots \fallingdotseq 33.1\%$$

馬に蹴られて死んだ人が2人「$k = 2$」確率

$$\frac{0.61^2}{e^{061} \cdot 2!} = \frac{0.3721}{2e^{061}} = \frac{0.3721}{3.680862797563274910656\cdots} \fallingdotseq 0.10109042919\cdots \fallingdotseq 10.1\%$$

馬に蹴られて死んだ人が3人「$k = 3$」確率

$$\frac{0.61^3}{e^{061} \cdot 3!} = \frac{0.226981}{6e^{061}} = \frac{0.226981}{11.04258839268982473197\cdots} \fallingdotseq 0.0205550539\cdots \fallingdotseq 2.1\%$$

表にまとめると次の通りです。実データと比較してみましょう。

馬に蹴られて死んだ兵士の数(人)		0	1	2	3	4	5以上	合計
	部隊の数	109	65	22	3	1	0	200
実データ	割合(%)	54.5	32.5	11	1.5	0.5	0	100
予測データ	割合(%)	54.3	33.1	10.1	2.1	0.31	0.04	100

少々の誤差はあるものの、十分に精度の高い予想ができています。

「馬に蹴られて死んだ兵士」を現代人が想像するのは容易ではありませんが、このような、想像することが容易でないことも高い精度でシミュレーション可能なことこそ、統計の特色なのかもしれません。

なおポアソン分布は、日常のさまざまな現象をとらえる便利な分布ですが、何でも計算できるわけではありません。ランダムではない事象に対しては正確な分析ができないので、適用範囲にご注意ください。

13 正規分布

統計で一番活躍する分布

身長や体重などの数値を測り、ヒストグラムにして可視化するとき、サンプルのサイズを大きくしていくと、ヒストグラムの形状が下図のように左右対称の山型・釣鐘型(ベル型)に近づいていきます。

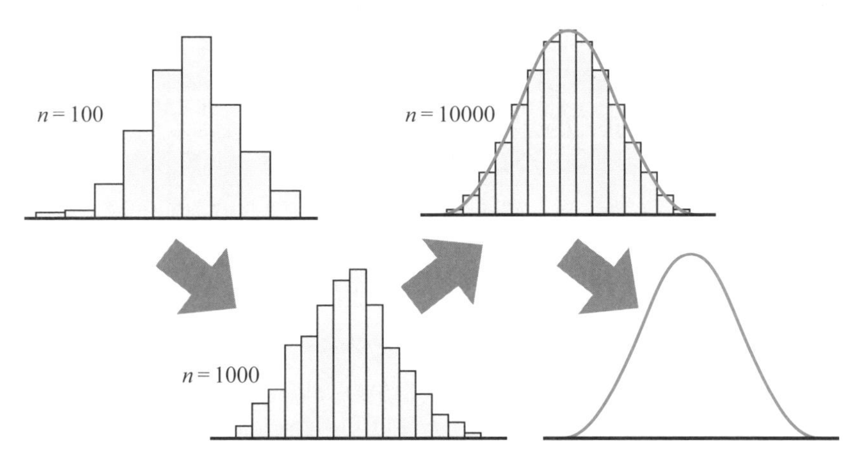

この形状を**正規分布**(normal distribution)または**ガウス分布**(Gaussian distribution)と呼び、データを推定する際に最もよく使われる確率分布の一つです。下図の通り正規分布は、多くのデータが平均付近に集まり、端に集まるデータはほとんどありません。

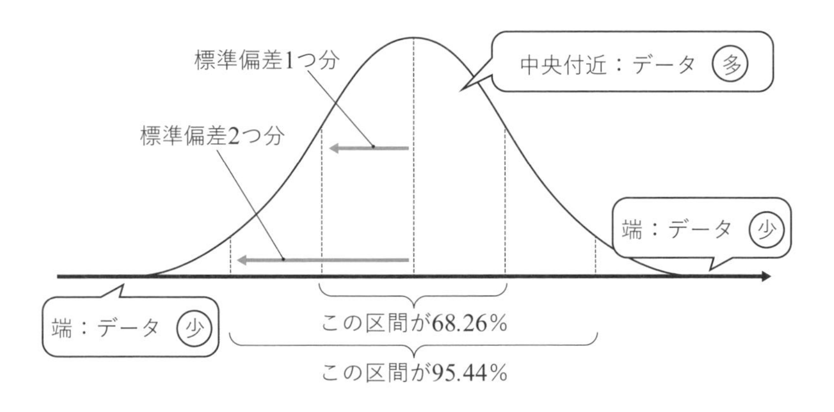

正規分布のパターンは無数存在しますが、データの約68%が平均値を中心とした標準偏差1つ分以内、約95%が標準偏差2つ分以内に収まります(95%にする場合は、標準偏差1.96分です)。そのため、正規分布に従うデータは、平均と標準偏差(もしくは分散)がわかれば、ある範囲にどれだけのデータが収まっているかを予測できるのです。正規分布曲線を式にすると、次の通りとなります。

$$f(x) = \frac{1}{\sqrt{2\pi}\,\sigma} e^{-\frac{(x-\mu)^2}{2\sigma^2}} = \frac{1}{\sqrt{2\pi}\,\sigma} \exp\left(-\frac{(x-\mu)^2}{2\sigma^2}\right)$$

この式を**確率密度関数**(probability density function：PDF)といいます。

平均μ、標準偏差σ(分散σ^2)の確率変数Xを$Z = \frac{X-\mu}{\sigma}$と置換すると、確率変数Zの平均は0、標準偏差(分散)は1となります。このZの確率分布を**標準正規分布**といい、確率密度関数は次式となります。

$$f(x) = \frac{1}{\sqrt{2\pi}} e^{-\frac{z^2}{2}} = \frac{1}{\sqrt{2\pi}} \exp\left(-\frac{z^2}{2}\right)$$

確率変数Xを$Z = \frac{X-\mu}{\sigma}$と置換したときの値を「**標準得点**」、もしくは置き換える文字からZスコアといいます。標準正規分布曲線を描いたとき、スコア(標準得点)は、Z軸(横軸)上に現れます。

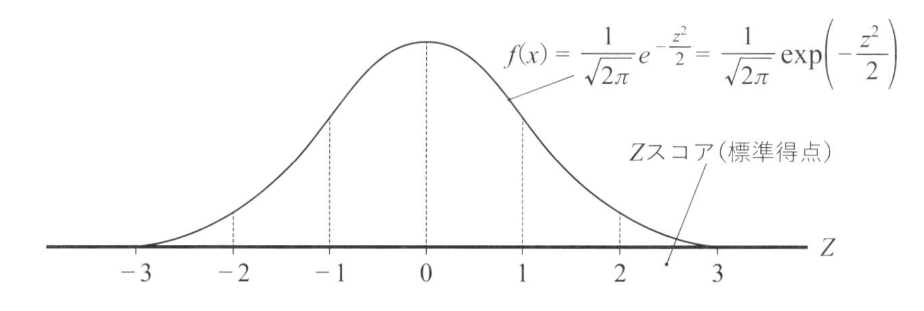

正規分布を推定で活用する例としては、身長、体重、IQ(知能指数)、試験の点数などがあります。模擬試験でのA判定などの合格判定は、正規分布を活用した例の一つで、その他にも正規分布は、科学や工学の多くの分野で使われており、統計学における最も重要な概念です。

散布図と相関係数

2変量の関係を図や数値で表わす

前項までは変数が1つの場合を見てきましたが、今回は変数が2つある場合を考えていきます。記述統計でデータをわかりやすくする手法は、図・表にすることと数値にすることでした。2変量データの場合、それぞれ**散布図**(scatter plot)と**相関係数**と呼ばれています。まず、2つの変数間の関係を視覚的に表現する散布図を見ていきましょう。散布図は、2変量データ(x_1, y_1), (x_2, y_2), (x_3, y_3) …… (x_n, y_n) を平面上にプロットして作成します。

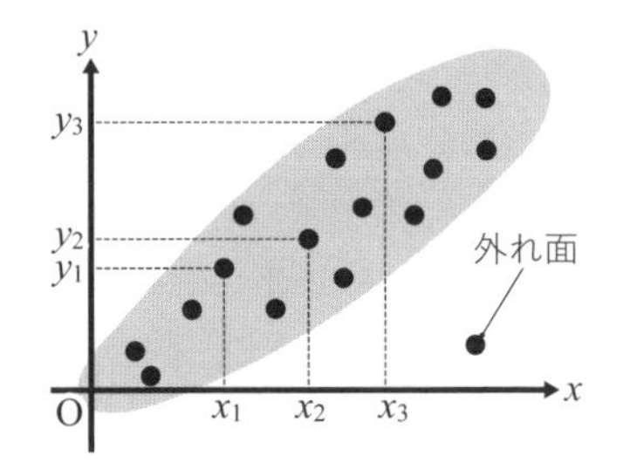

散布図を見ることで、データがどのように分布しているかを直感的に理解でき、データの構造や特徴を把握しやすくなります。特に散布図を見ることで、データの中に外れ値があるかどうかを視覚的に確認できます。外れ値は、データ解析において注意が必要です。

また、散布図を見ることで、2つの変数間に相関と呼ばれる関係性が強いか、弱いかを把握できます。

散布図にプロットされたデータが右上がりの傾向を示している場合、**正の相関**があるといいます。逆に、右下がりの傾向がある場合は、**負の相関**があるといいます。

相関の強さは、データが直線に沿って密集している場合、相関が強いといえます。データを囲んだ際にできる楕円の短軸の半径が小さければ小さいほど、直線に密集しているため相関が強く、逆に楕円の短軸の半径が大きければ大きいほど、データがバラバラに分布していることとなり相関が弱い、相関がないと判断できます。

散布図は、データの関係性を視覚的にとらえるために非常に便利なツールですが、原因と結果を表す因果関係を示すものではありません。あくまで、2つの変数間の関連性やパターンを観察するための手法です。

散布図は、ExcelやGoogleスプレッドシートなどの表計算ソフトウェアでも描くことができます。また、統計ソフトウェアやプログラミング言語（Python, Rなど）を使って簡単に作成できます。

2つのデータの関係を図で見る場合は散布図となりますが、数値で見る場合は相関係数を利用します。

相関係数は、2つのデータ間の関係の強さを示す統計的な指標です。相関係数は、身長と体重の関係のように、主に2種類のデータがどの程度関連しているかを数値で表すために使われます。相関係数は −1 から 1 の範囲の値をとります。

相関係数が0より大きい値の場合は正の相関となり、一方のデータが増えると、もう一方のデータも増える傾向があります。例えば、身長が増えると体重も増える傾向がある場合、正の相関があります。

相関係数が0より小さい値の場合は負の相関となり、一方のデータが増えると、もう一方のデータが減る傾向があることを示します。例えば、勉強時間が増えると、テストでの失敗回数が減る場合、負の相関があります。

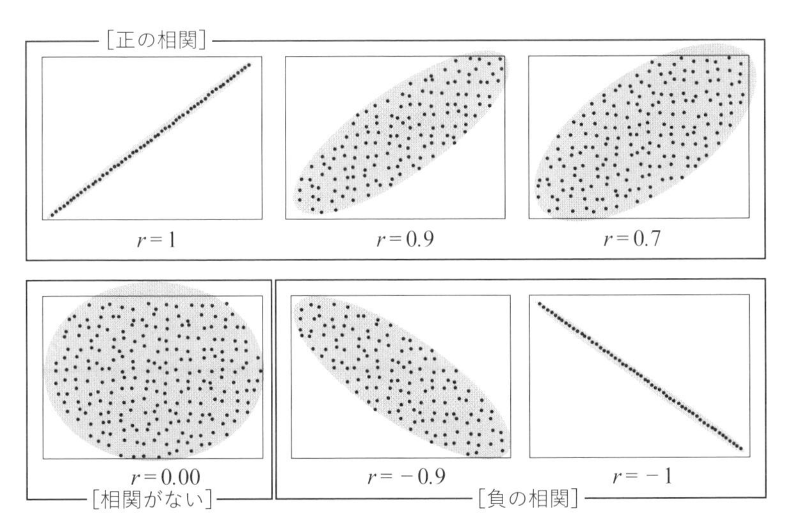

相関係数が0に近い場合は､2種類のデータ間には関連性がないことを示します。つまり、一方のデータが変化しても、もう一方のデータには影響がないことを意味します。

相関係数の絶対値が大きければ大きいほど、2つのデータ間の関連性が強いといえます。例えば、相関係数が0.9(正の相関)なら、強い正の相関があると判断できますし、－0.9(負の相関)なら、強い負の相関があると判断できます。

ただし､相関係数は散布図同様に関連性の強さを示すだけで､因果関係を示すものではありません。つまり、相関があるからといって、一方のデータがもう一方のデータを引き起こすとは限りません。この点は注意する必要があります。

相関係数は、2つのデータの関係を観察する際に有用な指標となりますが、その背後にあるメカニズムや要因を調査するためには、さらなる分析が必要です。

次に相関係数の求め方を見ていきましょう。

相関係数を求めるには、2つのデータのそれぞれの偏差を求めます。それらをかけた偏差積の和を求め、さらに平均値を求めます。この値を**共分散**といいます。その後、それぞれのデータの標準偏差を求め、それらの積を割ります。

番号	1	2	…	n	平均
データX	x_1	x_2	…	x_n	$\overline{x}$
データY	y_1	y_2	…	y_n	$\overline{y}$
Xの偏差	$x_1-\overline{x}$	$x_2-\overline{x}$	…	$x_n-\overline{x}$	0
Yの偏差	$y_1-\overline{y}$	$y_2-\overline{y}$	…	$y_n-\overline{y}$	0
偏差積	$(x_1-\overline{x})(y_1-\overline{y})$	$(x_2-\overline{x})(y_2-\overline{y})$	…	$(x_n-\overline{x})(y_n-\overline{y})$	共分散

[共分散]

$$\sigma_{xy}=\frac{1}{n}\{(x_1-\overline{x})(y_1-\overline{y})+\cdots+(x_n-\overline{x})(y_n-\overline{y})\}=\frac{1}{n}\sum_{k=1}^{n}(x_k-\overline{x})(y_k-\overline{y})$$

[相関係数]

$$r_{xy}=\frac{x\text{と}y\text{の共分散}(\sigma_{xy})}{(x\text{の標準偏差})\cdot(y\text{の標準偏差})}$$

$$=\frac{\frac{1}{n}\sum_{k=1}^{n}(x_k-\overline{x})(y_k-\overline{y})}{\sqrt{\frac{1}{n}\sum_{k=1}^{n}(x_k-\overline{x})^2}\cdot\sqrt{\frac{1}{n}\sum_{k=1}^{n}(y_k-\overline{y})^2}}$$

具体的な次の2変量データを通して、共分散、相関係数を求めてみます。

X	17	13	15	9	6
Y	6	12	9	8	10

Xの平均$\overline{x}$、Yの平均$\overline{y}$を求めると、

$$x=\frac{17+13+15+9+6}{5}=\frac{60}{5}=12\text{、}y=\frac{6+12+9+8+10}{5}=\frac{45}{5}=9$$

まず、Xの偏差を求めます。

X	17	13	15	9	6

Xから、平均 $\bar{x}=12$ をそれぞれ引くと、次のようになります。

$X-\bar{x}$	$17-12$	$13-12$	$15-12$	$9-12$	$6-12$

次に、Yの偏差を求めます。

Y	6	12	9	8	10

Yから、平均 $\bar{y}=9$ をそれぞれ引くと、次のようになります。

$Y-\bar{y}$	$6-9$	$12-9$	$9-9$	$8-9$	$10-9$

ここまでの結果をまとめると、次表となります。

X	17	13	15	9	6	$\bar{x}=12$
Y	6	12	9	8	10	$\bar{y}=9$
$X-\bar{x}$	5	1	3	-3	-6	0
$Y-\bar{y}$	-3	3	0	-1	1	0
$(X-\bar{x})(Y-\bar{x})$	-15	3	0	3	-6	

Xの標準偏差は、

$$\sqrt{\frac{(17-12)^2+(13-12)^2+(15-12)^2+(9-12)^2+(6-12)^2}{5}}=\sqrt{\frac{80}{5}}=\sqrt{16}=4$$

Yの標準偏差は、

$$\sqrt{\frac{(6-9)^2+(12-9)^2+(9-9)^2+(8-9)^2+(10-9)^2}{5}}=\sqrt{\frac{20}{5}}=\sqrt{4}=2$$

共分散は、

$$\frac{(17-12)\ (6-9)+(13-12)\ (12-9)+(15-12)\ (9-9)+(9-12)\ (8-9)+(6-12)\ (10-9)}{5}$$

$$=\frac{5\cdot(-3)+1\cdot 3+3\cdot 0+(-3)\cdot(-1)+(-6)\cdot 1}{5}=-\frac{15}{5}=-3$$

これらの結果より相関係数は

$$r=\frac{-3}{4\times 2}=-\frac{3}{8}=-0.375$$

となります。

15

点推定と区間推定

ズバリ予想するか？ 精度の高い予想をするか？

統計学には、全部のデータを調査する全数調査によって、データに意味を持たせわかりやすくする**記述統計**と、一部のデータを調査する標本調査によって、全体を推測する**推測統計**があります。ここでは推測統計を見ていきますが、推測する方法には**点推定**と**区間推定**の2つがあります。点推定は母集団の平均や分散を1つの値で推定する方法で、区間推定は、母集団の平均や分散を推定します。母集団から取った一部のことを**標本**(**サンプル**)といいます。母集団(全体)の平均と標本(サンプル)の平均は、どちらも平均ですが、値も異なるので区別が必要です。そこで、母集団の平均・分散を**母平均**・**母分散**といい、標本の平均・分散を**標本平均**・**標本分散**といいます。

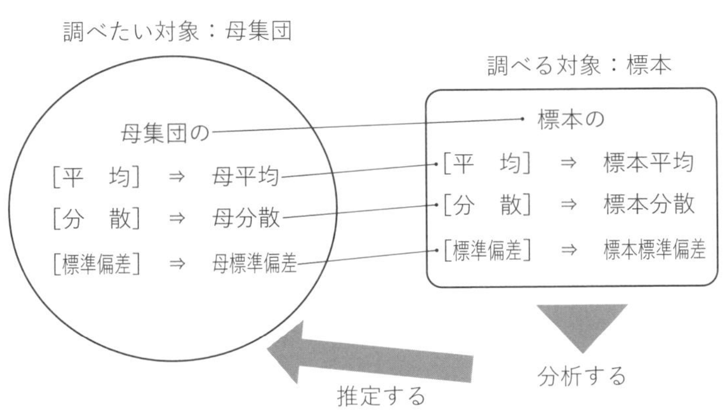

点推定の例を見てみましょう。例えば、あるクラスの生徒たちのテストの平均点を知りたいとします。しかし、母集団である全員の点数を集めるのが難しく、4人の生徒(標本)だけしか点数を収集できなかったとしましょう。その4人の点数が82点、43点、72点、67点だった場合、次のように4人の平均点を66と求めることができます。

$$\frac{82 + 43 + 72 + 67}{4} = \frac{264}{4} = 66$$

この標本平均である66点を、母平均であるクラス全体の平均と推定するのが点推定です。

点推定の方法は、他に**最尤推定法**(さいゆう)(Maximum Likelihood Estimation, MLE)や**ベイズ推定法**(Bayesian Estimation)などがあります。

最尤推定法は、観測データの「尤もらしさ」を表す尤度(ゆうど)を最大にする平均や分散を求める方法です。尤度とは、観測データが得られる確率(もっともらしい確率)を関数と見たものです。最尤推定法では、この尤度を最大にするパラメータを求めることで点推定を行ないます。

ベイズ推定法は、事前知識(事前分布)と観測データ(尤度)を組み合わせてパラメータを推定します。ベイズ推定法では、事前分布、尤度、事後分布の3つの要素が重要になります。事前分布はパラメータがとり得る値の確率分布で、観測データを得る前の知識を表現します。尤度は観測データが得られる確率をパラメータの関数と見たものです。事後分布は、観測データを得た後のパラメータの確率分布で、事前分布と尤度を組み合わせて求められます。ベイズ推定では、この事後分布の期待値や最大値などを用いて点推定を行ないます。

点推定は便利な一方で、1点で推定するので、その推定値がどれほど信頼できるか、また不確実性がどの程度かについて、直接的にはわかりません。そのため精度の高い推定方法として**区間推定**が使われます。

区間推定は、推定値に一定の範囲(幅)を設けます。その際、信頼水準と呼ばれる範囲内に含まれる確率を推定します。

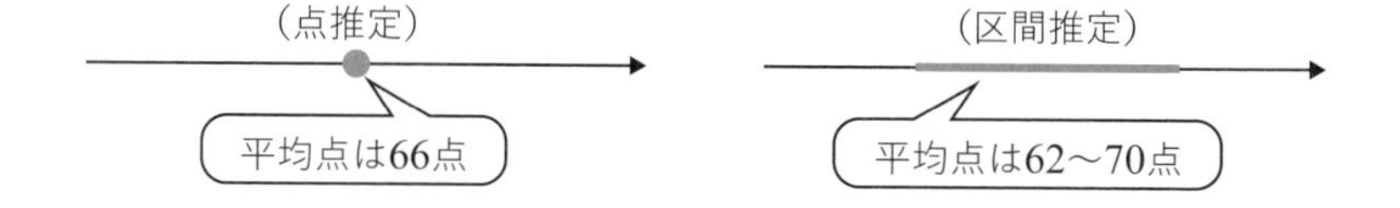

例えば、95%の信頼水準で区間推定を行なうと、その区間に含まれる確率が95%であると解釈できます。これにより、推定の精度を上げることができます。

先ほどの点推定の例では、4名の点数の平均(標本平均)から、全体の点数を推定しました。この4名が別の4名であれば、平均点は変わります。偶然一致することはありますが、標本平均は標本が変わるたびに値が変化していきます。それら標本平均のデータを無数に集めてプロットしてできる分布を標本平均の分布といいますが、その分布は正規分布に近づいていくことが知られています。母集団が正規分布でなくても、サンプルサイズが大きくなると、標本平均の分布は正規分布に近づくのです。これを**中心極限定理**といいます。

[中心極限定理]　母集団がどのような分布でも、サンプルサイズnが大きくなると、標本平均$\overline{X}$の分布は正規分布に近づく。
標本平均$\overline{X}$の平均は、母平均(m)に近づく。
標本平均$\overline{X}$の分散は、母分散(σ^2)をサンプルサイズ(n)で割った値σ^2/nに近づく。なお、標本平均$\overline{X}$の標準偏差は$\sigma/\sqrt{n}$に近づく。

つまり、サンプルが大きくなれば大きくなるほど、標本平均は正規分布に近づいていくので、正規分布を使って推定できるようになるわけです。

中心極限定理と正規分布の性質を用いることで、次の**区間推定**の公式を求めることができます。

[区間推定]　母平均をm、標本平均を$\overline{x}$、標準偏差をσ、サンプルサイズをnとするとき、95%の信頼区間は、

$$\overline{x} - 1.96 \cdot \frac{\sigma}{\sqrt{n}} \leqq m \leqq \overline{x} + 1.96 \cdot \frac{\sigma}{\sqrt{n}}$$

16 検定

10回連続で表が出るコインは正常か？

例えば、表・裏が出る確率が等しいコインを10回投げて、表が10回出たとしましょう。そのときあなたはどう思いますか？「今回は、全部表でスゴい」と思う人もいれば、「いかさまのコインではないか」と思った方もいると思います。このような場合に、10回中10回出るなんて滅多にないからいかさまだ……と言いたいところですが、このような現象に対して、確率を使って判断するのが**仮説検定**(hypothesis testing)です。

仮説検定は、統計学の基本的な概念の一つで、データを用いて偶然・必然を判断する手法です。特定の主張に対して、差があるか？ 差がないか？ 正しいか？ 正しくないか？ 支持されるか？ 支持されないか？ を評価します。単に、**検定**ということも多いです。

仮説には、H_0 で表される**帰無仮説**(きむかせつ)(Null Hypothesis)と、H_1 で表される**対立仮説**(Alternative Hypothesis)の2つがあり、仮説が否定されることを**棄却**といいます。

帰無仮説は、テスト対象の仮説で、普通、変化がない、差がない状態を設定します。例えば、冒頭の表や裏が同確率で出るコインの場合は、表が出る確率を1/2とします。対立仮説は、帰無仮説が否定されたときに、支持される仮説です。冒頭のコインの場合であれば、表が出る確率は1/2ではないと設定します。多くの場合、主張したい仮説を対立仮説に設定し、否定したい仮説を帰無仮説に設定します。対立仮説の精度を保証するために、帰無仮説を否定(棄却)するのです。

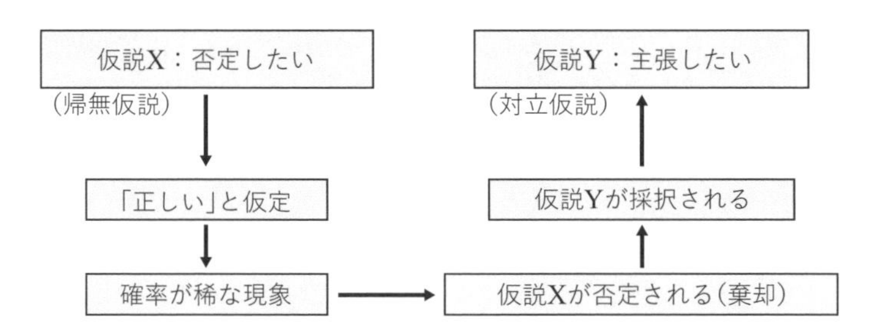

なお、仮説の棄却を判断する確率を**有意水準**といい、一般的に5%や1%に設定することが多いです。有意水準は、偶然・稀を示していますが、この数字はあくまで、この値に設定することが多いというだけで、こうしなくてはいけないわけではありません。

検定統計量は、実データから計算され、帰無仮説が真である場合の期待値と比較します。適切な検定統計量は、データの種類、仮説の性質、サンプルサイズなどによって決まります。検定統計量の例としては、t値、z値、カイ2乗値などがあります。

検定をする際に活用する用語に**p値**(p-value)があります。p値は、帰無仮説が真であると仮定した場合に、観測されたデータ、またはそれ以上に極端なデータが得られる確率を表します。p値が小さいほど、帰無仮説が真であると仮定した場合のデータと、実際に観測されたデータとの間に大きな乖離(かいり)があります。

p値を評価するためには、あらかじめ定められた有意水準と比較します。p値が有意水準よりも小さい場合は、めったに起こらないことが起こったと判断して、帰無仮説を棄却し、対立仮説を支持します。逆に、p値が有意水準よりも大きい場合、めったに起こらないわけではないので、帰無仮説を棄却するのに十分な証拠が得られなかったと結論づけます。

有意水準より小さい　⇒　稀なこと　⇒　帰無仮説を棄却

p 値　5%や1%で設定　　5%や1%の現象が起こった⇒稀

有意水準より大きい　⇒　稀ではない　⇒　帰無仮説を棄却しない

例えば、ある新薬の効果があるかどうかをテストする場合を考えてみましょう。帰無仮説は「この新薬は効果がない」(つまり、新薬を服用する前後で患者の状態に差がない)と設定できます。対立仮説は「この新薬は効果がある」(つまり、新薬を服用する前と後で患者の状態に有意な差がある)とします。

ある薬の効果

帰無仮説 H_0：この新薬は効果がない ← 差がない
対立仮説 H_1：この新薬は効果がある ← 差がある

仮説検定の概念を理解するには、いくつかの注意点があります。まず、仮説検定は、帰無仮説が真であるかどうかを証明するものではありません。帰無仮説を棄却できなかった場合、それは「帰無仮説を否定する十分な証拠が得られなかった」ことを意味し、帰無仮説が真であることを確認するものではありません。つまりp値は帰無仮説の真偽を示すものではなく、観測データが帰無仮説に合致する確率を示すものです。

それでは、冒頭の例で仮説検定を行なっていきましょう。

例えば、コインを10回投げて、表が10回出たとしましょう。10連続で表が出たので、表が出やすいコインである、つまり普通のコインと差がある（対立仮説）と考える人もいると思います。そこで仮説を設定します。帰無仮説は「差がない状態」なので、このコインは普通のコイン、つまり表が出る確率が1/2のコインであるとし、対立仮説は「差がある状態」、つまり表が出る確率が1/2ではないとします。

帰無仮説 H_0：このコインの表が出る確率が1/2
対立仮説 H_1：このコインの表が出る確率が1/2ではない

次は有意水準の設定です。今回は有意水準を1%(0.01)とします。

次に、帰無仮説が正しいか否かを判断するために、「コインを10回投げて、表が10回出る確率（p値）」を求めましょう。

10回中10回表が出る確率は $\left(\frac{1}{2}\right)^{10} = \frac{1}{1024} \fallingdotseq 0.001 = 0.1\%$ なので、有意水準よりも小さいです。

$$\text{p値}：\left(\frac{1}{2}\right)^{10} \fallingdotseq 0.1\% < 1\%：\text{有意水準}$$

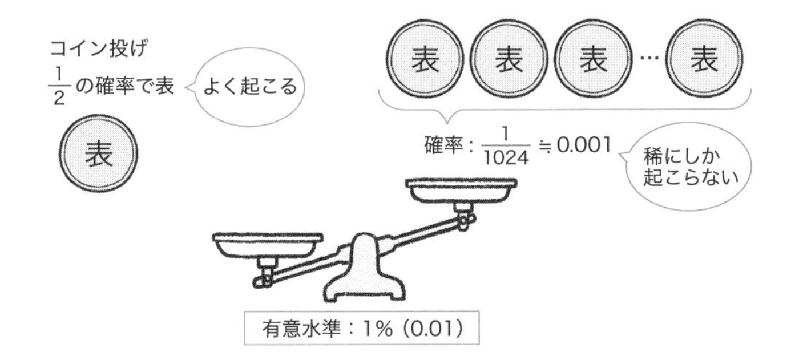

有意水準よりも小さくなるくらい稀な現象なので、帰無仮説を棄却します。つまり対立仮説である「このコインの表が出る確率は1/2ではない」が採択されるのです。

なお、仮説検定は確率を使って判断する以上、間違える可能性があります。今回のコインの場合でも、本当に裏・表が出る確率は1/2なのに、ニセのコインと誤判断する可能性があるわけです。

「帰無仮説が正しい」のに「正しくない」と誤って棄却することを**第一種の過誤**（α**過誤**）といいます。逆に、「帰無仮説が正しくなかった」のに「正しい」として棄却しないことを**第二種の過誤**（β**過誤**）といいます。第一種の過誤（α過誤）は慌て者の誤り、第二種の過誤（β過誤）は、ぼんやり者の誤りともいわれます。αは英語のA、βは英語のBなので、「慌て者（A）」と「ぼんやり者（B）」をローマ字表記にした際の頭文字として関連させると覚えやすいです。

	H_0：正しい	H_1：正しい
H_0を棄却する	第一種の過誤（α過誤）	正しい
H_0を棄却しない	正しい	第二種の過誤（β過誤）

正しいものを棄却（慌て者A）

正しくないものを棄却しない（ぼんやり者B）

第 10 章

微分積分にまつわる数学用語

関数の極限

微分で必要となる極限のイメージから

0で割る割り算を**ゼロ除算**(division by zero)といいますが、高校までの算数・数学では0の割り算を定義していません。そのため、手持ちのスマートフォンなどで3÷0といった計算をすると、エラーが返ってきます。

しかし「0で割る」に近いシチュエーションは存在します。例えば、**瞬間変化率**と呼ばれる、瞬間瞬間の変化を数学的にとらえるときには、0に限りなく近い、次のような数で割ることになります。

0.00000000000000000000000000000…00000000000000000…1

上記では0に近い数値を「…」を用いて表していますが、本来「…」のような記述の仕方はよくありません。

そこで、このような特異な状況を表現する手段に**極限**(limit)があります。それでは、関数の極限の定義を見ていきましょう。

[極限]　関数$f(x)$において、xを限りなくaに近づけたときに、$f(x)$が定数αに限りなく近づくとき、$x \to a$において、$f(x)$はαに**収束**するといい、$\lim_{x \to a} f(x) = \alpha$と表します。このとき、定数$\alpha$を**有限確定値**といいます。

極限の計算方法は、代入と同じように行ないます。

極限を用いることで、右図のように$x=2$で定義されていない関数の値も表現できます。

右図の直線の式は$y=\frac{1}{2}x+2$で、$x=2$のときは定義されていません。$x=2$で定義されていないので、$x=2$のとき、$y=3$と表現することができません。

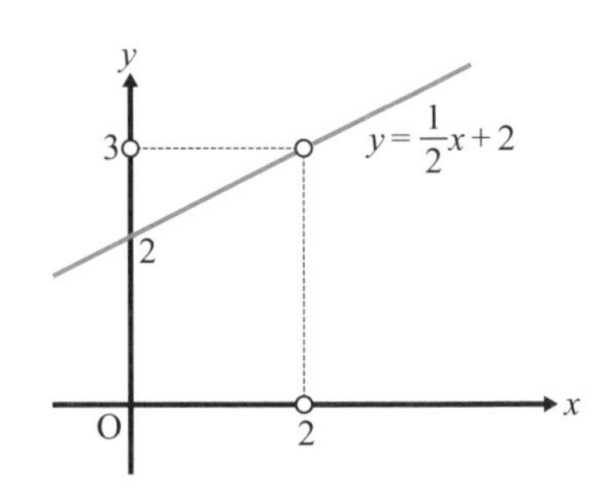

そこで x が(2以外の値をとりながら) 2に限りなく近づく($x \to 2$)とき、この関数の値は3に近づく($y \to 3$)と表現します。

式で表すと $\lim_{x \to 2} y = 3$ です。

なお、前ページにある $x = 2$ を除いた $y = \frac{1}{2}x + 2$ は、次のように式で表現することができます。

$$y = \frac{x^2 + 2x - 8}{2x - 4}$$

この式を用いて、「$\lim_{x \to 2} y = 3$」の計算を確かめてみます。

$$\lim_{x \to 2} y = \lim_{x \to 2} \frac{x^2 + 2x - 8}{2x - 4} = \lim_{x \to 2} \frac{(x-2)(x+4)}{2(x-2)} = \lim_{x \to 2} \frac{x+4}{2} = \lim_{x \to 2} \left(\frac{1}{2}x + 2\right) = 3 \cdots ①$$

なお、①の計算過程で因数分解を行ないましたが、因数分解を行なわずに計算するとどうなるでしょうか。実際に行なうと次の通りとなります。

$$\lim_{x \to 2} y = \lim_{x \to 2} \frac{x^2 + 2x - 8}{2x - 4} = \frac{2^2 + 2 \cdot 2 - 8}{2 \cdot 2 - 4} = \frac{0}{0} \quad \cdots ②$$

$\frac{0}{0}$ という特殊な形になりました。この形は**不定形**といい、値が定まっていない状態となります。そのため、①のように因数分解などの式変形を行ない不定形を解消する必要があります。

$\frac{0}{0}$ なので、機械的に0としたくなる方がいるかもしれませんが、実際に①の極限値は3と求めているので、0でないことはわかります。もちろん、不定形が0になることもありますが、きちんと式変形をして確かめる必要があります。

次に、右図のような $x > 0$ の範囲における反比例のグラフ($y = \frac{1}{x}$)を考えます。

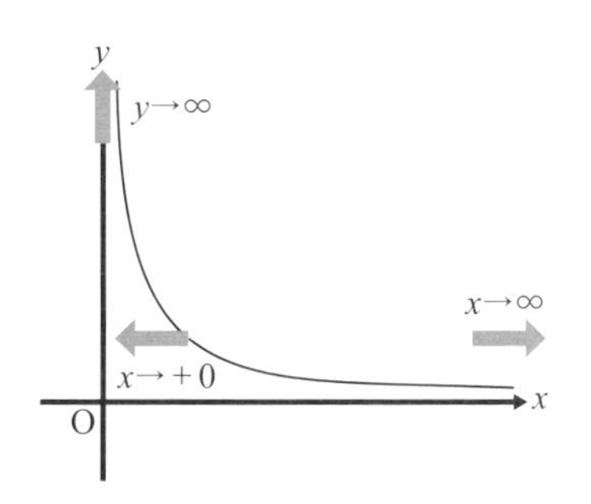

x を限りなく大きくすると、y の値は限りなく0に近づきます。

「x を限りなく大きくする」ことを、$x \to \infty$ と表し、∞ を(正の)**無限大**といいます。式で表すと次の通りです。

$$\lim_{x \to \infty} y = \lim_{x \to \infty} \frac{1}{x} = 0$$

xを限りなく0に近づけることで、yの値を調べることもできます。ただし、0の近づけ方は、正の方向から0に近づける場合($x \to +0$)と、負の方向から0に近づける場合($x \to -0$)の2通りがあります。正の方向から0に近づける場合は、前ページの図の通りどんどん大きくなり、

$$\lim_{x \to +0} y = \lim_{x \to +0} \frac{1}{x} = \infty$$

となります。この場合、有限確定値に収束せず、正の無限大となります。このように、収束しないことを**発散**といいます。

同様に、$x < 0$ の範囲における反比例のグラフ($y = \frac{1}{x}$)を考えます。xが負の無限大のとき、y の値は限りなく0に近づきます。式で表すと、

$$\lim_{x \to -\infty} y = \lim_{x \to -\infty} \frac{1}{x} = 0$$

となります。

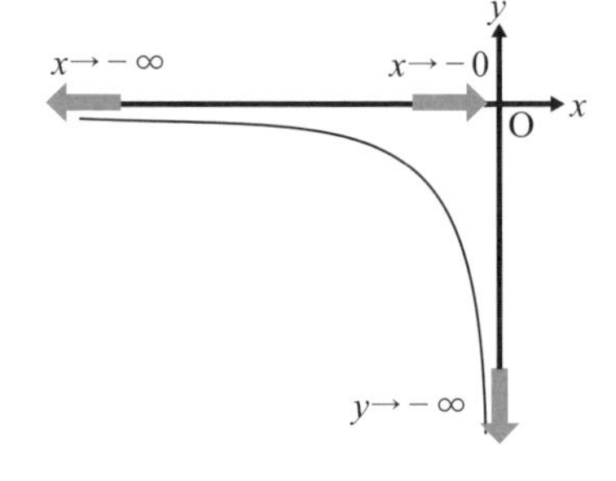

また、xを負の方向から0に近づけるとき、yは負の無限大に発散するので、次の式となります。

$$\lim_{x \to -0} y = \lim_{x \to -0} \frac{1}{x} = -\infty$$

変化の割合・平均変化率・瞬間変化率・微分係数・導関数

用語を押さえる

本章では微分積分(Calculus)を扱います。まず**微分**(differential)と**積分**(integral)のイメージを大まかにとらえましょう。

微分の根底は割り算で、割り算の根底は引き算です。そのため「差」を求める際に活躍します。高校の教科書では微分を利用して増減を調べグラフを描きますが、それは微分をすることで差がわかるからです。

まず変化量を見ていきます。

$a<b$ とします。右図のように、x の値が a から b に変化したとき、x の変化量は $b-a$ で、$\Delta x=b-a$ と表します。同様に、y の値が $f(a)$ から $f(b)$ に変化するとき、y の変化量は $f(b)-(a)$ で、$\Delta y=f(b)-f(a)$ と表します。

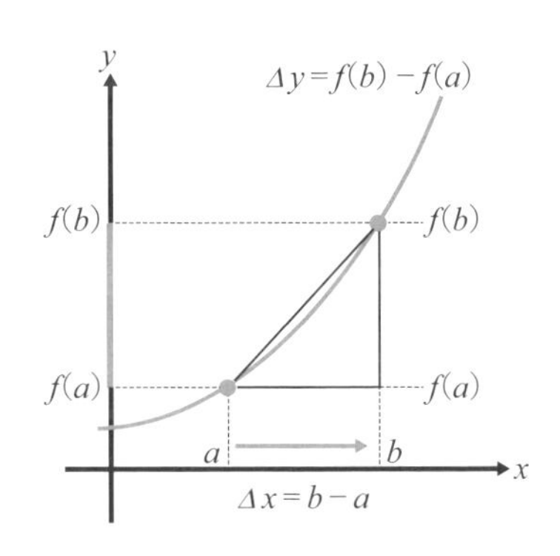

$\Delta x=b-a$ の a を左辺に移項すると $a+\Delta x=b$ なので、

$$\Delta y=f(a+\Delta x)-f(a)$$

と書き換えることができます。なお、$\Delta x=h$ として、$\Delta y=f(a+h)-f(a)$ とすることも多いです。

関数 $f(x)$ に対して、x の値が a から b に変化したとき、$f(x)$ の変化量 Δy を、x の変化量 Δx で割ったものを**平均変化率**もしくは**変化の割合**といい、次の式で表します。

[変化の割合・平均変化率]

$$\frac{y\text{の変化量}}{x\text{の変化量}}=\frac{\Delta y}{\Delta x}=\frac{f(b)-f(a)}{b-a}=\frac{f(a+\Delta x)-f(a)}{\Delta x}=\frac{f(a+h)-f(a)}{h}$$

曲線 $f(x)$ に切り取られたABのような線分を曲線の**割線**といいます。

関数 $f(x)$ の b の値を a の値に近づけていくと $(b \to a)$、x の変化量 Δx は0に近づいていき $(\Delta x \to 0)$、割線ABは右図のように接線となります。このとき、平均変化率は瞬間瞬間の変化を表すので**瞬間変化率**といいます。瞬間変化率は**微分係数**とも呼ばれ、記号で $f'(a)$ と表します。

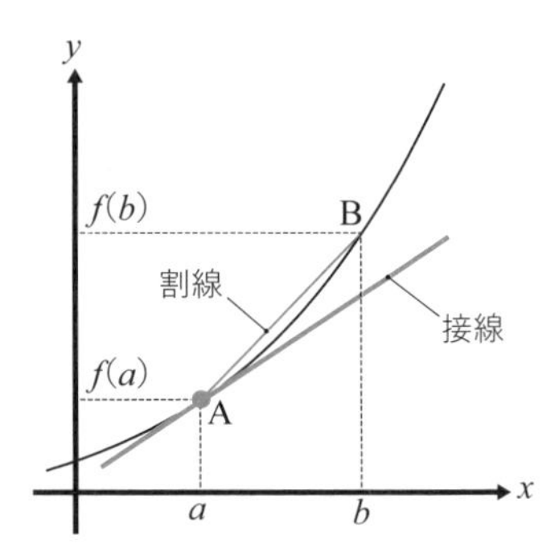

[$x = a$ における微分係数、瞬間変化率]

微分係数・瞬間変化率 $f'(a)$ は、関数がある特定の点 $x = a$ でどのくらい急速に変化しているかを表したものです。$b \to a$ のとき $\Delta x \to 0$ $(h \to 0)$ より、

$$f'(a) = \lim_{\Delta x \to 0} \frac{\Delta y}{\Delta x} = \lim_{b \to a} \frac{f(b) - f(a)}{b - a} = \lim_{\Delta x \to 0} \frac{f(a + \Delta x) - f(a)}{\Delta x} = \lim_{h \to 0} \frac{f(a + h) - f(a)}{h}$$

$x = a$ における瞬間変化率・微分係数は「$x = a$」という固定された地点における接線の傾き $f'(a)$ を表しました。これを変数 x について考えたものが**導関数**(derived function)です。式は次の通りです。

［導関数］ $$f'(x) = \lim_{\Delta x \to 0} \frac{\Delta y}{\Delta x} = \lim_{\Delta x \to 0} \frac{f(x + \Delta x) - f(x)}{\Delta x} = \lim_{h \to 0} \frac{f(x + h) - f(x)}{h}$$

$f'(x)$ も x の関数となりますが、$f'(x)$ も $f(x)$ も関数と呼ぶと混同してしまうので、関数を微分したものを導関数と区別して呼んでいます。導関数を表す記号は $f'(x)$ 以外に、

$$y', \frac{dy}{dx}, \frac{d}{dx}f(x)$$

があります。$f'(x)$ や y' はラグランジュが導入し、$\frac{dy}{dx}, \frac{d}{dx}f(x)$ はライプニッツが導入した記号です。ここまでをまとめると、次の通りです。

$$[関数：f(x)] \xrightarrow[\text{微分}]{} [導関数：f'(x)] \xrightarrow[x = a\text{の場合}]{} [微分係数：f'(a)]$$

微分

割り算の王様「微分」とその目的を知ろう

前項で、導関数、つまり微分の導入を見てきました。ここで、微分の目的を考えてみます。微分の目的を示すヒントが書かれてあるのが、高校の教科書です。今、高校の教科書を持っていない方も多いと思いますので、エッセンスをここで紹介します。

微分は高校2年生の「数学II」で学習します。微分の終盤のページをめくってみると、次ページ下のようなグラフが描いてあると思います。そのグラフとセットで、次ページのような表が書いてあるはずです。この表は増加を「↗」で、減少を「↘」で表した**増減表**と呼ばれます。

増減表は関数の増加と減少を示したもので、増加・減少がわかるとグラフを描くことができます。

その増減表の増加・減少を容易に求められるツールが微分なのです。つまり、微分の目的の一つは、増加・減少を容易に調べられることです。

もちろん増加・減少は微分をしなくても、「引き算」をすることで求められます。しかし、複雑な「引き算」や計算量の多い「引き算」をするのはコンピュータがあっても大変です。微分を用いることで、複雑な引き算、大変な引き算を避けることもできるのです。

足し算を効率よく計算できるようにする手法の一つにかけ算がありますが、同じように引き算を効率よく計算できるようにする手法の一つに割り算があります。微分は「割る数が限りなく0に近い」割り算であることを考慮すると、引き算の計算を効率よく計算する手法の一つに微分があるわけです。微分が引き算や割り算よりも効率よく計算できるのは公式があるからです。公式があれば、コンピュータなどで計算を「自動化」する際にたいへん便利なので、微分の公式は計算の自動化にも活躍します。

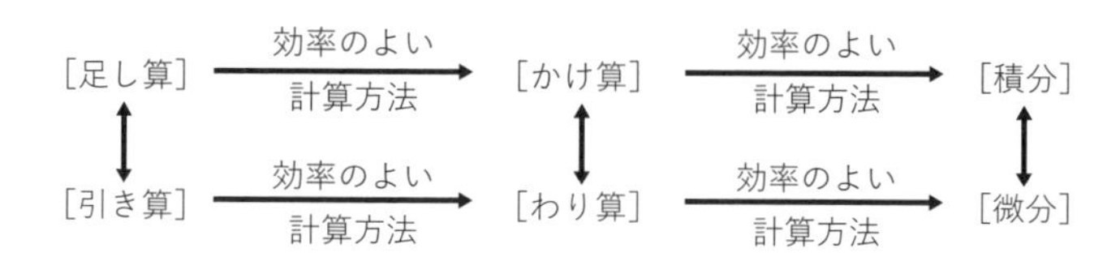

[増減表]

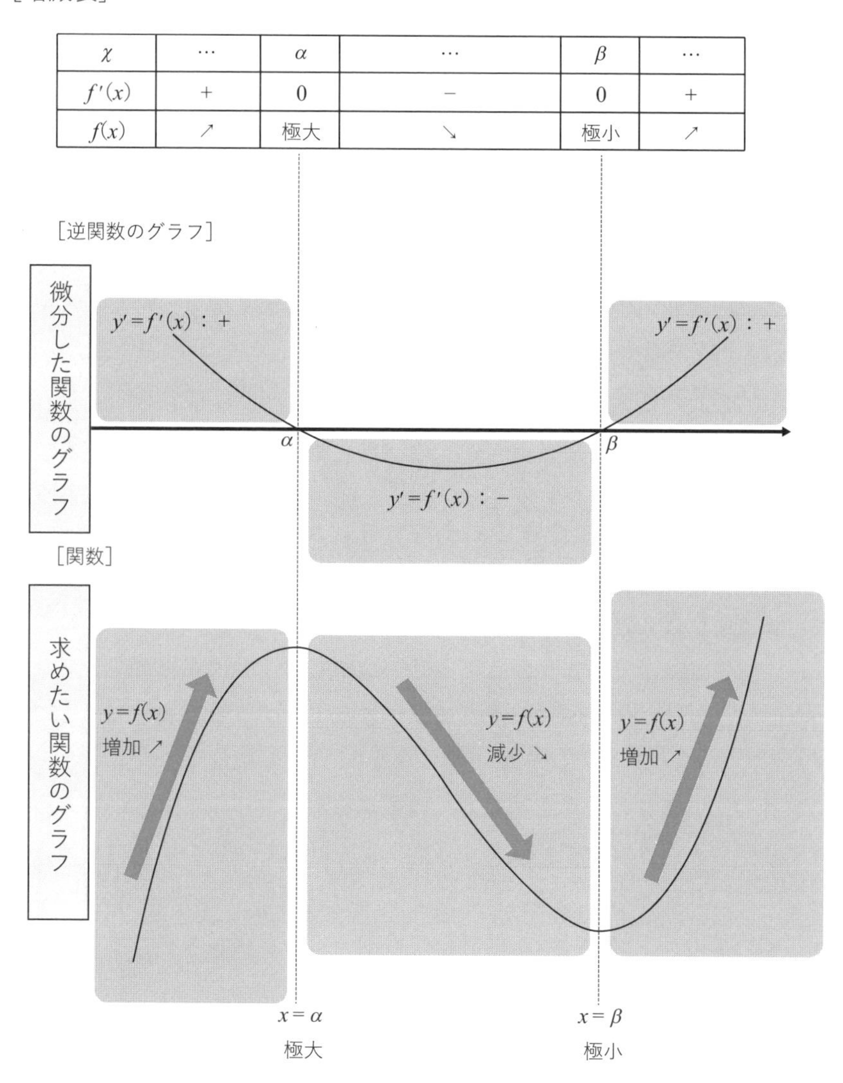

x	$\cdots$	α	$\cdots$	β	$\cdots$
$f'(x)$	$+$	0	$-$	0	$+$
$f(x)$	↗	極大	↘	極小	↗

極値

極大値と最大値、極小値と最小値を分けるのは局所的と大域的

関数 $y = \frac{1}{2}x^2 + 1$ は、

$x < 0$ のとき減少、$0 < x$ のとき増加します。

対して、導関数の $y' = x$ は、

$x < 0$ のとき $y' < 0$ （接線の傾き：負）

$x > 0$ のとき $y' > 0$ （接線の傾き：正）

となります。

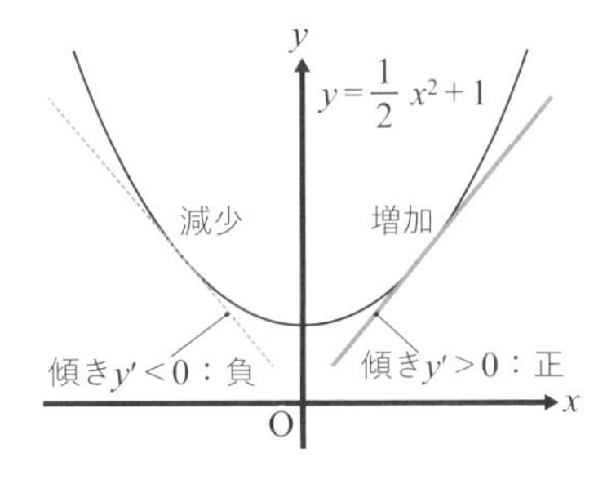

ここから、$y' < 0$ の範囲では接線が右下がりのため、y は減少となり、$y' > 0$ の範囲では接線が右上がりのため、y は増加となります。

［関数の増減］　関数 $y = f(x)$ に対して

$y' = f'(x) < 0$ のとき、$y = f(x)$ は減少↘

$y' = f'(x) > 0$ のとき、$y = f(x)$ は増加↗

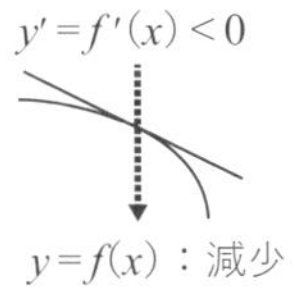

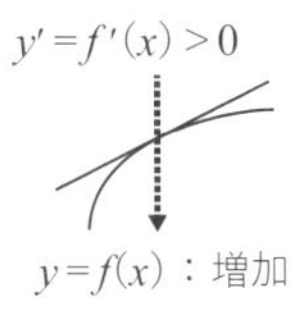

ここまで、増加・減少と微分の関係を見てきましたが、増加と減少には境目があり、**極値**といいます。極値には、**極大値**と**極小値**の2つがあります。

極大は、増加（↗）から減少（↘）に変化する境目をいいます。次の図で、接線の傾き $y' = f'(x)$ が「$+ \to 0 \to -$」と変化するところで、接線の傾きは0となります。

一方、極小は減少（↘）から増加（↗）に変化するところをいいます。次の図で、接線の傾き $y' = f'(x)$ が「$- \to 0 \to +$」と変化するところで、接線の傾きは極大と同じように0となります。

極大値、極小値は、それぞれの近辺における最大値、最小値です。近辺や付近のことを局所的というので、局所的な最大値が極大値、局所的な最小値が極小値となります。

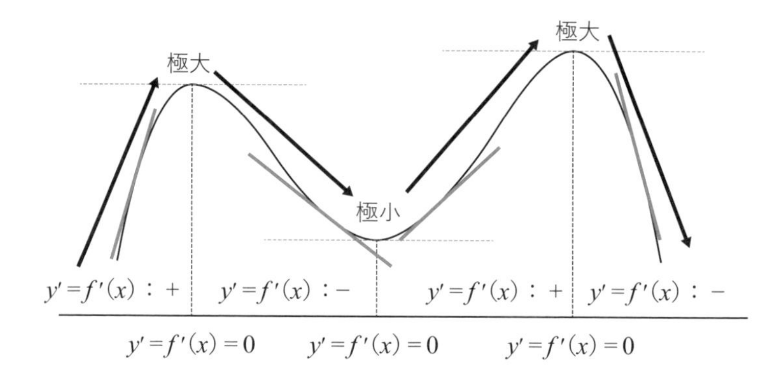

上図のグラフの範囲では、傾きが0の点がそれぞれ極大値、極小値となります。

05

凹凸と変曲点

凹凸の境目の求め方

曲線が上に凸の場合と下に凸の場合で増加・減少の様子が異なります。その関係性を見ていきましょう。

上に凸の場合は、接線が曲線の上、下に凸の場合は、接線が曲線の下でした。

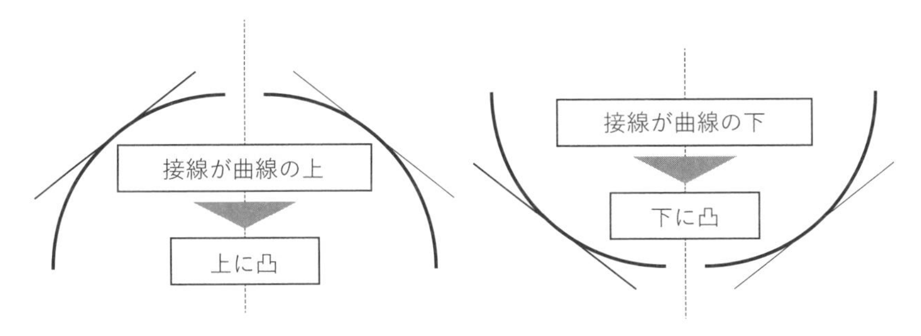

上に凸と下に凸の境目を**変曲点**(inflection point)といいます。

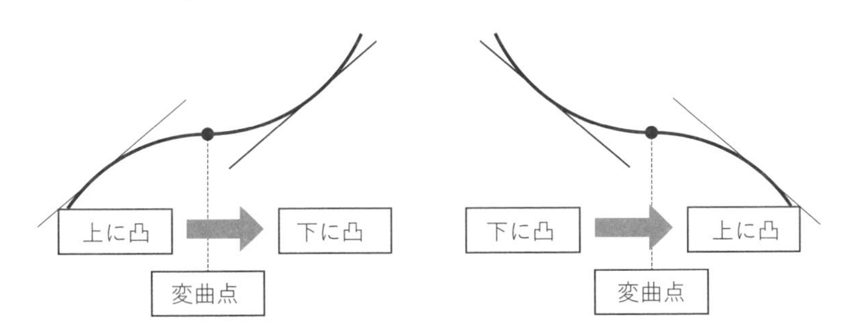

上に凸、下に凸、変曲点は2階微分と関係があります。

[上に凸、下に凸、変曲点の条件]　関数 $y=f(x)$ が2階微分可能なとき、

下に凸　⇔　$f''(x) \geqq 0$　　上に凸　⇔　$f''(x) \leqq 0$

変曲点　⇒　$f''(x)=0$

下に凸　⇔　接線がグラフの下にある

　　　　⇔　x が増加すると、接線の傾きが増加(減少しない)

　　　　⇔　接線の傾き $f'(x)$ が「① → ② → ③ → ④ → ⑤」と増加

　　　　⇔　$f''(x) \geqq 0$

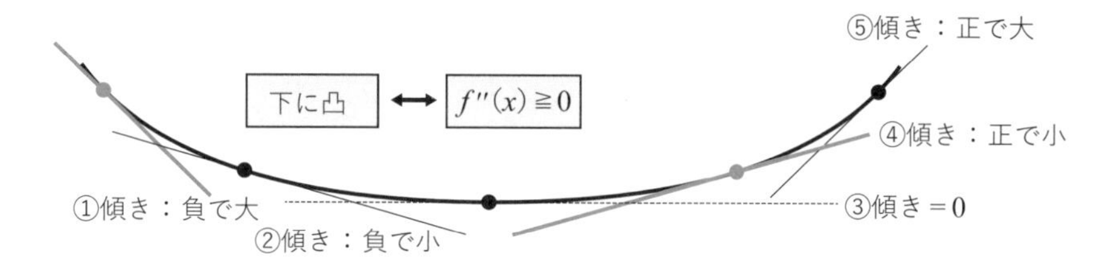

それでは、$f(x)=x^3$ の変曲点を求めてみましょう。

微分すると $f'(x)=3x^2$、さらに微分すると $f''(x)=6x$

$f''(x)=0$ を解くと $x=0$ となります。ここから

$x<0$ のとき、$f''(x)=6x<0$ より、$f(x)$ は上に凸

$x>0$ のとき、$f''(x)=6x>0$ より、$f(x)$ は下に凸

$x=0$ は上に凸 $(x<0)$ と下に凸 $(x>0)$ の境目

なので、(0, 0) は変曲点となります。

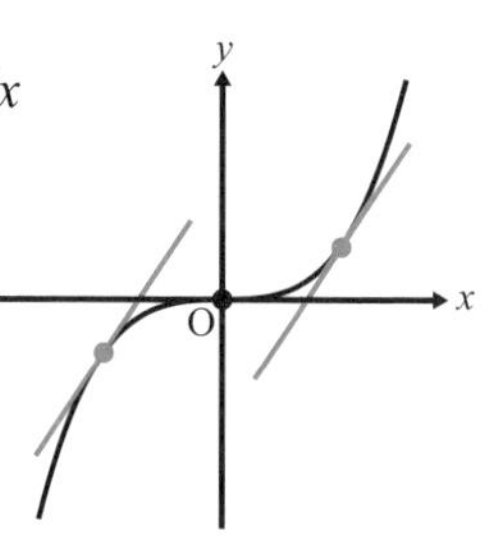

上に凸・下に凸を考慮した増加・減少には、下表の通り4つのパターンがあります。

	$f''(x)>0$：下に凸	$f''(x)<0$：上に凸
$f'(x)>0$：増加(＋)	↗	↗
$f'(x)<0$：減少(－)	↘	↘

これらを考慮した増減表は次の通りです。

x	$\cdots$	0	$\cdots$
$f'(x)$	＋	0	＋
$f''(x)$	－	0	－
$f(x)$	↗	0	↗

06

接線・法線

接線を通して微分のイメージを理解する

微分では2つのイメージを持つことが大事です。1つは演算によるイメージで、微分は割り算を応用したもの(0に近い数の割り算)で、割り算は引き算を応用したものととらえることです。引き算を応用した先に微分がありますから、微分で求められるものは、増加・減少という、元来引き算で求められるものでもあるのです。

もう1つは図形によるイメージです。微分すると接線の傾きが求まります。接点の近くを拡大してみていくと、曲線が直線に近づいていきます。曲線が直線化されるので、直線について考えると、直線の傾きは「yの増加量」÷「xの増加量」ですから、割り算にもつながっていることがわかります。そこで、今回はこの**接線**について、さらに考察していきましょう。

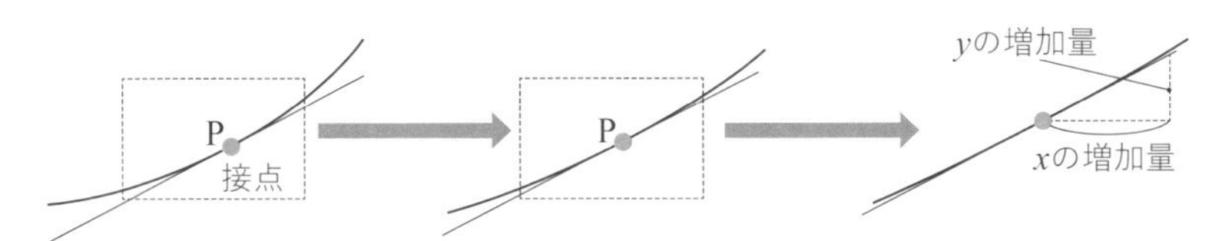

まず点(a, b)を通り、傾き m の直線の方程式は $y = m(x - a) + b$ でした。接線も直線なので、この式を元にして公式を導きます。

関数 $y = f(x)$ の $x = a$ における**接線の公式**を考えていきましょう。接線は通る点として、接点を利用し、$x = a$ の接点は$(a, f(a))$です。接線の傾きは微分をすることによって求まる微分係数なので、$f'(a)$ と容易に求めることができます。よって、接線の公式は、

$$y = f'(a)(x - a) + f(a)$$

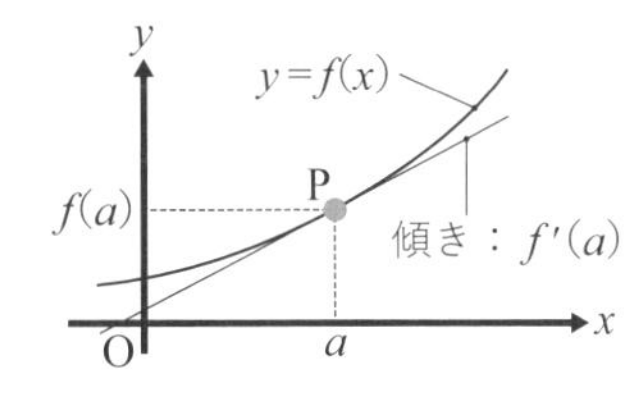

次に、**法線**について見ていきましょう。

法線は、接点$(a, f(a))$を通り、接線に垂直な直線です。

法線は、接線に垂直な直線なので、傾きは $-\dfrac{1}{f'(a)}$ となります。よって法線は、

$$y = -\frac{1}{f'(a)}(x-a) + f(a)$$

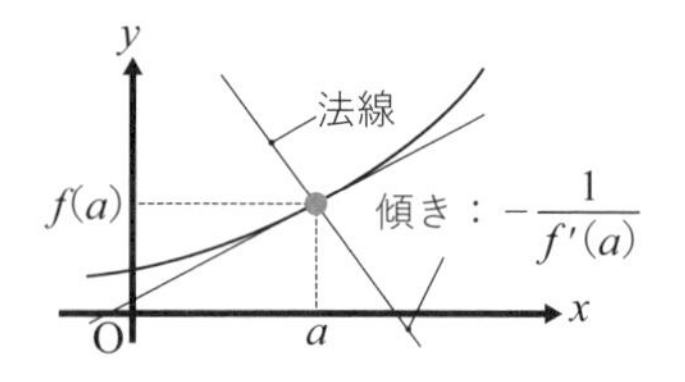

次章で扱うベクトルの内積を用いると容易に求まります(詳しくは300ページを参照ください)。傾き $f'(a)$ の接線の方向ベクトルは $\begin{pmatrix} 1 \\ f'(a) \end{pmatrix}$ で、法線の方向ベクトルを $\begin{pmatrix} 1 \\ m \end{pmatrix}$ とすると、直交するベクトルの内積が0であることから、次のように求まります。

$$\begin{pmatrix} 1 \\ f'(a) \end{pmatrix} \cdot \begin{pmatrix} 1 \\ m \end{pmatrix} = 0$$

$$1 \cdot 1 + f'(a) \cdot m = 0$$

$$m = -\frac{1}{f'(a)}$$

なお、2直線が垂直の場合、傾きの積が－1になることを用いても容易に求まります。法線の傾きを m とすると、

$$f'(a) \cdot m = -1 \quad \text{より} \quad m = -\frac{1}{f'(a)}$$

2直線(直線 ℓ_1 と直線 ℓ_2)が垂直の場合、傾きの積が－1となる事実も、ベクトルの内積を用いると容易に求まります。

直線 ℓ_1 の傾きを m とすると、直線 ℓ_1 の方向ベクトルは $\begin{pmatrix} 1 \\ m \end{pmatrix}$

直線 ℓ_2 の傾きを m' とすると、直線 ℓ_2 の方向ベクトルは $\begin{pmatrix} 1 \\ m' \end{pmatrix}$

直交するベクトルの内積が0であることから、

$$\begin{pmatrix} 1 \\ m \end{pmatrix} \cdot \begin{pmatrix} 1 \\ m' \end{pmatrix} = 0$$

$$1 \cdot 1 + m \cdot m' = 0$$

$$m \cdot m' = -1$$

直線 ℓ
$\begin{pmatrix} 1 \\ m \end{pmatrix}$
m
1
m'
$\begin{pmatrix} 1 \\ m' \end{pmatrix}$
直線 ℓ_2

07 積分

かけ算の王様「積分」の関係を見る

多くの方は、**積分**は「面積」を求めるためのツールと学んだと思います。もちろん正解ですが、ここでは積分と面積の関係を踏まえたうえで、積分を別の角度から見ていきましょう。面積は、小学2年生でかけ算や九九を学習した後に、かけ算の応用(実例)として学習しました。さまざまな図形の面積の公式を思い浮かべてみると、次のようなものがあります。

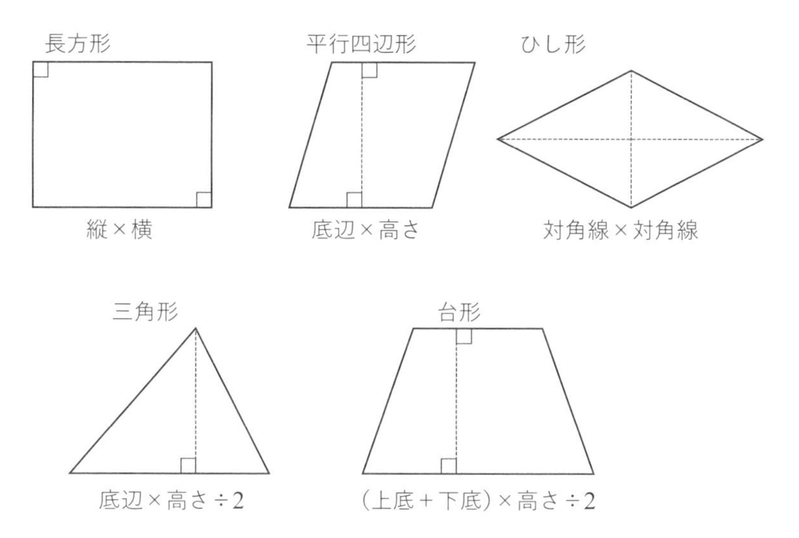

これらの公式に共通するのは「かけ算」です。かけ算は次のように面積でとらえることができます。

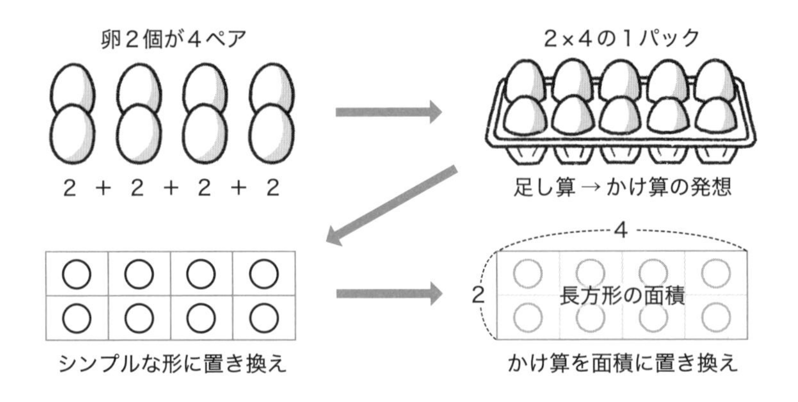

かけ算を面積でとらえることができるということは、逆に、面積をかけ算でとらえることもできます。ここまでのことをまとめると、「積分」は「かけ算」ととらえることができます。

では、なぜ「かけ算」をわざわざ「積分」という特別な名称で呼ぶのでしょうか？　それは微分と同様で、かける数が、

0.00000000000000000000000000000…00000000000000000…1

というくらい、限りなく0に近い微小な数だからです。この0に限りなく近い微小な数を扱うことで、複雑な形をした図形の面積を求めることにつながることから、かけ算と区別して「積分」といわれていると考えることもできます。

ここで、微分と同じように限りなく0のような微小な数をかけることに何の意味があるのか？ という疑問をもった人もいると思います。

例えば、次図のような面積は、小学校で学習した公式で求められるでしょうか？ 容易には求められないと思います。なぜなら、小学校で学習した面積の公式は、長方形、三角形、平行四辺形、台形のようにさまざまありますが、すべて直線で囲まれたものだからです。裏を返せば、直線で囲まれる、もしくは直線で近似される図形は、簡単に求められるのです。そこで、複雑な図形を、直線で囲まれるような図形にするために、横の長さを「限りなく0」に近づくように細かく分割する必要があるのです。

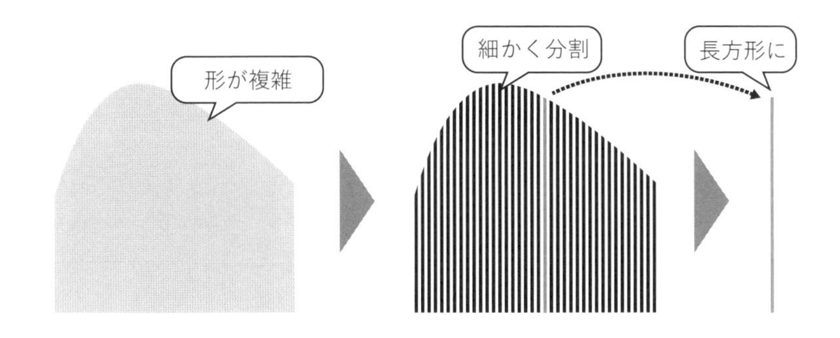

例えば、コピー用紙の束やトイレットペーパーを思い浮べてください。コピー用紙1枚もトイレットペーパーも薄い紙のはずですが、大量に集めることで、コピー用紙は直方体に、トイレットペーパーは中が空洞な円柱(中空円柱)になります。この集積する行為こそ、数学では積分になるのです。面積の公式では求められない複雑な図形でも、細かく分けると、一つ一つは幅が小さな長方形です。その長方形の面積をそれぞれ求め、足し合わせること、集めることで、面積を求めることができます。なお、足し合わせること・集めることが、**積分記号**の∫(インテグラル)に当たります。

この「細かく分けて、面積を求めやすい形にして、細かく分けたものを合計して全体の面積を求めること」が、積分を理解するうえで重要なイメージとなります。座標平面のアイディアを考案したデカルトは「困難は分割せよ」といいました。求めることが難しい面積の問題も、分割していくことで、私たちが小学生のときに学習した面積の公式で求められる図形にすることができます。

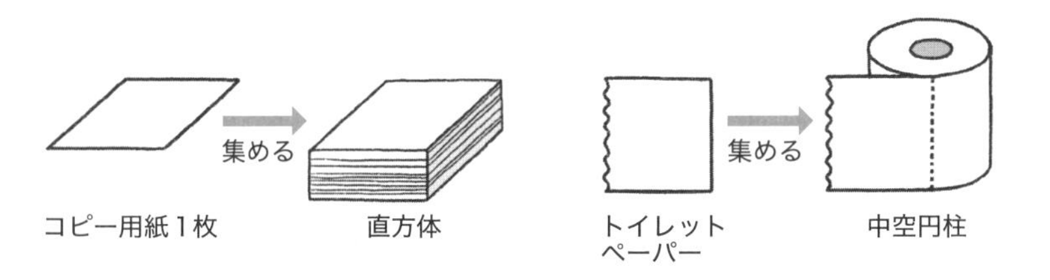

微分と積分の関係

イメージで微分・積分の関係を理解する

高校で積分を学習するとき、「積分は微分の反対」と習います。同様に「微分は積分の反対」となるのですが、微分と積分の学習を進めていくと、ある疑問がわいてきます。

微分の反対は積分、積分の反対は微分
微分は接線の傾きを求めること。積分は面積を求めること

「接線の傾きを求めること」の反対が「面積を求めること」？
「面積を求めること」の反対が「接線の傾きを求めること」？

この事実を表しているのが「**微分積分学の基本定理**」で、その証明は後に紹介しますが、証明を理解することがイメージの理解につながるとは限りません。そこで、微分と積分が反対の関係となる、ざっくりしたイメージから探っていきましょう。

次の図のように、微分は接線の傾きを求める際に「割り算」を行ない、積分は面積を求める際に「かけ算」を行なっています。つまり、「接線の傾き」と「面積」を求める際に行なう、「割り算」と「かけ算」の関係が反対なのです。この「割り算」と「かけ算」の関係が「微分と積分は反対」につながっているのです。

「接線の傾き」や「面積」は、微分と積分の一例を取り上げているだけで、そこから微分と積分が反対であることをイメージするのは困難だと思います。そのため微分は（割る数が限りなく0に近い）割り算、積分は（かける数が限りなく0に近い）かけ算であったことに着目すると、かけ算が割り算の逆の計算方法であったことから、「積分の反対が微分」とつなげるほうがイメージしやすいのではないでしょうか。

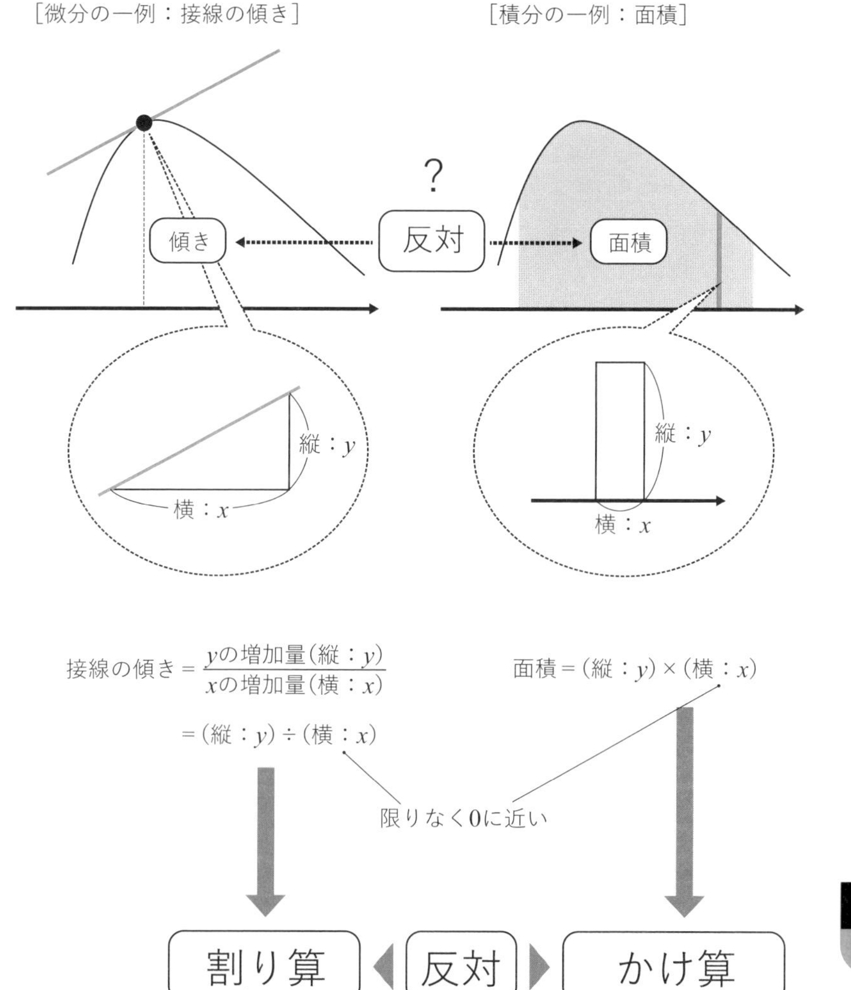
[微分の一例：接線の傾き]
[積分の一例：面積]
?
反対
傾き
面積
縦：y
横：x
縦：y
横：x
接線の傾き＝$\dfrac{y\text{の増加量（縦：}y\text{）}}{x\text{の増加量（横：}x\text{）}}$
＝（縦：y）÷（横：x）
面積＝（縦：y）×（横：x）
限りなく0に近い
割り算
反対
かけ算
微分は、割る数が限りなく0に近い割り算
積分は、かける数が限りなく0に近いかけ算

09 区分求積法

積分の大変さを実感する

区分求積法は、定積分や、ある区間($a \leqq x \leqq b$など)の面積を長方形などの面積を使って近似する方法の一つです。区分求積法のアイディアは理解しやすく計算も比較的容易ですが、精度は他の近似方法に比べて低くなることが多いです。

高校では区間を $0 \leqq x \leqq 1$ で考えているものが多いので、本書でもこの区間で考えていきます。まずは公式を見ていきましょう。

[区分求積法]　区間 $0 \leqq x \leqq 1$ で連続な関数 $y=f(x)$ では、次式が成立する。

$$\lim_{n\to\infty}\frac{1}{n}\sum_{k=0}^{n-1} f\left(\frac{k}{n}\right)=\int_0^1 f(x)\,dx$$

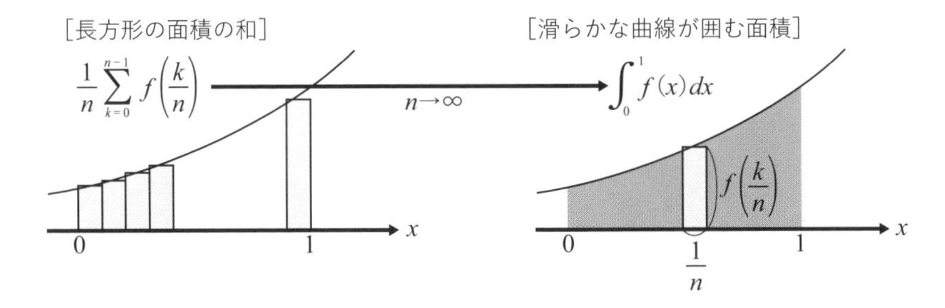

複雑な式に見えるので、一つ一つ考えていきましょう。区分求積法は、滑らかな曲線が囲む部分の面積を、長方形などの面積を使って近似する方法ですから、まず区間 $0 \leqq x \leqq 1$ を 等分します。すると、区間の幅は $1/n$ となります。

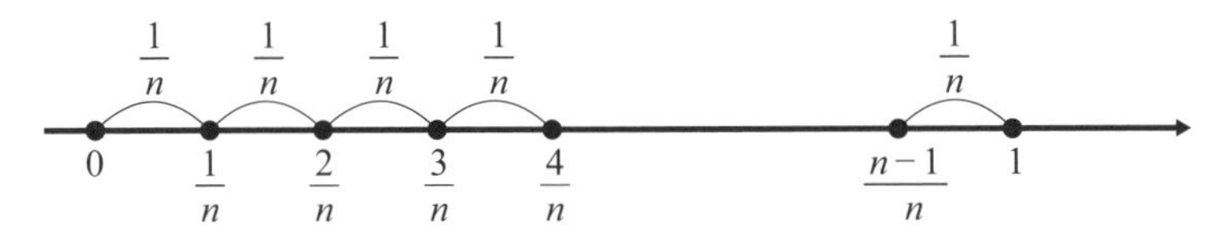

なお、この n 等分された組を**分割**といい、Δ で表します。

$$\Delta = \left\{0, \frac{1}{n}, \frac{2}{n}, \frac{3}{n}, \cdots, \frac{n-1}{n}, 1\right\}$$

次に、それぞれの小区間について、長方形の縦の長さにあたる$f(x)$の値を計算します。このとき、x の値はその小区間の始点、終点もしくは中点を使うことが多いです。

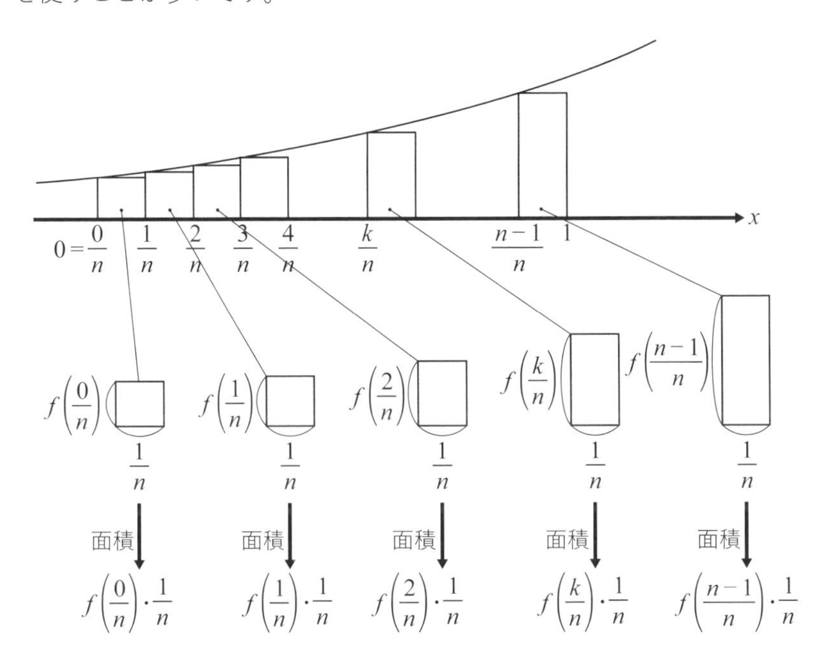

では、長方形の面積の和を求めてみましょう。

$$f\left(\frac{0}{n}\right)\cdot\frac{1}{n}+f\left(\frac{1}{n}\right)\cdot\frac{1}{n}+f\left(\frac{2}{n}\right)\cdot\frac{1}{n}+\cdots f\left(\frac{k}{n}\right)\cdot\frac{1}{n}+\cdots f\left(\frac{n-1}{n}\right)\cdot\frac{1}{n}$$

$$=\frac{1}{n}\left\{f\left(\frac{0}{n}\right)+f\left(\frac{1}{n}\right)+f\left(\frac{2}{n}\right)+\cdots f\left(\frac{k}{n}\right)+\cdots f\left(\frac{n-1}{n}\right)\right\}=\frac{1}{n}\sum_{k=0}^{n-1}f\left(\frac{k}{n}\right)$$

となり、区分求積法の左辺の式が現れます。

この結果は、直線ではない式で囲まれた図形の面積を、長方形の面積の和で近似できることを示しているのです。

具体的に$f(x)=x^2$、$x=1$、x 軸($y=0$)で囲まれる部分の面積を、区分求積法で求めてみましょう。

$f(x)=x^2$　に　$x=\dfrac{k}{n}$　を代入すると、$f\left(\dfrac{k}{n}\right)=\left(\dfrac{k}{n}\right)^2=\dfrac{k^2}{n^2}$　となるので、

$$\lim_{n\to\infty}\frac{1}{n}\sum_{k=0}^{n-1}f\left(\frac{k}{n}\right)=\lim_{n\to\infty}\sum_{k=0}^{n-1}\frac{k^2}{n^2}$$

$$=\lim_{n\to\infty}\frac{1}{n^3}\sum_{k=0}^{n-1}k^2=\lim_{n\to\infty}\frac{1}{n^3}\cdot\frac{1}{6}(n-1)n(2n-1)$$

$$=\lim_{n\to\infty}\frac{1}{6}\left(1-\frac{1}{n}\right)\left(2-\frac{1}{n}\right)=\frac{1}{6}\cdot 1\cdot 2=\frac{1}{3}$$

なお、Σの計算では、

$\displaystyle\sum_{k=1}^{n}k^2=\frac{1}{6}n(n+1)(2n+1)$　より、nの部分を$n-1$として、

$$\sum_{k=0}^{n-1}k^2=\frac{1}{6}(n-1)n(2n-1)$$

となることを用いています。

微分積分学の基本定理

微分と積分の関係を証明する

高校では、積分は微分の逆の操作(反対の操作)と習いますが、その事実を保証するのが**微分積分学の基本定理**(fundamental theorem of calculus)です。

微分積分学の基本定理はニュートン、ライプニッツによって発見されました。それ以前は、接線の傾きを求める微分法と面積を求める積分法は、関連性のない別の概念と考えられていました。

微分には公式があり、計算も容易にできるものが多いのですが、積分は区分求積法など大変な工程を経る必要がありました。そのため、この定理は積分を公式化するという点で、とても有用なものと考えられます。

微分積分学の基本定理には、第一定理・第二定理の2つがあります。

[微分積分学の第一基本定理]　$y=f(x)$が連続関数のとき、

$$\frac{d}{dx}\left(\int_a^x f(t)\,dt\right)=f(x)$$

$\frac{d}{dx}$の記号があると難しく見えるかもしれませんが、次の式と同じです。

$$\left(\int_a^x f(t)\,dt\right)'=f(x)$$

ここで$\int_a^x f(t)\,dt=F(x)$と置くと、$\frac{d}{dx}F(x)=f(x)$、つまり$F'(x)=f(x)$です。

ざっくり解説すると、関数$f(x)$を積分すると$\int_a^x f(t)\,dt$となり、この式をさらに微分すると$\left(\int_a^x f(t)\,dt\right)'$となります。そして、この式が$f(x)$になることを示しています。つまり積分と微分は逆の操作をしていることになるのです。

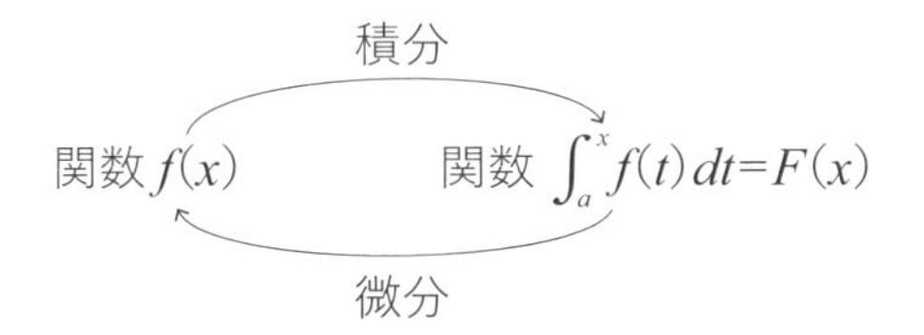

10
微分積分にまつわる数学用語

[微分積分学の第二基本定理]

$$\int_a^b f(x)\,dx = F(b) - F(a)$$

第二基本定理は、具体的な積分計算をする際に利用します。

その際に、日本では次のように途中式を添えることが多いです。

$$\int_a^b f(x)\,dx = [F(x)]_a^b = F(b) - F(a)$$

具体的に、$f(x) = x^2$ で、区間を $0 \leqq x \leqq 1$ とする場合は、

$$\int_0^1 x^2 dx = \left[\frac{1}{3}x^3\right]_0^1 = \frac{1}{3} \cdot 1^3 - \frac{1}{3} \cdot 0^3 = \frac{1}{3}$$

と計算します。区分求積法で求めた場合と比較すると、計算が一気に容易になったことがわかります。

それでは、左下図の濃い色をつけた部分の面積(関数 $y = f(x)$、x 軸、$x = a$ 及び x で囲まれる部分の面積)を利用して、微分積分学の第一基本定理を証明していきましょう。この部分の面積を $F(x)$ とします。このとき、閉区間 $[a, x + \Delta x]$ で囲まれる部分の面積は $F(x + \Delta x)$ となります。

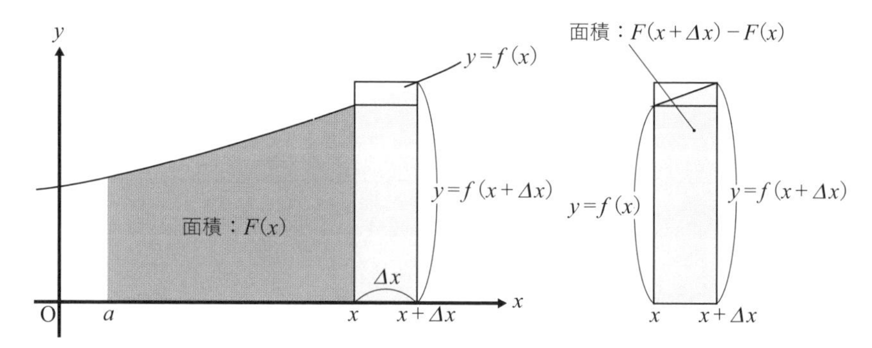

$F(x + \Delta x) - F(x)$ は、右上図で塗りつぶされた部分の面積となりますが、この部分の面積は、縦の長さが $f(x)$ で横の長さが Δx の長方形と、縦の長さが $f(x + \Delta x)$ で横の長さが Δx の長方形に囲まれるので、次の不等式が成り立ちます。

$$f(x) \cdot (\Delta x) \leqq F(x+\Delta x) - F(x) \leqq f(x+\Delta x) \cdot (\Delta x)$$

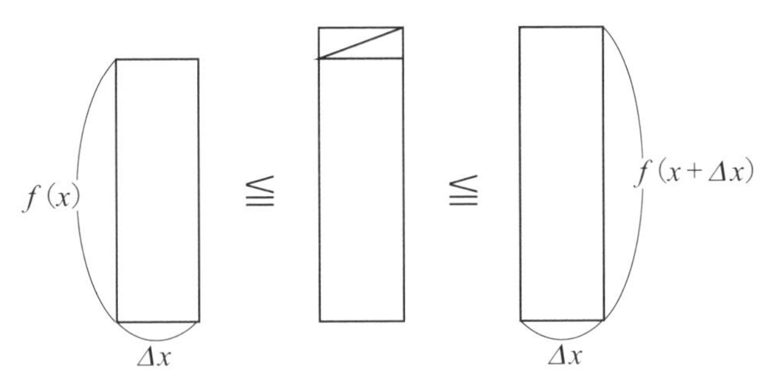

この不等式の辺々を(Δx)で割ると、次の式となります。

$$f(x) \leqq \frac{F(x+\Delta x) - F(x)}{\Delta x} \leqq f(x+\Delta x) \quad \cdots\cdots①$$

ここで$\Delta x \to 0$とすると、$f(x+\Delta x) \to f(x)$となり、

$$\lim_{\Delta x \to 0} \frac{F(x+\Delta x) - F(x)}{\Delta x} = F'(x)$$

よって、$F'(x) = f(x)$となります。

微分積分学の第一基本定理が示されたこととなります。

なお、①の一番左にある式$f(x)$の極限値$f(x)$と、①の一番右にある式$f(x+\Delta x)$の極限値$f(x)$にはさまれることで$F'(x) = f(x)$が導かれました。これを**はさみうちの原理**といいます。

はさみうちの原理は、数列と関数のそれぞれであるので紹介します。

[はさみうちの原理：数列]　自然数nに対して、$a_n \leqq b_n \leqq c_n$が成り立ち、$\lim_{n \to \infty} a_n = A$、$\lim_{n \to \infty} c_n = A$となるとき、$\lim_{n \to \infty} b_n = A$となる。

[はさみうちの原理：関数]　正の実数xに対して、$f(x) \leqq g(x) \leqq h(x)$が成り立ち、$\lim_{x \to a} f(x) = A$、$\lim_{x \to a} h(x) = A$となるとき、$\lim_{x \to a} g(x) = A$となる。

11

原始関数と不定積分

用語の微妙な違い

関数 $f(x)$ を微分した $f'(x)$ を**導関数**といいました。逆に、微分したときに $f(x)$ になる関数 $F(x)$ を**原始関数**といいます。式で表すと $F'(x) = f(x)$ となる $F(x)$ が原始関数です。

$$F(x)：原始関数 \xrightarrow[微分]{} f(x)：関数 \xrightarrow[微分]{} f'(x)：導関数$$

原始関数は，微分の逆の操作を行なうことで求めることができます。

高校の教科書では、原始関数を $\int f(x)\,dx$ と表し、**不定積分**ともいいます。

$$F'(x) = f(x) \qquad F(x) = \int f(x)\,dx$$

原始関数は、定義上1つに定まりません。

$$x^2+2 \xrightarrow[微分]{} 2x \rightarrow 2x の原始関数 x^2+2$$

$$x^2+1 \xrightarrow[微分]{} 2x \rightarrow 2x の原始関数 x^2+1$$

$$x^2 \xrightarrow[微分]{} 2x \rightarrow 2x の原始関数 x^2$$

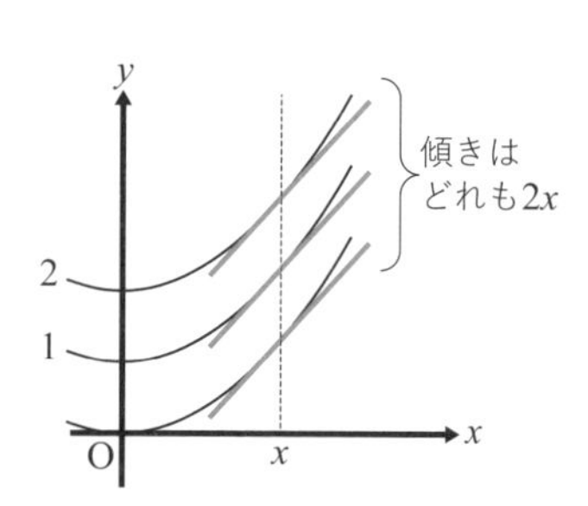

そのため、変数 (x) 以外の部分をまとめて C(積分定数)とします。
つまり、$f(x) = 2x$ の原始関数は $F(x) = x^2 + C$ となります。

次に不定積分を見ていきます。

元来、不定積分は定積分から定義されます。そして定積分は、右図のように面積を用いて定義されます。

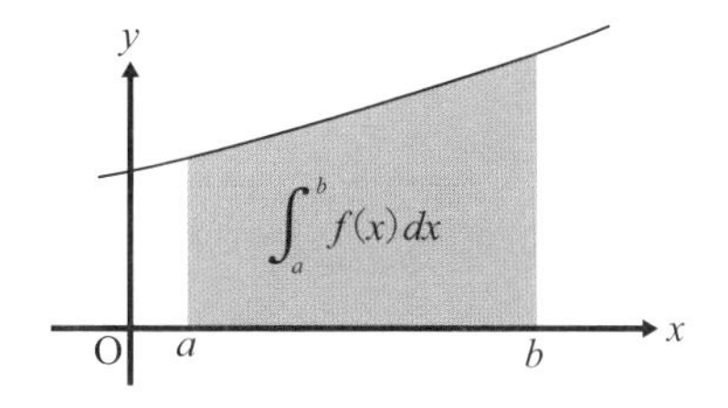

定積分に対して、求める面積の区間に変数 x を設定し、積分区間 x に関する関数と考えたものが不定積分です。

[不定積分]

関数 $f(x)$ が区間 $[a, x]$ $(x > a)$ で積分できるとき、

$$F(x) = \int_a^x f(t)dt$$

を不定積分という。

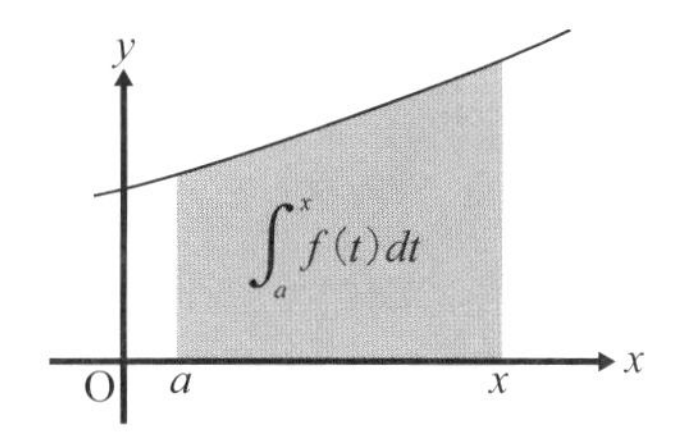

10

微分積分にまつわる数学用語

第11章

ベクトルにまつわる数学用語

ベクトルとスカラー

違いは方向があるかないか

ベクトル(vector)は、高校と大学以降でギャップを大きく感じる単元の一つです。ギャップを埋めるために、ざっくりとしたイメージを頭に入れることが大切です。ベクトルのざっくりとしたイメージは、

ベクトル　→　複数の数をまとめて一気に扱うためのツール

です。このイメージを念頭に置いて、高校で習うベクトル(特に、**幾何ベクトル**といいます)を見ていきましょう。

下図のように、2点AとBを結んだ線分を考えます。この線分に、AからBのように方向を指定したものを**有効線分**といいます。有効線分のなかで、「大きさ」と「方向」だけを考えたもの(位置情報を問題にしないもの)をベクトルといい、$\overrightarrow{AB}$ と表します。「大きさ」と「方向」という複数の量を1つにまとめて一気に扱うツールであるという点が大事です。

なお、このとき点Aを**始点**、点Bを**終点**といいます。ベクトル $\overrightarrow{AB}$ の大きさは、線分ABの長さと定め、$|\overrightarrow{AB}|$ と表します。

$|\overrightarrow{AB}|$ (線分ABの長さ)は数を表します。1、2、3……のように大きさのみを表す数を**スカラー** (scalar)、もしくは**スカラー量**ともいいます。

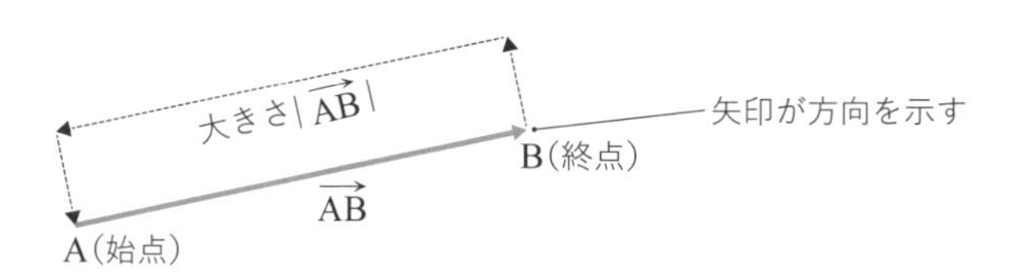

ベクトル $\overrightarrow{AB}$ を、アルファベットの小文字を用いて $\vec{a}$ のように略記することもあります。

$\overrightarrow{AB}$ の大きさが1($|\overrightarrow{AB}|=1$)のベクトルを**単位ベクトル**といいます。

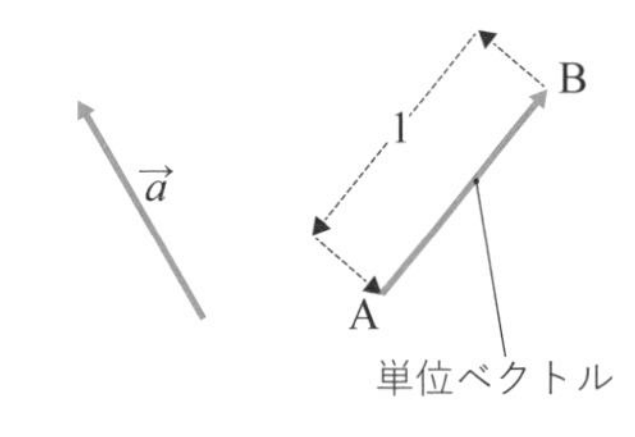

右図の平行四辺形ABCDを見てください。

2つのベクトル$\vec{a}$と$\vec{b}$のように「大きさ」と「方向」が等しいとき、ベクトルが等しくなります。これを**ベクトルの相等**といいます。

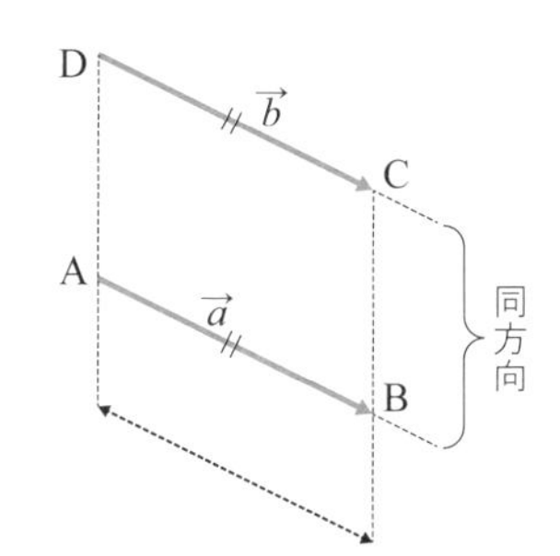

なお、$\overrightarrow{AD}$と$\overrightarrow{BC}$の「大きさ」と「方向」も同じなので、$\overrightarrow{AD} = \overrightarrow{BC}$です。

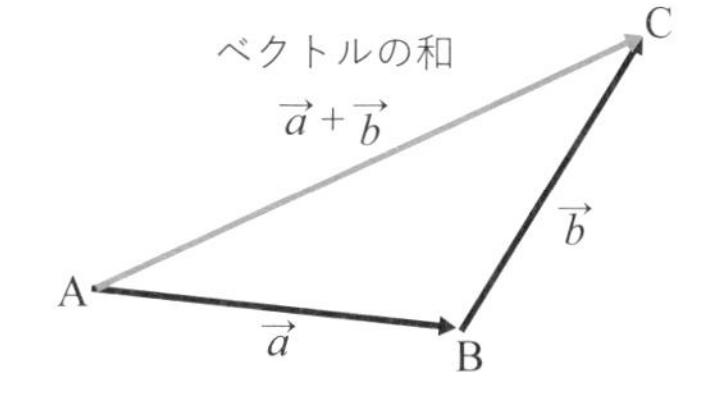

ベクトルにも演算があります。まず加法を見ていきます。

2つのベクトル$\vec{a}$と$\vec{b}$に対して、$\vec{a}$の終点(B)と$\vec{b}$の始点(B)を重ねたとき、$\vec{a}$の始点と$\vec{b}$の終点を結んだベクトルを$\vec{a}$と$\vec{b}$の和といい、$\vec{a} + \vec{b}$で表します。

$\overrightarrow{AB} = \vec{a}$、$\overrightarrow{BC} = \vec{b}$とするとき、右図から$\vec{a} + \vec{b} = \overrightarrow{AC}$となります。

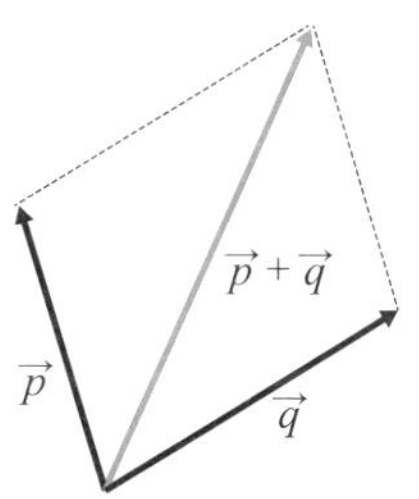

[ベクトルの和]　$\overrightarrow{AB} + \overrightarrow{BC} = \overrightarrow{AC}$
（B と B：一致）

ベクトルの和は、右上図の通り平方四辺形の対角線で表現できます。この考え方は物理などで利用します。

$\vec{a}$と向きが反対で、大きさが等しいベクトルを**逆ベクトル**といい、$-\vec{a}$と表します。

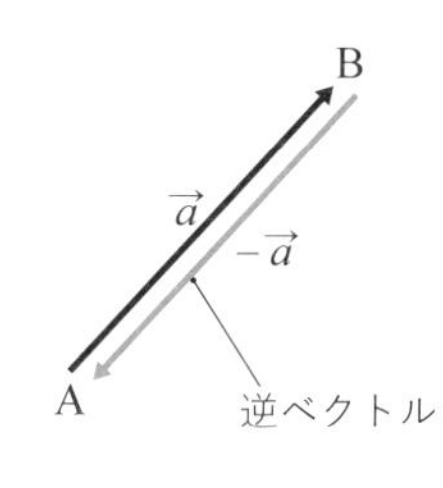

[逆ベクトル]　$\overrightarrow{AB} = \vec{a}$とするとき、
$\overrightarrow{BA} = -\vec{a}$となり、$\overrightarrow{BA} = -\overrightarrow{AB}$が成り立ちます。

ここで、$\overrightarrow{AB} = \vec{a}$ と $\overrightarrow{BA} = -\vec{a}$ の和を考えると、$\vec{a} + (-\vec{a}) = \overrightarrow{AB} + \overrightarrow{BA} = \overrightarrow{AA}$ となります。この $\overrightarrow{AA}$ は、始点と終点が一致した大きさが0のベクトルで、**零ベクトル**といい、$\vec{0}$ と表します。等式で表すと、次の通りです。

［零ベクトル］　$\overrightarrow{AA} = \vec{0}$

次に逆ベクトルを利用して、ベクトルの減法を考えていきます。

2つのベクトル $\vec{a}$ と $\vec{b}$ に対して、ベクトルの差を次の式で定めます。

$$\vec{b} - \vec{a} = \vec{b} + (-\vec{a})$$

$\vec{b} - \vec{a} = \vec{b} + (-\vec{a}) = \overrightarrow{OB} + (-\overrightarrow{OA})$

$\overrightarrow{AO}$ と $\overrightarrow{BC}$ は大きさと方向が等しいので $\overrightarrow{AO} = \overrightarrow{BC}$ です。

$$= \overrightarrow{OB} + \overrightarrow{AO} = \overrightarrow{OB} + \overrightarrow{BC}$$
$$= \overrightarrow{OC} = \overrightarrow{AB}$$

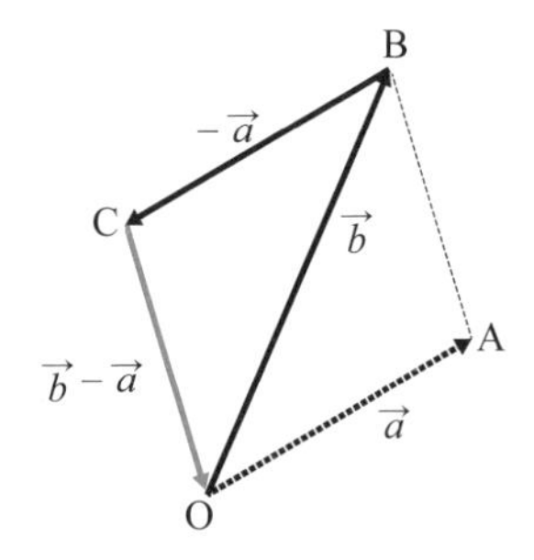

よって、

$$\vec{b} - \vec{a} = \overrightarrow{OB} - \overrightarrow{OA} = \overrightarrow{AB}$$

となります。

$\vec{a}$ に $\vec{a}$ を加えると、方向は同じまま大きさが2倍、さらに $\vec{a}$ を加えると、方向は同じままで大きさが3倍となります。これらを $2\vec{a}$、$3\vec{a}$ と表し、**ベクトルの実数倍**といいます。

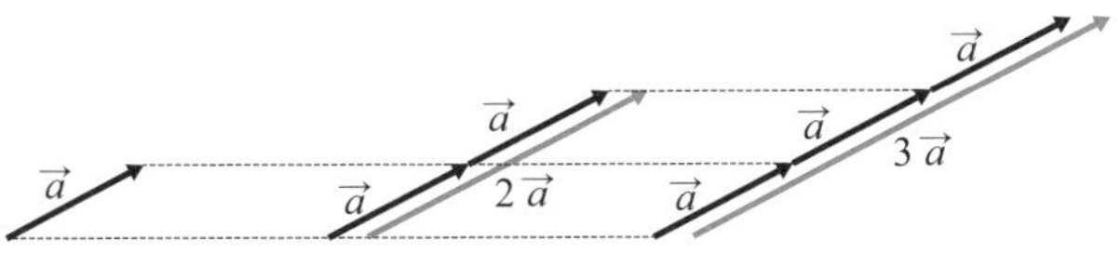

［ベクトルの実数倍］　$\vec{a}$ と実数 $k \neq 0$ に対して、$k\vec{a}$ を次の通り定めます。

k が正の数の場合 $k\vec{a}$ ：$\vec{a}$ と同じ方向で、大きさが k 倍のベクトル

k が負の数の場合 $k\vec{a}$ ：$\vec{a}$ と逆方向で、大きさが $|k|$ 倍のベクトル

位置ベクトルとベクトルの成分

ベクトルは座標ではなく成分である理由

ベクトルの計算を具体的に行なうために、座標平面上で考えてみます。原点Oと2点$E_1(1, 0)$、$E_2(0, 1)$をそれぞれ結んだ単位ベクトルを**基本ベクトル**といい、$\vec{e_1}$、$\vec{e_2}$と表します。

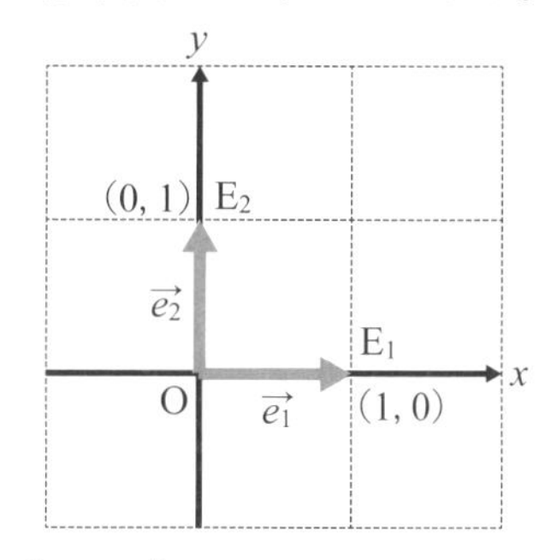

［基本ベクトル］ $\vec{e_1} = \overrightarrow{OE_1} = (1, 0)$
$\vec{e_2} = \overrightarrow{OE_2} = (0, 1)$

点A (2, 0)は、基本ベクトル$\vec{e_1}$を2倍して$\overrightarrow{OA} = 2\vec{e_1}$と表すことができ、点B(0, − 3)は、基本ベクトル$\vec{e_2}$を− 3倍して$\overrightarrow{OB} = -3\vec{e_2}$と表すことができます。また図から、点P (2, − 3)は$\overrightarrow{OP} = 2\vec{e_1} - 3\vec{e_1}$と表すことができます。しかし、いつもこのように、基本ベクトルを用いて表すのはやや面倒です。そこで、次のようにベクトルを、座標と同じような記号を用いて、

$2\vec{e_1}$　A　O　(2, 0)　$-3\vec{e_2}$　B　(0, − 3)　P(2, − 3)

$$\overrightarrow{OP} = \overrightarrow{OA} + \overrightarrow{OB} = 2\vec{e_1} - 3\vec{e_1} = (2,\ -3)$$

x成分　y成分

と表すことにします。このとき、$\vec{e_1}$の係数の2を$\overrightarrow{OP}$の**x成分**、$\vec{e_2}$の係数の− 3を$\overrightarrow{OP}$の**y成分**といいます。

高校までは、成分表示を(2, − 3)と、座標のように横長で表すことが多いですが、大学以降では$\begin{pmatrix} 2 \\ -3 \end{pmatrix}$のように縦長で表すことが多いです。

(2, − 3)のように横長で表すベクトルを**行ベクトル**、$\begin{pmatrix} 2 \\ -3 \end{pmatrix}$のように縦長で表すベクトルを**列ベクトル**といいます。

以後、成分表示は座標の表示と区別することも含めて、列ベクトルで表示していきます。

右図で点Aの座標を(p, q)とします。点Aからx軸、y軸に垂線AP、AQを下すと、$\overrightarrow{OA} = \overrightarrow{OP} + \overrightarrow{OQ}$となります。

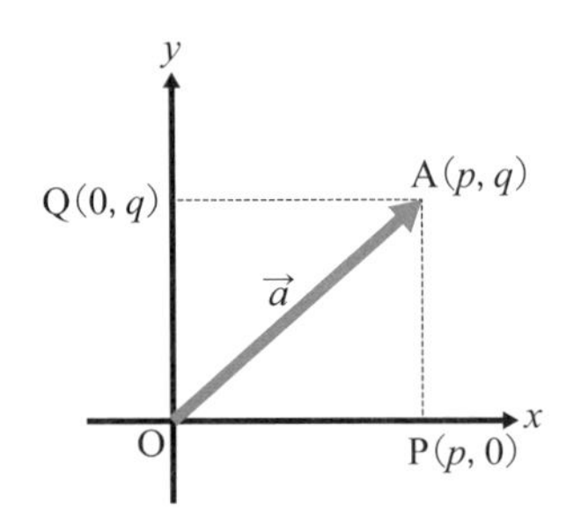

$\overrightarrow{OP} = p\overrightarrow{OE_1} = p\vec{e_1}$、$\overrightarrow{OQ} = q\overrightarrow{OE_2} = q\vec{e_2}$

なので、

$\vec{a} = \overrightarrow{OA} = \overrightarrow{OP} + \overrightarrow{OQ} = p\vec{e_1} + q\vec{e_2}$

と表すことができます。このとき、

［ベクトルの成分］ pとqを$\vec{a}$の成分といい、
特に、pをx成分、qをy成分といいます。

$\vec{a} = \begin{pmatrix} p \\ q \end{pmatrix}$を$\vec{a}$の**成分表示**といいます。ベクトルを成分表示することで、ベクトルを図ではなく数値を用いて考えることができます。

ベクトルは「大きさ」と「方向」が等しいものは、すべて等しくなります。そのため、右図の$\vec{a}$、$\vec{b}$、$\vec{c}$、$\vec{d}$はすべて等しいベクトルで、

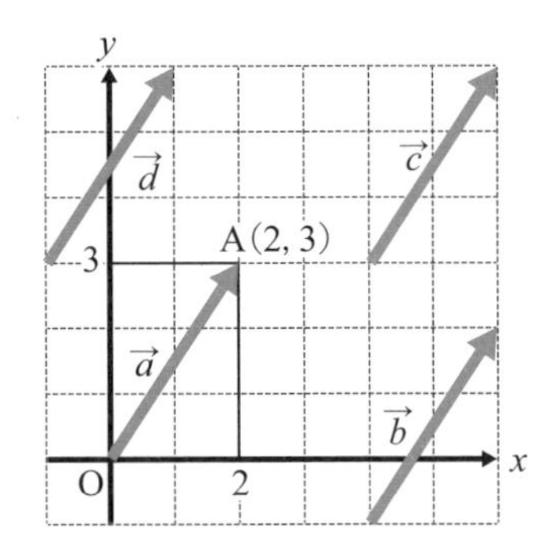

$$\vec{a} = \vec{b} = \vec{c} = \vec{d} = \begin{pmatrix} 2 \\ 3 \end{pmatrix}$$

となります。このとき、始点を原点にしたベクトル$\vec{a}$は、点Aの位置も

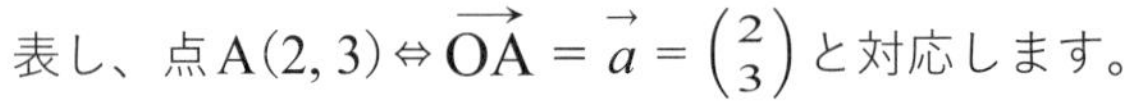

表し、点A$(2, 3) \Leftrightarrow \overrightarrow{OA} = \vec{a} = \begin{pmatrix} 2 \\ 3 \end{pmatrix}$と対応します。

そのため、始点を原点にしたベクトルを**位置ベクトル**といいます。

[位置ベクトル]点Aの位置ベクトルは、原点Oを始点にした$\overrightarrow{\mathrm{OA}}$のこと。

ベクトルの成分の和・差・実数倍は、次の通り、成分ごとに和・差・実数倍を行ないます。

[成分による演算]　$\vec{a}=\begin{pmatrix}a_x\\a_y\end{pmatrix}$、$\vec{b}=\begin{pmatrix}b_x\\b_y\end{pmatrix}$とするとき、

$$\vec{a}+\vec{b}=\begin{pmatrix}a_x\\a_y\end{pmatrix}+\begin{pmatrix}b_x\\b_y\end{pmatrix}=\begin{pmatrix}a_x+b_x\\a_y+b_y\end{pmatrix}、\vec{a}-\vec{b}=\begin{pmatrix}a_x\\a_y\end{pmatrix}-\begin{pmatrix}b_x\\b_y\end{pmatrix}=\begin{pmatrix}a_x-b_x\\a_y-b_y\end{pmatrix}$$

$$k\vec{a}=k\begin{pmatrix}a_x\\a_y\end{pmatrix}=\begin{pmatrix}ka_x\\ka_y\end{pmatrix}$$

この結果は、基本ベクトルを用いて示されます。

$\vec{a}=\begin{pmatrix}a_x\\a_y\end{pmatrix}$のとき$\vec{a}=a_x\vec{e_1}+a_y\vec{e_2}$、$\vec{b}=\begin{pmatrix}b_x\\b_y\end{pmatrix}$のとき$\vec{b}=b_x\vec{e_1}+b_y\vec{e_2}$

$$\vec{a}+\vec{b}=(a_x\vec{e_1}+a_y\vec{e_2})+(b_x\vec{e_1}+b_y\vec{e_2})=(a_x+b_x)\vec{e_1}+(a_y+b_y)\vec{e_2}$$

より、$\vec{a}+\vec{b}=\begin{pmatrix}a_x+b_x\\a_y+b_y\end{pmatrix}$

$$\vec{a}-\vec{b}=(a_x\vec{e_1}+a_y\vec{e_2})-(b_x\vec{e_1}+b_y\vec{e_2})=(a_x-b_x)\vec{e_1}+(a_y-b_y)\vec{e_2}$$

より、$\vec{a}+\vec{b}=\begin{pmatrix}a_x-b_x\\a_y-b_y\end{pmatrix}$

$k\vec{a}=k(a_x\vec{e_1}+a_y\vec{e_2})=(ka_x)\vec{e_1}+(ka_y)\vec{e_2}$　より、$k\vec{a}=\begin{pmatrix}ka_x\\ka_y\end{pmatrix}$

となります。なお、点A(2, 3)のような座標表示と$\overrightarrow{\mathrm{OA}}=\vec{a}=\begin{pmatrix}2\\3\end{pmatrix}$のような成分表示は似ていますが、異なる点もあります。

まず、点Aの位置は1点に固定されますが、成分の場合は前ページの$\vec{a}=\vec{b}=\vec{c}=\vec{d}$の例の通り、1つに固定されません。

また、成分演算にある$\begin{pmatrix}p\\q\end{pmatrix}+\begin{pmatrix}r\\s\end{pmatrix}=\begin{pmatrix}p+r\\q+s\end{pmatrix}$のような計算は、座標ではできません。成分演算のほうが座標より柔軟であることがわかります。

成分計算は3次元、4次元、……も同様にできます。

［成分による演算］　3次元の場合　$\vec{a} = \begin{pmatrix} a_x \\ a_y \\ a_z \end{pmatrix}$、$\vec{b} = \begin{pmatrix} b_x \\ b_y \\ b_z \end{pmatrix}$とするとき、

$$\vec{a} + \vec{b} = \begin{pmatrix} a_x \\ a_y \\ a_z \end{pmatrix} + \begin{pmatrix} b_x \\ b_y \\ b_z \end{pmatrix} = \begin{pmatrix} a_x + b_x \\ a_y + b_y \\ a_z + b_z \end{pmatrix}、\vec{a} - \vec{b} = \begin{pmatrix} a_x \\ a_y \\ a_z \end{pmatrix} - \begin{pmatrix} b_x \\ b_y \\ b_z \end{pmatrix} = \begin{pmatrix} a_x - b_x \\ a_y - b_y \\ a_z - b_z \end{pmatrix}$$

$$k\vec{a} = k\begin{pmatrix} a_x \\ a_y \\ a_z \end{pmatrix} = \begin{pmatrix} ka_x \\ ka_y \\ ka_z \end{pmatrix}$$

となります。4次元以上の次元においても成分の演算の方法は変わりません。しかし、4次元以上の次数の場合は、方向を視覚で見るのが困難なため、ベクトルを矢印で表記するのは適切とは言い難いでしょう。

そのため、高次元のベクトルを考える場合は、$\vec{a}, \vec{b}$のような矢印による表記ではなく、$\boldsymbol{a}, \boldsymbol{b}$のような太字で表記されます。ただし、黒板で太字の表記は大変なので、$\mathbb{a}$、$\mathbb{b}$のような黒板太字で表記することが多いです。

4次元の場合は、次のような表記となります。

［成分による演算］　$\boldsymbol{a} = \begin{pmatrix} a_x \\ a_y \\ a_z \\ a_w \end{pmatrix}$、$\boldsymbol{b} = \begin{pmatrix} b_x \\ b_y \\ b_z \\ b_w \end{pmatrix}$　とするとき、

$$\boldsymbol{a} + \boldsymbol{b} = \mathbb{a} + \mathbb{b} = \begin{pmatrix} a_x \\ a_y \\ a_z \\ a_w \end{pmatrix} + \begin{pmatrix} b_x \\ b_y \\ b_z \\ b_w \end{pmatrix} = \begin{pmatrix} a_x + b_x \\ a_y + b_y \\ a_z + b_z \\ a_w + b_w \end{pmatrix}$$

$$\boldsymbol{a} - \boldsymbol{b} = \mathbb{a} - \mathbb{b} = \begin{pmatrix} a_x \\ a_y \\ a_z \\ a_w \end{pmatrix} - \begin{pmatrix} b_x \\ b_y \\ b_z \\ b_w \end{pmatrix} = \begin{pmatrix} a_x - b_x \\ a_y - b_y \\ a_z - b_z \\ a_w - b_w \end{pmatrix}$$

$$k\boldsymbol{a} = k\mathbb{a} = k\begin{pmatrix} a_x \\ a_y \\ a_z \\ a_w \end{pmatrix} = \begin{pmatrix} ka_x \\ ka_y \\ ka_z \\ ka_w \end{pmatrix}$$

以下、表記を太字で記述していきます。

一次独立と一次従属

呪文(おまじない)と言わないで……

ベクトルの概念で大事な一次独立と一次従属のイメージをつかんでから、言葉と式での理解につなげていきましょう。一次独立はベクトルの演算で係数比較をする際に必要な条件ですが、もしかすると学校では一次独立の説明は難しいから「減点されないためのおまじない」として答案に書きなさいと習った人がいるのかもしれません。そのため、一次独立や一次従属は難しい概念と思っている人が少なからずいますが、そんなことはありません。2次元、3次元の順に具体的に見ていくことで、十分理解することができます。

一次独立をざっくりいうと、他のベクトルで表せない状態を指します。一次従属は一次独立ではないことで、ざっくりいうと、他のベクトルを用いて表せる状態を指します。それでは、まず2次元の場合から見ていきましょう。$\boldsymbol{a}$と$\boldsymbol{b}$はともに零ベクトルではないものとします。

$\boldsymbol{a}$と$\boldsymbol{b}$が一次独立であるとは、$\boldsymbol{a}$が$\boldsymbol{b}$で表せないこと(もしくは$\boldsymbol{b}$が$\boldsymbol{a}$で表せないこと)で、$\boldsymbol{a}$と$\boldsymbol{b}$が一次従属であるとは、$\boldsymbol{a}$が$\boldsymbol{b}$で表せることです。一次従属から詳しく見ていきましょう。$\boldsymbol{a}$が$\boldsymbol{b}$で表せるということは、$\boldsymbol{a}=2\boldsymbol{b}$や$\boldsymbol{a}=-3\boldsymbol{b}$のように、$\boldsymbol{a}=k\boldsymbol{b}$と実数倍で表すことができます。$\boldsymbol{a}$と$\boldsymbol{b}$が実数倍で表せるということは、$\boldsymbol{a}$と$\boldsymbol{b}$が平行であること、一直線上にまとめることができることでもあります。

一次独立　→　他のベクトルで表せない
$\boldsymbol{a}$、$\boldsymbol{b}$が一次独立　→　$\boldsymbol{a}$が$\boldsymbol{b}$で表せない

一次従属　→　他のベクトルで表せる(他のベクトルに従属)
$\boldsymbol{a}$、$\boldsymbol{b}$が一次従属　→　$\boldsymbol{a}$が$\boldsymbol{b}$で表せる

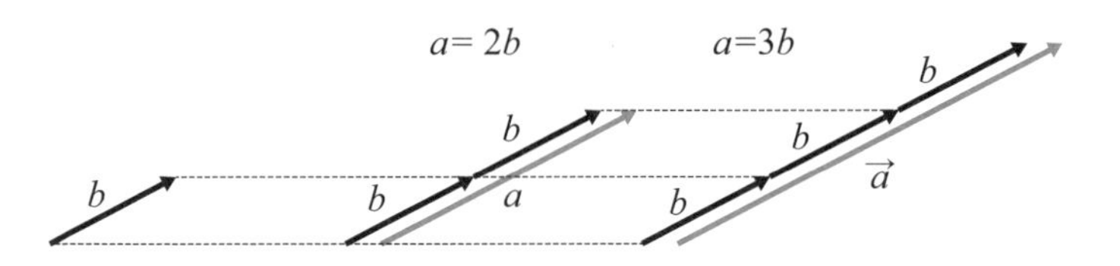

一次独立、一次従属を2次元の図で表すと、次のような関係となります。

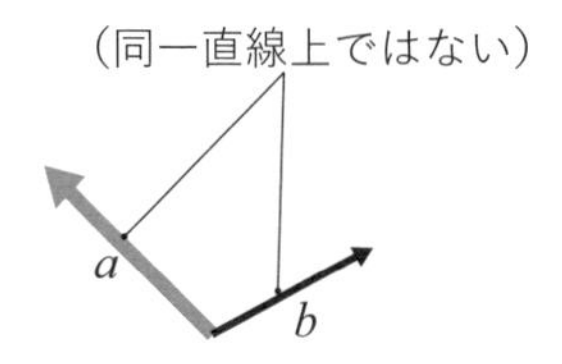

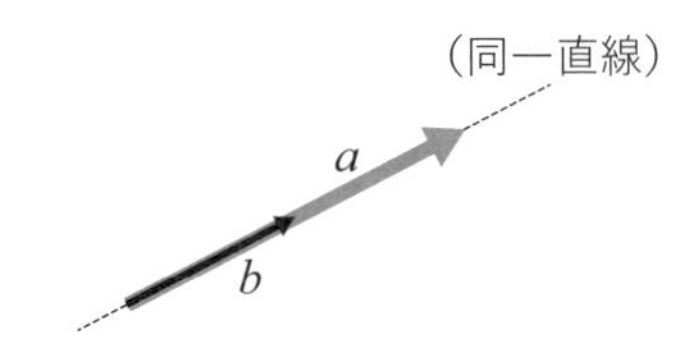

［一次独立］ $\boldsymbol{a}$と$\boldsymbol{b}$が平行ではない
（同一直線上にまとめられない）

［一次従属］ $\boldsymbol{a}$と$\boldsymbol{b}$が平行
（同一直線上にまとめられる）

続いて3次元の場合を見ていきましょう。

$\boldsymbol{a}$、$\boldsymbol{b}$、$\boldsymbol{c}$が一次独立であるとは、$\boldsymbol{a}$が$\boldsymbol{b}$、$\boldsymbol{c}$で表せないことで、$\boldsymbol{a}$、$\boldsymbol{b}$、$\boldsymbol{c}$が一次従属であるとは、$\boldsymbol{a}$が$\boldsymbol{b}$と$\boldsymbol{c}$で表せることです。一次従属から詳しく見ていきましょう。$\boldsymbol{a}$が$\boldsymbol{b}$と$\boldsymbol{c}$で表せるということは、$\boldsymbol{a} = 2\boldsymbol{b} + 3\boldsymbol{c}$や$\boldsymbol{a} = -3\boldsymbol{b} - \boldsymbol{c}$のように、$\boldsymbol{a} = k\boldsymbol{b} + l\boldsymbol{c}$と実数倍で表せるということです。$\boldsymbol{a} = k\boldsymbol{b} + l\boldsymbol{c}$のように実数倍で表せるということは$\boldsymbol{a}$、$\boldsymbol{b}$、$\boldsymbol{c}$が下図のように、同一の平面にまとめることができることと言い換えることもできます。

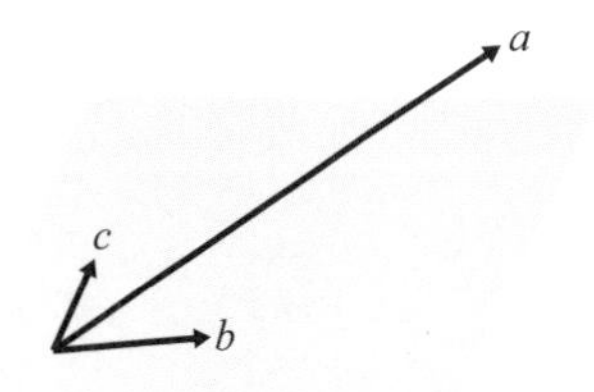

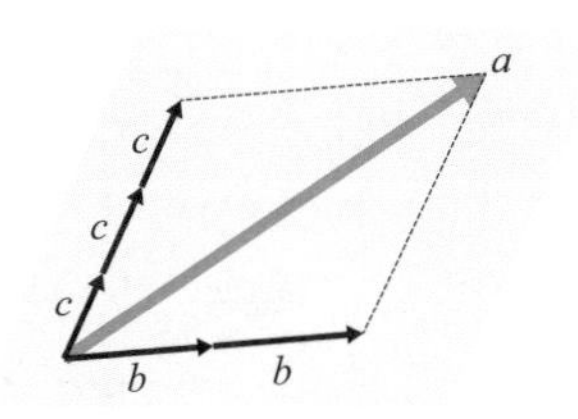

［一次独立］ $\boldsymbol{a}$、$\boldsymbol{b}$、$\boldsymbol{c}$が
同一平面上でまとめられない

［一次従属］ $\boldsymbol{a}$、$\boldsymbol{b}$、$\boldsymbol{c}$が
同一平面上にまとめられる

2次元において同一直線上、3次元において同一平面上にまとめることができれば一次従属で、まとめることができなければ一次独立です。

これらを式に表すと、次の通りとなります。以下は3次元の場合を記述します。$\boldsymbol{c}$を零ベクトルにすると、2次元の場合となります。

［一次独立・一次従属］　ベクトル$\boldsymbol{a}$、$\boldsymbol{b}$、$\boldsymbol{c}$と実数p、q、rにおいて、

$$p\boldsymbol{a} + q\boldsymbol{b} + r\boldsymbol{c} = 0 \quad \text{ならば} \quad p = q = r = 0$$

が成立するとき、ベクトル$\boldsymbol{a}$、$\boldsymbol{b}$、$\boldsymbol{c}$を一次独立といい、
成立しないときを一次従属という。

一次独立や一次従属を式で表すと、とても難しく感じるかもしれませんので、まずは一次従属の場合を具体的に見てみましょう。$p = q = r = 0$でないときが一次従属なので、$p \neq 0$とします。

$p\boldsymbol{a} + q\boldsymbol{b} + r\boldsymbol{c} = 0$の式で、$p\boldsymbol{a}$以外を右辺に移項して、両辺を$p\ (\neq 0)$で割ります。

$$p\boldsymbol{a} = -q\boldsymbol{b} - r\boldsymbol{c} \qquad \boldsymbol{a} = -\frac{q}{p}\boldsymbol{b} - \frac{r}{p}\boldsymbol{c}$$

なにやら難しそうな式が出てきましたが、$-\frac{q}{p} = k$、$-\frac{r}{p} = l$とおくと、

$$\boldsymbol{a} = -\frac{q}{p}\boldsymbol{b} - \frac{r}{p}\boldsymbol{c} = k\boldsymbol{b} + l\boldsymbol{c}$$

となり、$\boldsymbol{a}$が$\boldsymbol{b}$の実数倍(k倍)と$\boldsymbol{c}$の実数倍(l倍)の和で表せることになり、一次従属を式で言い換えたことになります。

逆に、$p = q = r = 0$が成り立つ場合は、$\boldsymbol{a}$が$\boldsymbol{b}$と$\boldsymbol{c}$の実数倍で表すことができないので、一次独立のイメージと合うわけです。

この一次独立は、ベクトルの演算を普通の演算のようにするための条件として用いられます。よく活用するのが次の例です。

$\boldsymbol{a}$、$\boldsymbol{b}$が一次独立、$x\boldsymbol{a}+y\boldsymbol{b}=4\boldsymbol{a}+3\boldsymbol{b}$が成り立つとき、$x$と$y$の値を求めよ。

等式「$x\boldsymbol{a}+y\boldsymbol{b}=4\boldsymbol{a}+3\boldsymbol{b}$」の左辺と右辺を見るとほとんど同じなので、係数比較をして$x=4$、$y=3$としたくなります。もちろんこの問題は$\boldsymbol{a}$、$\boldsymbol{b}$が「一次独立」なので、係数比較をしてもいいのですが、一次独立の定義式と係数比較がなぜ関係するのかを実感するために、あえて次のように計算してみます。

まず、右辺のベクトルをすべて左辺に移項して、くくります。

$$x\boldsymbol{a}+y\boldsymbol{b}=4\boldsymbol{a}+3\boldsymbol{b}$$
$$x\boldsymbol{a}+y\boldsymbol{b}-4\boldsymbol{a}-3\boldsymbol{b}=\boldsymbol{0}$$
$$(x-4)\boldsymbol{a}+(y-3)\boldsymbol{b}=\boldsymbol{0}$$

$\boldsymbol{a}$、$\boldsymbol{b}$が「一次独立」から、$\boldsymbol{a}$の係数$(x-4)$と$\boldsymbol{b}$の係数$(y-3)$が0となるので$x-4=0$、$y-3=0$から$x=4$、$y=3$となるのです。

つまり、$\boldsymbol{a}$、$\boldsymbol{b}$が一次独立の場合は「$x\boldsymbol{a}+y\boldsymbol{b}=4\boldsymbol{a}+3\boldsymbol{b}$」の係数を比較して、$x=4$、$y=3$とできることがわかるのです。

一次独立の場合は係数比較できることがわかりましたが、一次従属の場合に係数比較ができないことは直観的にはわかりません。そこで、$\boldsymbol{a}$、$\boldsymbol{b}$を具体的にすることで、係数比較ができる・できないことを実感していきましょう。

まず、$\boldsymbol{a}$、$\boldsymbol{b}$が一次独立の場合です。一次独立な$\boldsymbol{a}$、$\boldsymbol{b}$として$\boldsymbol{a}=\begin{pmatrix}1\\1\end{pmatrix}$、$\boldsymbol{b}=\begin{pmatrix}1\\-1\end{pmatrix}$とします。この場合で、$x\boldsymbol{a}+y\boldsymbol{b}=4\boldsymbol{a}+3\boldsymbol{b}$が成り立つとき、$x$と$y$の値を求めてみます。もちろん、$\boldsymbol{a}$、$\boldsymbol{b}$が「一次独立」なので、係数比較をすれば答えはすぐに$x=4$、$y=3$と求まりますが、あえて愚直に計算して確かめてみましょう。

$$x\boldsymbol{a} + y\boldsymbol{b} = 4\boldsymbol{a} + 3\boldsymbol{b} \quad \Leftrightarrow \quad x\begin{pmatrix}1\\1\end{pmatrix} + y\begin{pmatrix}1\\-1\end{pmatrix} = 4\begin{pmatrix}1\\1\end{pmatrix} + 3\begin{pmatrix}1\\-1\end{pmatrix}$$

$$\Leftrightarrow \begin{pmatrix}x+y\\x-y\end{pmatrix} = \begin{pmatrix}7\\1\end{pmatrix} \quad \Leftrightarrow \quad \begin{cases}x+y=7\\x-y=1\end{cases} \quad \Leftrightarrow \quad \begin{cases}x=4\\x=3\end{cases}$$

大げさですが、たしかに所要の結果を得ることはできました。では、一次従属の場合はどうなるのでしょうか？ $x\boldsymbol{a} + y\boldsymbol{b} = 4\boldsymbol{a} + 3\boldsymbol{b}$のとき、$x = 4$、$y = 3$と係数比較するだけではダメなのでしょうか？

確かめてみましょう。一次従属な$\boldsymbol{a}$、$\boldsymbol{b}$として、$\boldsymbol{a} = \begin{pmatrix}1\\1\end{pmatrix}$、$\boldsymbol{b} = \begin{pmatrix}-1\\-1\end{pmatrix}$とします。この場合で、$x\boldsymbol{a} + y\boldsymbol{b} = 4\boldsymbol{a} + 3\boldsymbol{b}$が成り立つとき、$x$と$y$の値を求めてみます。一次従属になる$\boldsymbol{a}$、$\boldsymbol{b}$を設定したので、$\boldsymbol{a}$を$\boldsymbol{b}$（もしくは$\boldsymbol{b}$を$\boldsymbol{a}$）で表すことができ、実際$\boldsymbol{b} = \begin{pmatrix}-1\\-1\end{pmatrix} = -\begin{pmatrix}1\\1\end{pmatrix} = -\boldsymbol{a}$と、$\boldsymbol{b}$を$\boldsymbol{a}$で表すことができます。それでは、計算を見ていきましょう。

$$x\boldsymbol{a} + y\boldsymbol{b} = 4\boldsymbol{a} + 3\boldsymbol{b} \quad \Leftrightarrow \quad x\begin{pmatrix}1\\1\end{pmatrix} + y\begin{pmatrix}-1\\-1\end{pmatrix} = 4\begin{pmatrix}1\\1\end{pmatrix} + 3\begin{pmatrix}-1\\-1\end{pmatrix}$$

$$\Leftrightarrow \begin{pmatrix}x-y\\x-y\end{pmatrix} = \begin{pmatrix}1\\1\end{pmatrix} \quad \Leftrightarrow \quad \begin{cases}x-y=1\\x-y=1\end{cases} \quad \Leftrightarrow \quad x-y=1$$

なんと、今回は先ほどの一次独立の場合とは違い、式が1本しか立たないので、解を一意に求めることができないのです。

この結果は、愚直に$\boldsymbol{a} = \begin{pmatrix}1\\1\end{pmatrix}$、$\boldsymbol{b} = \begin{pmatrix}-1\\-1\end{pmatrix}$を式に代入してわかったのではなく、初めからこうなることがわかっていました。というのもこの問題、形は$x\boldsymbol{a} + y\boldsymbol{b} = 4\boldsymbol{a} + 3\boldsymbol{b}$となっていますが、$\boldsymbol{b} = -\boldsymbol{a}$なので代入すると

$$x\boldsymbol{a} + y(-\boldsymbol{a}) = 4\boldsymbol{a} + 3(-\boldsymbol{a})$$

$$(x-y)\boldsymbol{a} = 1\boldsymbol{a}$$

となるので、係数比較をしようとした「$x\boldsymbol{a} + y\boldsymbol{b} = 4\boldsymbol{a} + 3\boldsymbol{b}$」とは違う式になるのです。この式のベクトルは$\boldsymbol{a}$しかありませんから、係数比較ができ、先ほどと同じ「$x - y = 1$」という式が現れます。

この結果から、一次従属の場合は、係数を比較してはいけないことが具体的にわかります。

ベクトルの内積

ベクトルのかけ算を学ぶ

今までベクトルの和・差・実数倍を見てきました。ここでは、ベクトルの積にあたる**内積**を見ていきます。

2つのベクトル$\boldsymbol{a}$、$\boldsymbol{b}$の始点を重ねたときにできる角度で、0°以上180°以下のものを、**なす角**といいます。なす角はθを用いることが多いです。

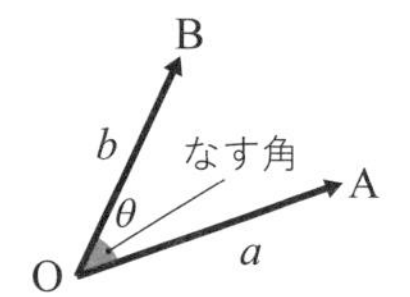

このとき$|\boldsymbol{a}||\boldsymbol{b}|\cos\theta$を、$\boldsymbol{a}$と$\boldsymbol{b}$の内積といい、$\boldsymbol{a}\cdot\boldsymbol{b}$や$(\boldsymbol{a}, \boldsymbol{b})$と表します。

［ベクトルの内積］　2つのベクトル$\boldsymbol{a}$、$\boldsymbol{b}$のなす角をθ($0° \leqq \theta \leqq 180°$)とするとき、

$$\underbrace{\boldsymbol{a}\cdot\boldsymbol{b}}_{\text{内積の記号}} = \underbrace{|\boldsymbol{a}||\boldsymbol{b}|\cos\theta}_{\text{内積の計算方法}}$$

$\boldsymbol{a}=0$または$\boldsymbol{b}=0$のときθは定まりませんが、$\boldsymbol{a}\cdot\boldsymbol{b}=0$とします。なお、この内積の式は、左辺が「内積の記号」を表し、右辺が「計算方法」を表しています。唐突に$\cos\theta$が登場していますが、これは余弦定理と関係しています。この関係性は後に紹介します。

内積は、なす角θによって符号が変わります。

$\theta=0$	$0°<\theta<90°$	$\theta=90$	$90°<\theta<180°$
$\boldsymbol{a}\cdot\boldsymbol{b}=|\boldsymbol{a}||\boldsymbol{b}|>0$	$\boldsymbol{a}\cdot\boldsymbol{b}>0$	$\boldsymbol{a}\cdot\boldsymbol{b}=0$	$\boldsymbol{a}\cdot\boldsymbol{b}<0$

内積の符号を調べることで、2つのベクトル$\boldsymbol{a}$、$\boldsymbol{b}$の位置関係を把握することもできます。上記のなかから特に使用するものは、$\theta=90°$のときに

$\boldsymbol{a}$、$\boldsymbol{b}$の内積が0($\boldsymbol{a}\cdot\boldsymbol{b}=0$)になることです。

［内積の性質］　$\boldsymbol{a}\neq 0$、$\boldsymbol{b}\neq 0$のとき、$\boldsymbol{a}\perp\boldsymbol{b} \quad\Leftrightarrow\quad \boldsymbol{a}\cdot\boldsymbol{b}=0$

他に内積は、定義の式から次の性質が導かれます。

(1)　$\boldsymbol{a}\cdot\boldsymbol{b}=\boldsymbol{b}\cdot\boldsymbol{a}$　(2)　$\boldsymbol{a}\cdot\boldsymbol{a}=|\boldsymbol{a}|^2$　(3)　$|\boldsymbol{a}|=\sqrt{\boldsymbol{a}\cdot\boldsymbol{a}}$

(1)は、内積の定義から、次の式のように導くことができます。

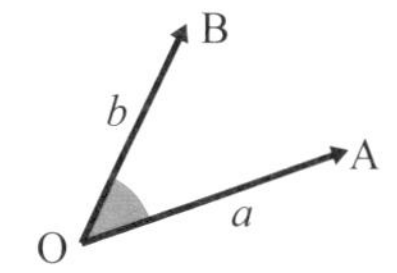

$$\boldsymbol{a}\cdot\boldsymbol{b}=|\boldsymbol{a}||\boldsymbol{b}|\cos\theta=|\boldsymbol{b}||\boldsymbol{a}|\cos\theta=\boldsymbol{b}\cdot\boldsymbol{a}$$

この式から内積の計算は、普通の数のかけ算のように、順序を交換して計算してもよいことがわかります。普通の数のかけ算のように、ベクトルの内積を計算してよいというのは、とても大切な性質です。

(2)は、同じベクトル$\boldsymbol{a}$の内積となるので、
なす角θは0になります。$\cos 0=1$なので、

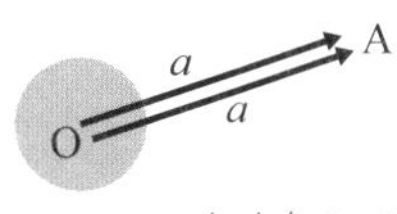

なす角$\theta=0$

$$\boldsymbol{a}\cdot\boldsymbol{a}=|\boldsymbol{a}||\boldsymbol{a}|\cos\theta=|\boldsymbol{a}|^2\times 1=|\boldsymbol{a}|^2$$

この式の両辺の平方根をとることで、(3)の$|\boldsymbol{a}|=\sqrt{\boldsymbol{a}\cdot\boldsymbol{a}}$が導かれます。この(2)と(3)は、数と式で学習する展開公式$(a+b)^2=a^2+2ab+b^2$のような計算をベクトルで行なう場合などに活用します。

ベクトルの内積は成分で、次の通り表示することができます。

［内積の成分表示］　$\boldsymbol{a}=\begin{pmatrix}a_x\\a_y\end{pmatrix}$、$\boldsymbol{b}=\begin{pmatrix}b_x\\b_y\end{pmatrix}$のとき、$\boldsymbol{a}\cdot\boldsymbol{b}=a_xb_x+a_yb_y$

$\boldsymbol{a}=\begin{pmatrix}a_x\\a_y\\a_z\end{pmatrix}$、$\boldsymbol{b}=\begin{pmatrix}b_x\\b_y\\b_z\end{pmatrix}$のとき、$\boldsymbol{a}\cdot\boldsymbol{b}=a_xb_x+a_yb_y+a_zb_z$

内積の成分表示を用いることで、内積の分配法則を導くことができます。

［分配法則］ $\boldsymbol{a}\cdot(\boldsymbol{b}+\boldsymbol{c})=\boldsymbol{a}\cdot\boldsymbol{b}+\boldsymbol{a}\cdot\boldsymbol{c}$、$(\boldsymbol{a}+\boldsymbol{b})\cdot\boldsymbol{c}=\boldsymbol{a}\cdot\boldsymbol{c}+\boldsymbol{b}\cdot\boldsymbol{c}$

分配法則を用いることで、

$$|\boldsymbol{a}-\boldsymbol{b}|^2=|\boldsymbol{a}|^2-2\boldsymbol{a}\cdot\boldsymbol{b}+|\boldsymbol{b}|^2 \quad \cdots\cdots ①$$

などの計算ができるようになります。実際に見てみましょう。

内積の性質 $\boldsymbol{a}\cdot\boldsymbol{a}=|\boldsymbol{a}|^2$ から、$|\boldsymbol{a}-\boldsymbol{b}|^2$ は $(\boldsymbol{a}-\boldsymbol{b})\cdot(\boldsymbol{a}-\boldsymbol{b})$ となります。その後、分配法則を用いて一つ一つ展開していきます。

$$\begin{aligned}|\boldsymbol{a}-\boldsymbol{b}|^2&=(\boldsymbol{a}-\boldsymbol{b})\cdot(\boldsymbol{a}-\boldsymbol{b})\\&=\boldsymbol{a}\cdot\boldsymbol{a}-\boldsymbol{a}\cdot\boldsymbol{b}-\boldsymbol{b}\cdot\boldsymbol{a}+\boldsymbol{b}\cdot\boldsymbol{b}\\&=|\boldsymbol{a}|^2-2\boldsymbol{a}\cdot\boldsymbol{b}+|\boldsymbol{b}|^2\end{aligned}$$

ここまでで、内積で必要な道具が揃いました。ここから、内積の定義式に $\cos\theta$ が唐突に現れる理由を探ってみましょう。

まず、右図の三角形に余弦定理を用います。

$$AB^2=OA^2+OB^2-2OA\,OB\cos\theta$$

ここで、$AB^2=|\boldsymbol{a}-\boldsymbol{b}|^2$、$OA^2=|\boldsymbol{a}|^2$、$OB^2=|\boldsymbol{b}|^2$ なので、代入すると、

$$|\boldsymbol{a}-\boldsymbol{b}|^2=|\boldsymbol{a}|^2+|\boldsymbol{b}|^2-2|\boldsymbol{a}||\boldsymbol{b}|\cos\theta \quad \cdots\cdots ②$$

となります。①と②の左辺が $|\boldsymbol{a}-\boldsymbol{b}|^2$ で等しいので、①と②の右辺の式から、

$$|\boldsymbol{a}|^2-2\boldsymbol{a}\cdot\boldsymbol{b}+|\boldsymbol{b}|^2=|\boldsymbol{a}|^2+|\boldsymbol{b}|^2-2|\boldsymbol{a}||\boldsymbol{b}|\cos\theta$$

となり、$\boldsymbol{a}\cdot\boldsymbol{b}=|\boldsymbol{a}||\boldsymbol{b}|\cos\theta$ という内積の定義式が現れます。

内積の定義式に $\cos\theta$ がある理由は、背景に余弦定理があったからです。

内積はエネルギーの計算にも応用されます。

力のベクトルを$\boldsymbol{F}$、動いた距離(方向と長さ)を表すベクトルを$\boldsymbol{x}$とするとき、力学的エネルギーは$\boldsymbol{F}$と$\boldsymbol{x}$の内積で定義されます。

$$\boldsymbol{F} \cdot \boldsymbol{x} = |\boldsymbol{F}|\,|\boldsymbol{x}| \cos\theta$$

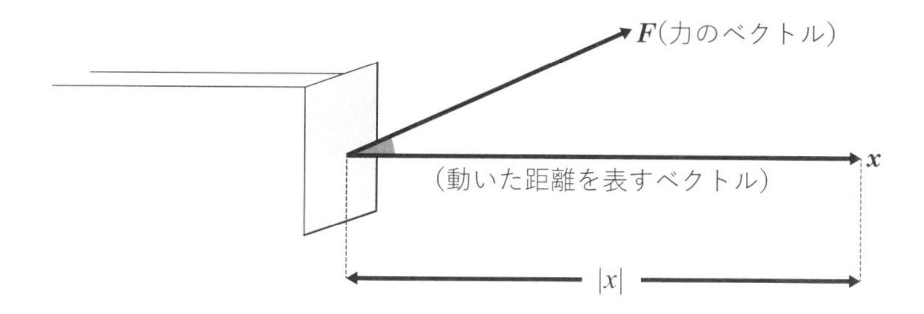

力学的エネルギーの式を読み解くと、エネルギーを加えるには、力の大きさのみならず、方向も重要になるということです。

第 12 章

図形にまつわる数学用語

三角形の五心

内心、外心、重心、垂心、傍心を押さえよう

三角形には、中心を表すさまざまな点があります。まずは**重心**から見ていきましょう。右図のように△ABCがあり、線分AB、BC、CAの中点をそれぞれM、N、Lとします。△ABCの頂点A、B、Cから、それぞれの対辺の中点を結んだ線、AN、BL、CMを**中線**といいます。

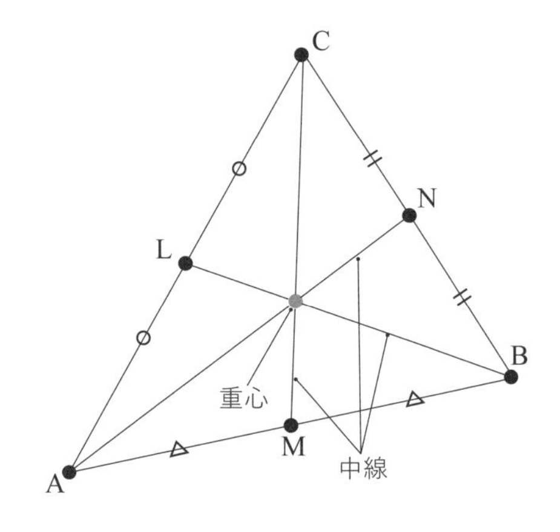

△ABCの3本の中線は1点で交わり、その交点を△ABCの重心といいます。

重心は、各々の中線を2：1に内分する性質があります。

続いて**内心**です。内心は、三角形の3つの角のそれぞれの二等分線が交差する点です。内心は、各辺までの距離が等しくなるので、内接円を描くことができます。内心と各辺の距離が内接円の半径になります。内心の位置は三角形の各辺の長さにより変化します。

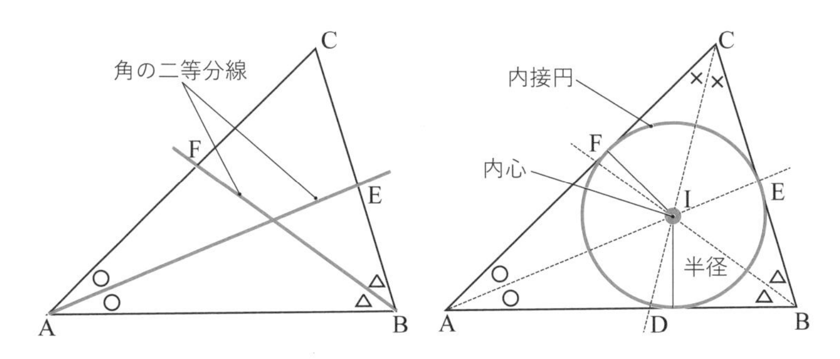

外心は、三角形の各辺の中点を通る垂線(垂直二等分線)が交差する点です。外心は、三角形が形成する外接円の中心となります。なお、鋭角三角形では三角形の内部に、直角三角形では斜辺の中点に、鈍角三角形では三角形の外部に存在します。

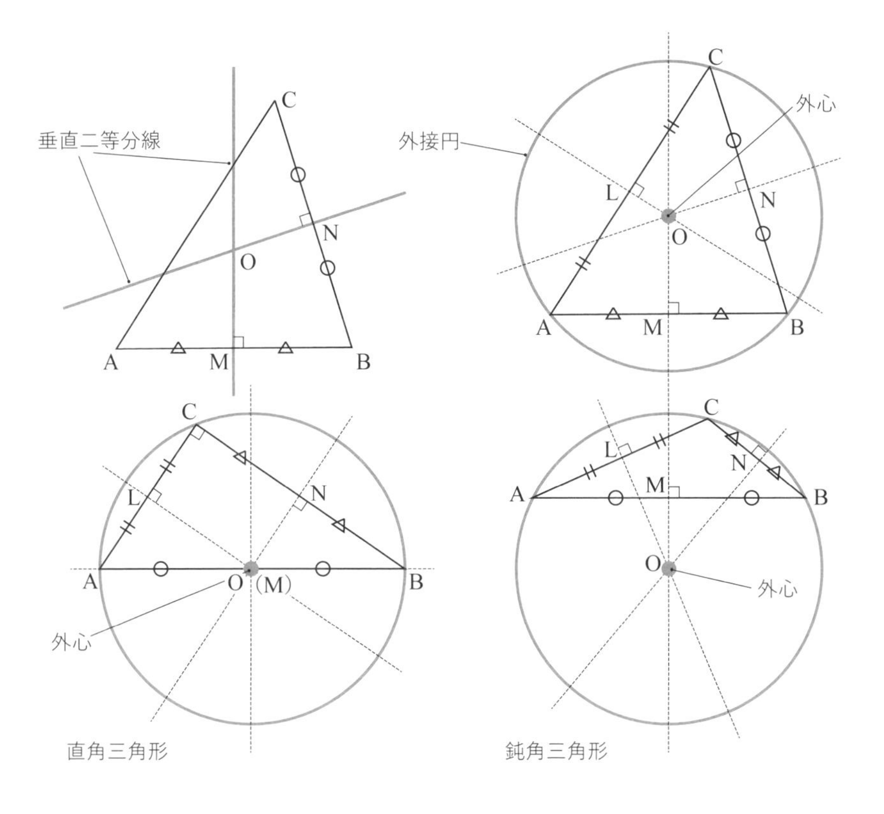

垂心は、三角形の各頂点から対辺に下ろした垂線が交差する点です。垂心は特に鈍角三角形では、三角形の外部に存在します。

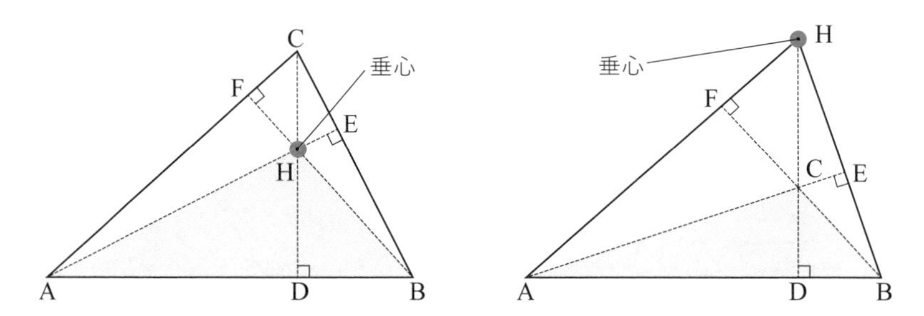

傍心（ぼうしん）は、一つの内角の二等分線と、他の2つの外角の二等分線の交点です。下図は∠Aの内角と∠B、∠Cの外角の2等分線による傍心ですが、∠Bの内角と∠A、∠Cの外角による傍心と、∠Cの内角と∠A、∠Bの外角による傍心もあるので、三角形の傍心は3つあります。

それぞれの傍心は、三角形の一つの角と対辺に接する傍接円の中心となります。

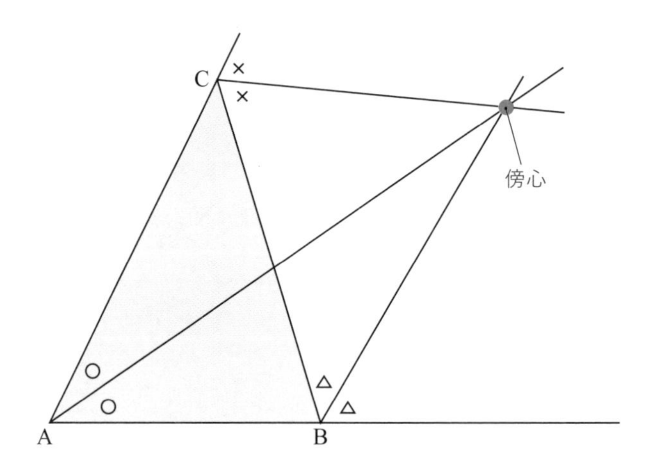

02 内分点と外分点とアポロニウスの円

中で分けるか？ 外で分けるか？

2点A(a)、B(b)を結ぶ線分ABを考えます。下図のように、線分AB上に点Pをとると、点Pは線分ABを分割します。この点を**内分点**といいます。点Pが内分点のとき、点Pは線分ABをm:nで**内分する**ともいいます。

点Pは次の式で求めることができます。このmとnが同じ比率、つまり1：1になるとき、点Pは**中点**となります。

［線分ABの内分点］

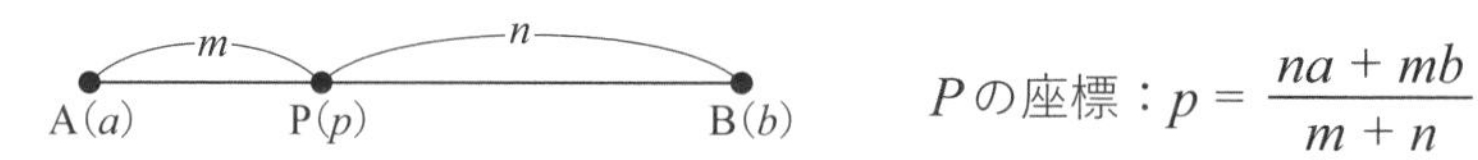

$$P\text{の座標}：p = \frac{na + mb}{m + n}$$

m：n = 1：1のとき、点Pは線分ABの中点となる。

①　①
A(a)　P(p)　B(b)

$$\text{中点}：p = \frac{a + b}{2}$$

同様に、2点A(a)、B(b)を結ぶ線分ABを考えます。下図のように、線分ABの延長上に点Qを取り、AQとBQの比率を考えます。この点Qを線分ABの**外分点**といいます。AQとBQの比AQ：BQがm：nのとき、点Qは線分ABをm：nで**外分する**ともいいます。

点Qは次の式で求めることができます。

$$\text{Q の座標}：q = \frac{-na + mb}{m - n}$$

［線分ABの外分点］

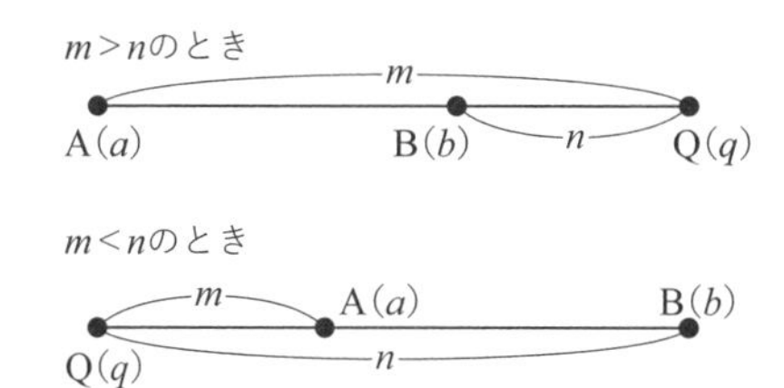

先ほど、線分ABを$m:n$に内分する点Pの公式を見てきました。この比$m:n$を保ちながら点Pを線分以外にも動かすと、点Pの軌跡は円を描きます。この円を**アポロニウスの円**といいます。

[アポロニウスの円]

2点A、Bからの距離の比が$m:n$で一定の点が描く軌跡は円となり、アポロニウスの円といいます。

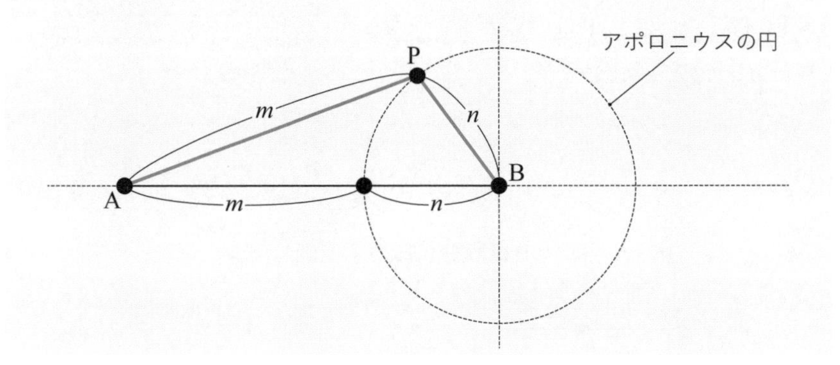

アポロニウスの円は、円錐の定理や二次曲線の理論を理解するのに役立ちます。また、GPSの技術や信号処理などの分野でも、その原理が用いられています。

それぞれの概念は幾何学だけでなく、物理学や統計学など他の分野でも広く応用されています。

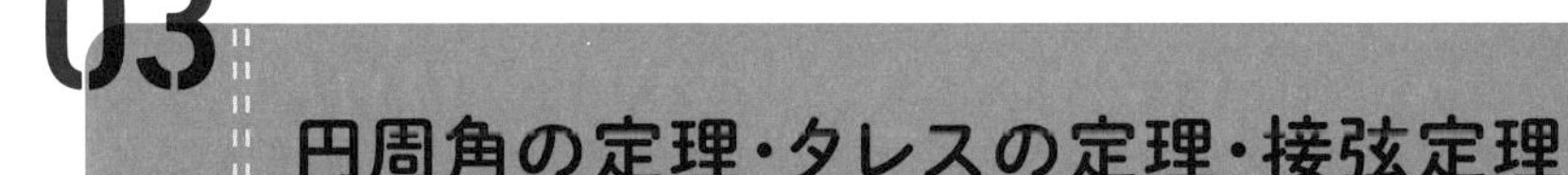

03 円周角の定理・タレスの定理・接弦定理

定理を証明で探る

　まずは、**円周角の定理**から見ていきます。下図のように、円周上に異なる2点A、Bをとります。そしてこの2点とは別に、円周上に2点P、Qをとります。孤(もしくは弦)ABと円周上の点Pを結んでできる∠APBを**円周角**といい、∠AQBも円周角といいます。∠APBと∠AQBは、同一の弧ABに対する円周角で、この値は等しくなります。これが円周角の定理です。なお、弧ABと、中心Oを結んでできる∠AOBは**中心角**といい、円周角の2倍の値となります。

［円周角の定理］　同じ弧(もしくは弦)に対する円周角はすべて等しい。
　　　　　　　　　中心角は円周角の2倍の大きさとなる。

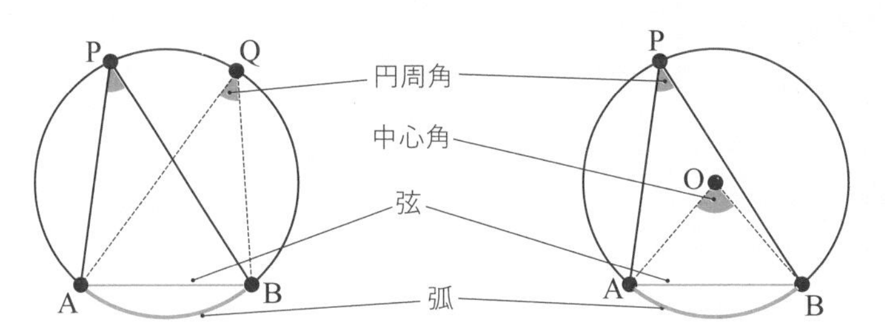

　この事実を示すためには、**外角の定理**が必要となります。**内角**は三角形を含む多角形の内部にある角で、左下図の場合a, b, cです。**外角**は、三角形を含む多角形で1辺とその隣の辺の延長とにはさまれた角で、図のd, e, fです。外角の定理は、内角の$a+b$が、外角のdと等しくなることを示した定理です。

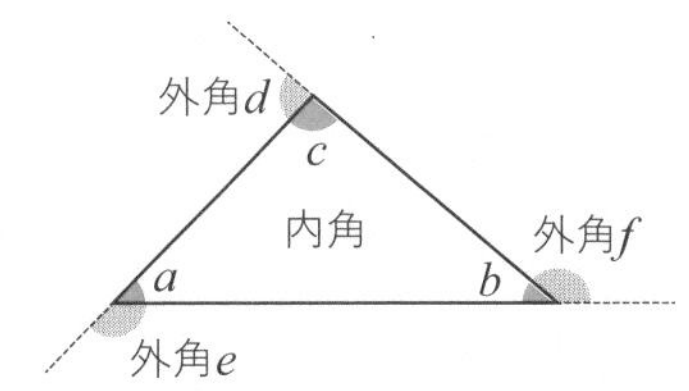

［内角］　a, b, c　　［外角］　d, e, f　　［外角の定理］　$a + b = d$

外角の定理はその形状から、スリッパの法則といわれることもあります。それでは、証明を見ていきましょう。三角形の内角の和が180°になること(①)と半周が180°になること(②)を用います。

$$a + b + c = 180 \cdots ①$$

$$d + c = 180 \cdots ②$$

①−②を計算すると$a + b - d = 0$　移項して、$a + b = d$となります。

円の問題を考察する際に直径の情報は重要なため、下図のように半直線POと円の交点をQとして、直径PQを設定します。

線分OA、OB、OP、OQはいずれも円の半径なので長さは等しく、△OAPと△OBPはともに二等辺三角形となるので、

$\angle OAP = \angle OPA = \alpha$、

$\angle OBP = \angle OPB = \beta$とします。

外角の定理から、

$\angle AOQ = \angle OAP + \angle OPA = \alpha + \alpha = 2\alpha$

$\angle BOQ = \angle OBP + \angle OPB = \beta + \beta = 2\beta$

となるので、

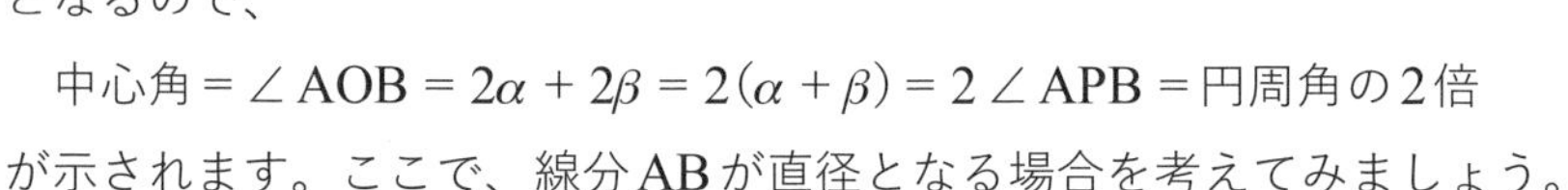

中心角$= \angle AOB = 2\alpha + 2\beta = 2(\alpha + \beta) = 2\angle APB =$円周角の2倍

が示されます。ここで、線分ABが直径となる場合を考えてみましょう。

この場合、中心角∠AOBが180°となるので、円周角∠APBは直角となります。

これを初めて証明した人物が、古代ギリシャの数学者タレスであったことから、**タレスの定理**とも呼ばれます。

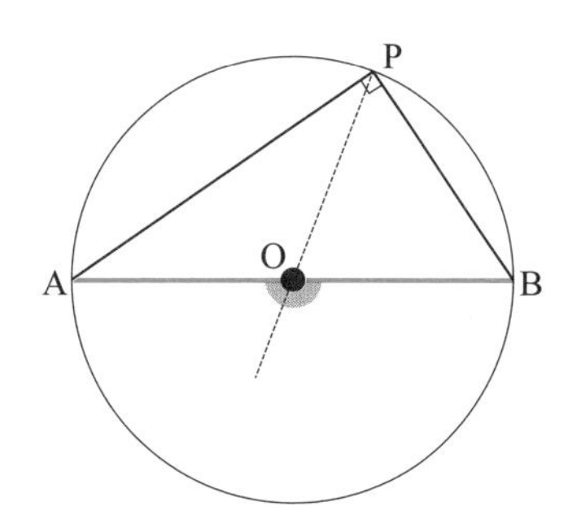

[タレスの定理]　円の直径に対する円周角は直角となる。

円周角の定理・タレスの定理は、**接弦定理**を示す際にも活用されます。接弦定理は、円の接線と弦でつくられる角と円周角が等しくなることを表した定理です。

［接弦定理］　円に内接する△ABCと点Aの接線を設定する。

点Aの接線と弦ABのなす角∠BAXは、弦ABの円周角∠ACBと等しくなる。つまり、∠BAX＝∠ACBが成り立つ。

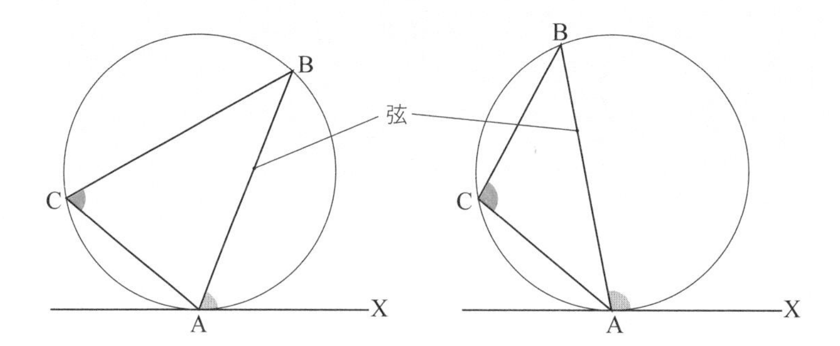

証明を見てみましょう。

まずタレスの定理を使うために、点Aから円の中心Oを通る半直線と円の交点をC'とします。タレスの定理から∠ABC'＝90°となります。

次に円周角の定理から、∠ACB＝∠AC'Bとなるので、∠AC'Bが∠BAXと等しいことを示せれば証明が完成します。

∠BAC'＝αとすると、∠BAX＝90°－α、

三角形AC'Bに注目すると、∠AC'B＝180°－(90°＋α)＝90°－α

よって、ここまでをまとめると、

∠ACB＝∠AC'B＝90°－α＝∠BAX

となり、証明できました。

メネラウスの定理とチェバの定理

共通の覚え方

右下図のように、△ABCと直線lでできる図形に関して、次の式が成り立ちます。アレクサンドロスの数学者メネラウスにちなんで**メネラウスの定理**と呼ばれています。

［メネラウスの定理］　△ABCと直線lに対して半直線、BC、CA、ABの交点をD、E、Fとするとき、次の関係式が成り立つ。

$$\frac{AF}{FB}\cdot\frac{BD}{DC}\cdot\frac{CE}{EA}=1$$

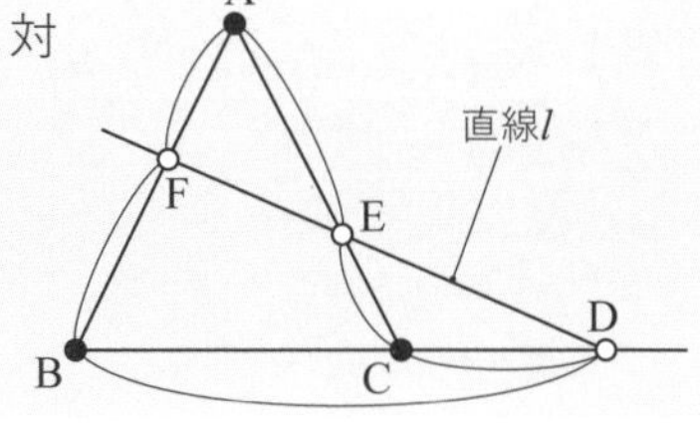

なお、メネラウスの定理には逆もあります。

［メネラウスの定理の逆］

△ABCにおいて、直線BC，CA，AB上にそれぞれ点D，E，Fがあり、

$$\frac{AF}{FB}\cdot\frac{BD}{DC}\cdot\frac{CE}{EA}=1$$

が成り立つとき、3点D，E，Fは一直線上にある。

△ABCに対して、直線BC，CA，AB上に点D，E，Fがあるとき、

3直線D、E、Fが一直線上にある　—メネラウスの定理→　$\frac{AF}{FB}\cdot\frac{BD}{DC}\cdot\frac{CE}{EA}=1$

3直線D、E、Fが一直線上にある　←メネラウスの定理の逆—　$\frac{AF}{FB}\cdot\frac{BD}{DC}\cdot\frac{CE}{EA}=1$

まず覚え方ですが、△ABCに着目して、頂点A、B、Cに黒い丸印●をつけます。次に、△ABCと直線lの交点D、E、Fに白い丸印○をつけます。「黒い丸印●→白い丸印○→黒い丸印●→白い丸印○→……」の順に、黒い丸印と白い丸印を交互にた

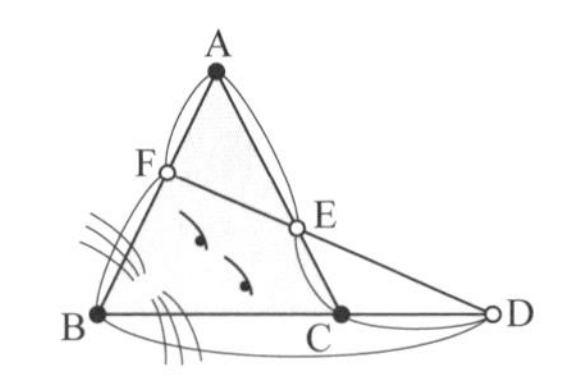

どります。なお、メネラウスの定理が適用できる図形は、その形状が「キツネ」に見えるので、図形に「キツネさん」が見えたら、メネラウスの定理を疑ってみるのもいいかもしれません。

右下図のように、△ABCとその内部にOを設定します。半直線AO、BO、COとBC、CA、ABとの交点をD、E、Fとするとき、次の式が成り立ちます。数学者チェバが証明したので、**チェバの定理**と呼ばれています。

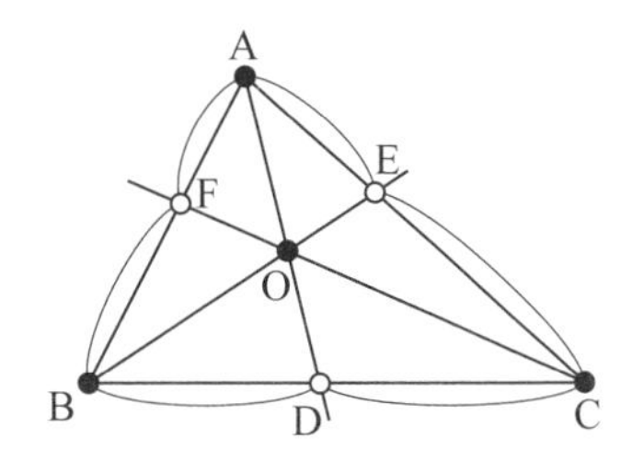

[チェバの定理]　△ABCと内部の点Oに対し、半直線AO、BO、COとBC、CA、ABとの交点をD、E、Fとするとき、次の式が成り立つ。

$$\frac{AF}{FB}\cdot\frac{BD}{DC}\cdot\frac{CE}{EA}=1$$

なお、チェバの定理にも逆があります。

[チェバの定理の逆]

△ABCにおいて、直線BC, CA, AB上にそれぞれ点D, E, Fがあり、

$$\frac{AF}{FB}\cdot\frac{BD}{DC}\cdot\frac{CE}{EA}=1$$

が成り立つときは、3直線AD、BE、CFは1点で交わる。

△ABCに対して、直線BC, CA, AB上に点D, E, Fがあるとき、

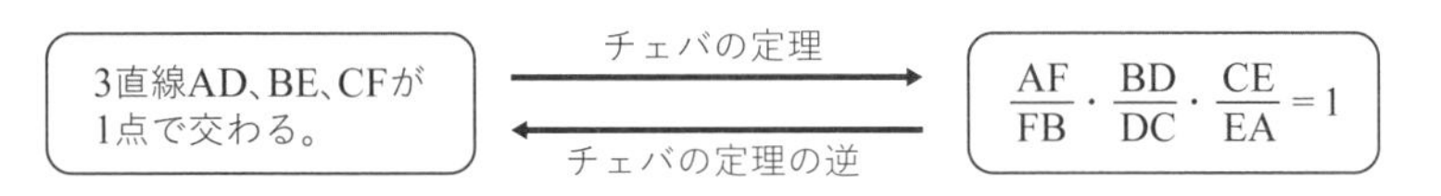

覚え方はメネラウスの定理と同様で、△ABCに着目して、頂点A、B、Cに黒い丸印●をつけます。次に、辺AB、BC、CA上の交点D, E, Fに白い丸印○をつけます。「黒い丸印●→白い丸印○→黒い丸印→●→白い丸印○→……」の順に、黒い丸印と白い丸印を交互にたどります。

正弦定理、余弦定理

証明で理解を深める

正弦定理は、$\sin\theta$(正弦)が現れる定理で、次の通りです。

［正弦定理］　△ABCにおいて次の式が成り立つ。

$$\frac{a}{\sin A} = \frac{b}{\sin B} = \frac{c}{\sin C} = 2R$$

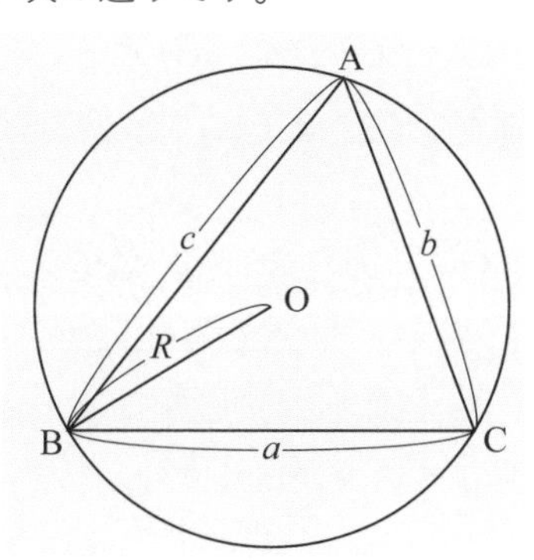

なす角と対辺の比が一定となることを表した定理です。正弦定理を学習する際に疑問に思うのは、なぜ急に円が登場するのか？ ということでしょう。

これは138ページで紹介した「正弦」の由来にも関係します。また、正弦定理の証明を見ることで、円の必要性がわかります。

円に関する問題は、中心を利用すると考えやすくなったり、計算が容易になるので、左下図のように、半直線BOと円の交点をA'とします。

弧BCの円周角より、∠A = ∠A'となります。

$$\sin A = \sin A' = \frac{a}{2R} \quad \text{式を変形して} \quad 2R = \frac{a}{\sin A}$$

となります。$\sin B$、$\sin C$も同様にすると、

$$\frac{a}{\sin A} = \frac{b}{\sin B} = \frac{c}{\sin C} = 2R$$

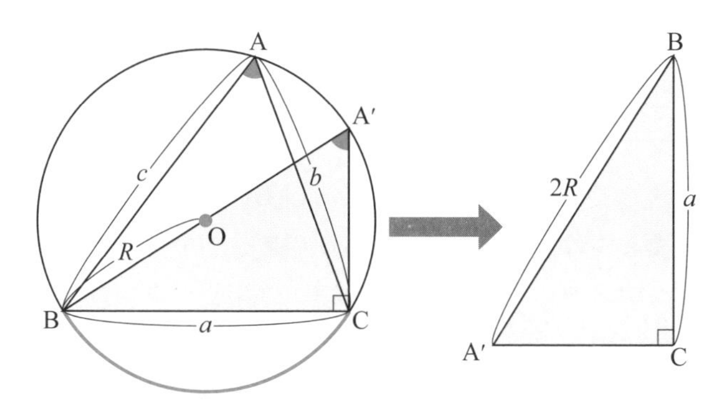

余弦定理はその名の通り、$\cos\theta$(余弦)が定理に現れますが、三平方の定理を拡張したものです。

[余弦定理]　△ABCにおいて次の式が成り立つ。

$a^2 = b^2 + c^2 - 2bc\cos A$ …①

$b^2 = c^2 + a^2 - 2ca\cos B$ …②

$c^2 = a^2 + b^2 - 2ab\cos C$ …③

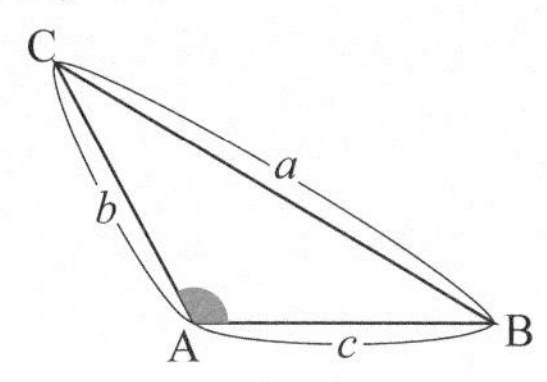

それでは、示していきましょう。

①を示すことができれば、②と③は同様の方法で示すことができます。余弦定理は鋭角の場合と鈍角の場合に分けて示すことが多いですが、効率よく一括で示していきましょう。

余弦定理に限らず、図形の問題を解く技法の一つに座標系があるので活用していきます。

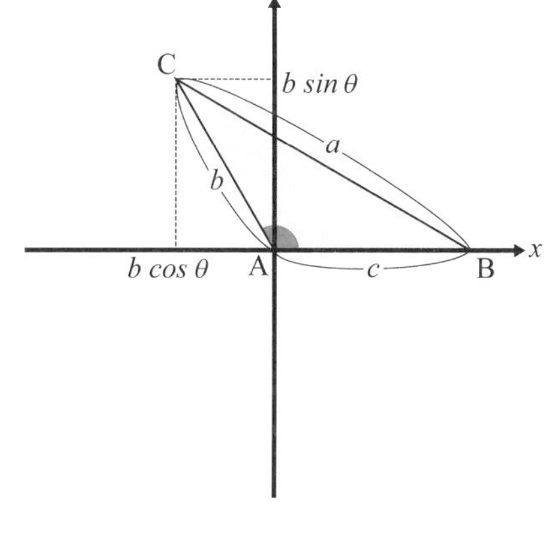

上図の三角形を右図の座標系で考えていきます。ACの長さがbで、なす角がAなので、点Cの座標は$(b\cos A, b\sin A)$となります。

ここで、点Cと点Bの2点間の距離を求めると

$\sqrt{(c - b\cos\theta)^2 + (b\sin\theta)^2}$　となりますが、BCの長さがaなので、

$a = \sqrt{(c - b\cos A)^2 + (b\sin A)^2}$

両辺を2乗して、右辺を展開すると

$a^2 = c^2 - 2bc\cos A + b^2\cos^2 A + b^2\sin^2 A$ よって $a^2 = b^2 + c^2 - 2bc\cos A$

と求めることができます。なお、角度を求める際は上の式を、

$$\cos \mathrm{A} = \frac{b^2 + c^2 - a^2}{2bc}$$

と式変形します。

余弦定理について、数式を主として示しましたが、三平方の定理のように、図を主にした証明も見ていきましょう。

右図のような、辺の長さがa, b, cの三角形を考えます。それぞれの辺の長さ分をかけ算した三角形を考え、長さが等しくなる部分を重ねていきます。

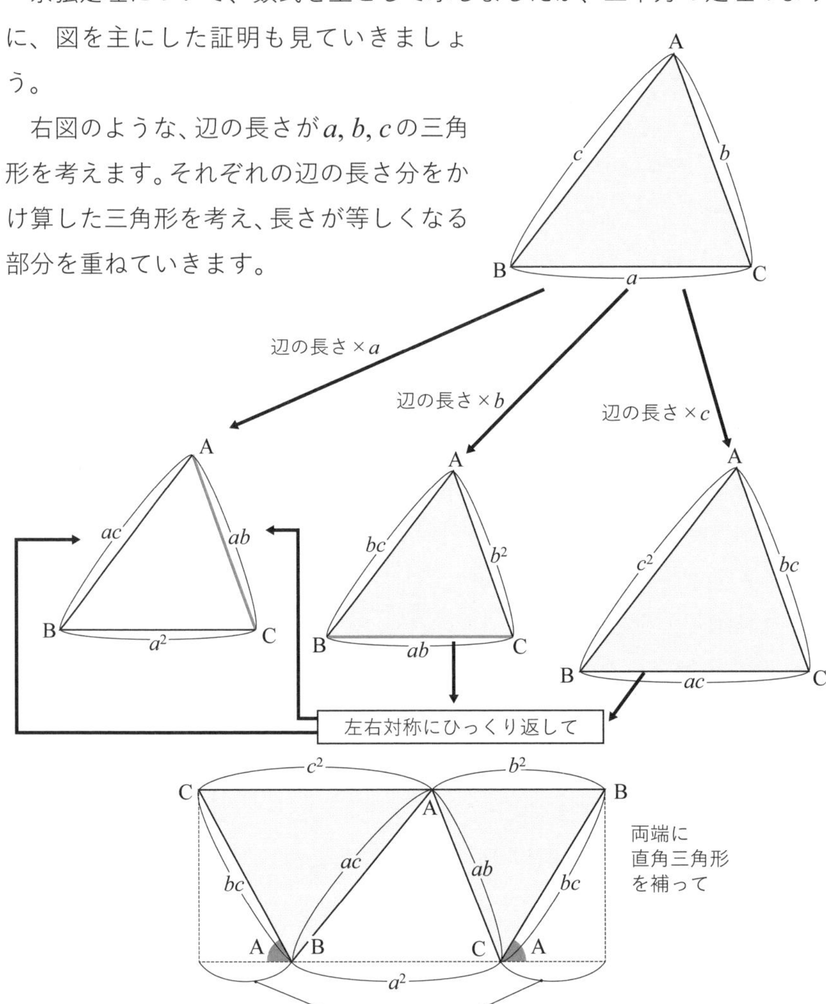

横の長さを比較すると、$b^2 + c^2 = bc \cos A + a^2 + bc \cos A$

この式を整理すると、①の「$a^2 = b^2 + c^2 - 2bc \cos A$」が導かれます。

06

トレミーの定理

数少ない対角線が使われる定理を見る

共通テストの前身のセンター試験では、内接する四角形を用いた三角比の問題がよく出題されていました。内接する四角形は基本的な問題のみならず、補助線を活用する応用性のある問題も出題でき、幅広い学力を測るセンター試験には相性のよい題材であったのかもしれません。しかし、補助線を活用する技術はなかなか身につきませんし、試験のように緊張感があって普段のパフォーマンスが出せるとは限らない場では、さらに難しく感じることでしょう。そんなとき私たちは、裏技のような抜け道にすがりたくなるもので、センター試験で出題されていた内接する四角形に関する問題に相性のよい定理があるのです。それがここで紹介する**トレミー（プトレマイオス）の定理**です。

［トレミーの定理］

円に内接する四角形ABCDにおいて、対辺の積の和は対角線の積に等しい。

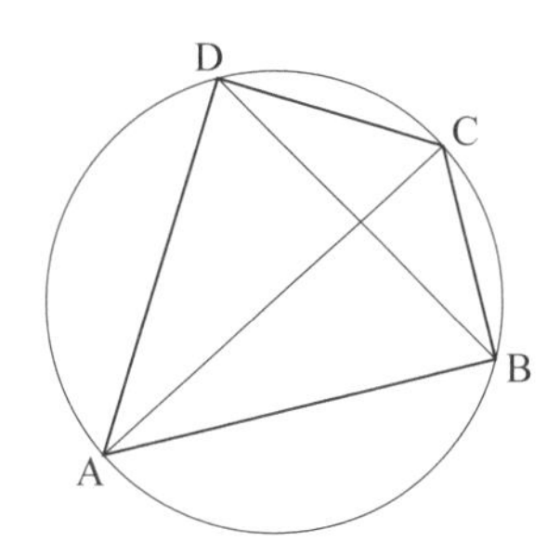

$$AB \times CD + AD \times BC = AC \times BD$$

対辺の積の和　　　対角線の積

では、示してみましょう。

対角線AC上に∠ADQ＝∠CDBとなるように点Qを設定します。∠DAQと∠CBDは弧CDの円周角（●）となるので等しいことから、△ADQと△BDCは相似な三角形となり、対応する辺の比は等しくなります。

よって、AD：AQ＝BD：BCが成り立ち、

AD × BC = AQ × BD…①となります。

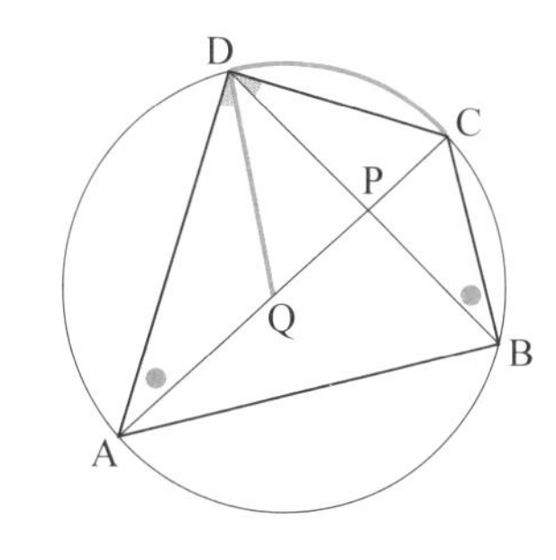

また右図のように弧ADに着目すると、∠DCQと∠DBAが円周角(■)で等しくなるので、△DCQと△DBAは相似な三角形となり、対応する辺の比が等しくなります。

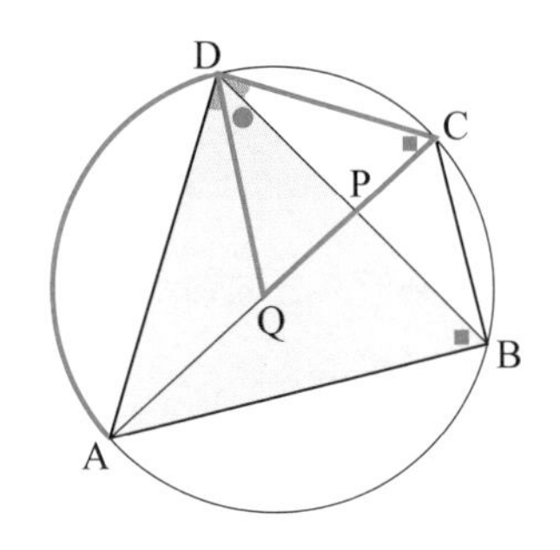

CD:CQ = BD：ABが成り立つので、
AB × CD = BD × CQ…②となります。

①と②を加えると、$\underset{\text{①の左辺}}{\underline{AD \times BC}} + \underset{\text{②の左辺}}{\underline{AB \times CD}} = \underset{\text{①の右辺}}{\underline{AQ \times BD}} + \underset{\text{②の右辺}}{\underline{BD \times CQ}}$

右辺をBDでくくると、BD(AQ + CQ) = BD × ACとなるので、AD × BC + AB × CD = BD × ACとなり、トレミーの定理が成り立つことがわかります。なお、内接する四角形が長方形(正方形)の場合にトレミーの定理を用いると、三平方の定理が導かれます。

AB × CD + AD × BC = AC × BD

ここで、AB = CD = a、BC = AD = b、AC = BD = cとすると、

$a \times a + b \times b = c \times c$　より、$a^2 + b^2 = c^2$

となります。

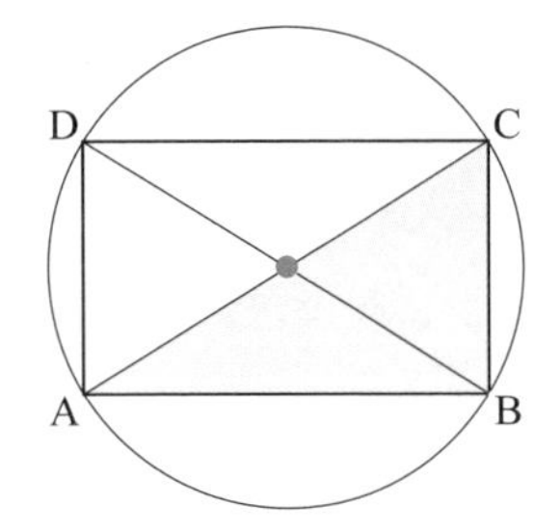

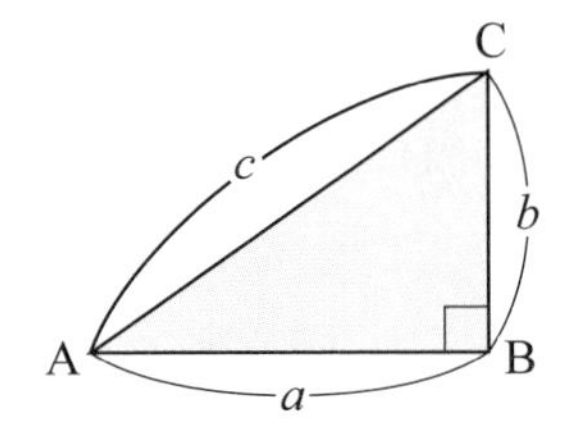

07 内接円の半径
三角形の面積で求める

本章の「三角形の五心」(306ページ)で三角形の内接と内接円を見てきましたが、**内接円の半径**rを求める際には三角形の面積Sを活用します。

まず△ABCを、内心Iと頂点A、B、Cを結んで分割します。

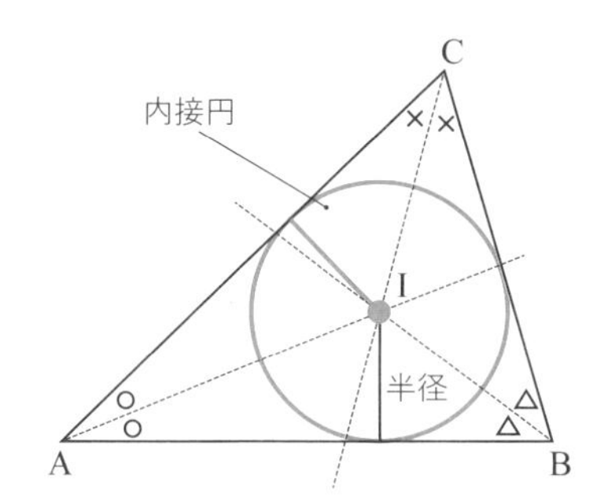

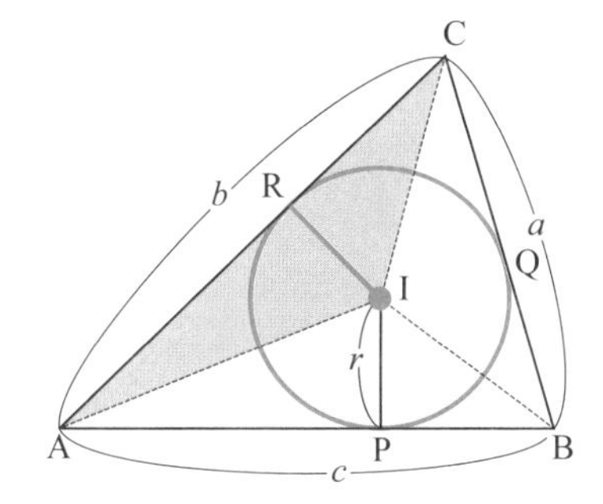

△IABの面積は$c \times r \div 2$、△IBCの面積は$a \times r \div 2$、△IACの面積は$b \times r \div 2$となります。△ABCの面積をSとすると、

$$c \times r \div 2 + a \times r \div 2 + b \times r \div 2 = S$$

$$\frac{1}{2}(a+b+c)r = S$$

これをrについて解くと、次の式が求まります。

$$r = \frac{2S}{a+b+c}$$

なお、内接円を使うことで三平方の定理を示すことができるので紹介します。

直角三角形ABCの辺BC = a、CA = b、AB = c、内接円の半径をrとします。

まず△ABCの面積Sは、

$$S = a \times b \div 2 = \frac{1}{2}ab$$

となります。

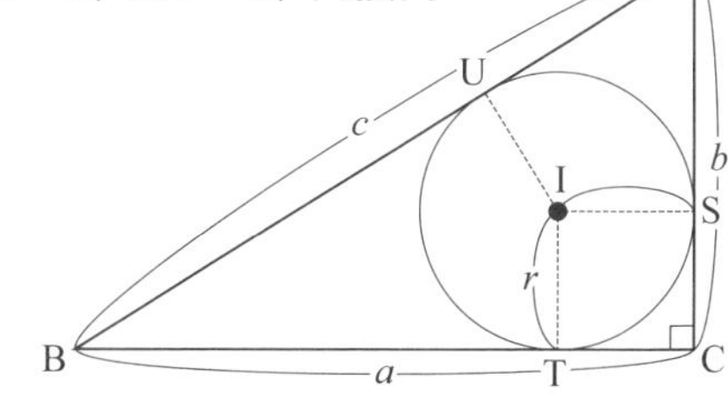

右図において、円外の点Aから引いた円の接線の接点S、Tに対して、AS = AT $= \sqrt{IA^2 - r^2}$となります。

この性質を利用していきます。

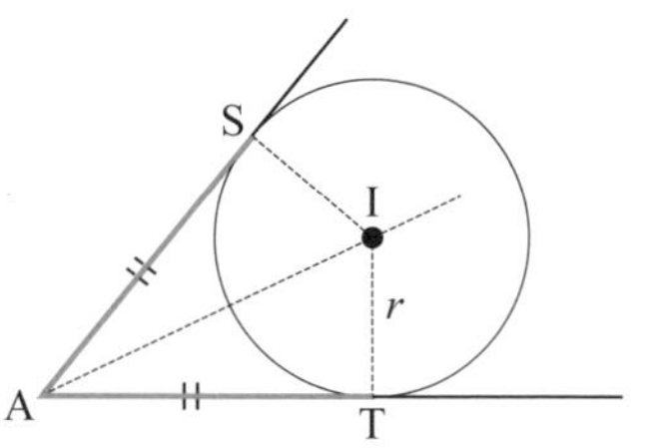

まず、SC = TC = r　なので、

BT = BC − TC = $a - r$、AS = AC − SC = $b - r$

先ほどの性質から、

BU = BT = $a - r$、AU = AS = $b - r$となり、斜辺AB = AU + BUから、

$c = (b - r) + (a - r)$となるので、$r = \dfrac{a + b - c}{2}$

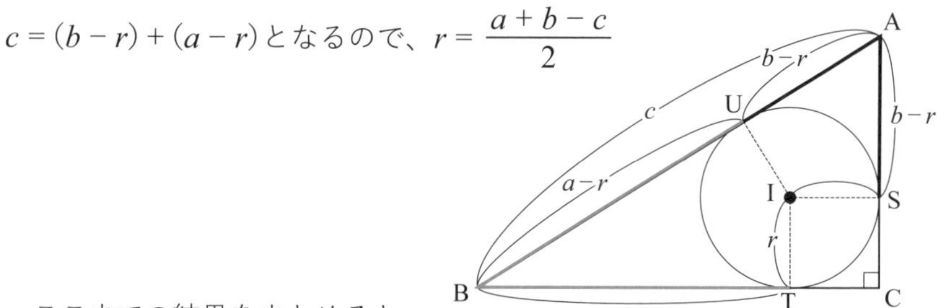

ここまでの結果をまとめると、

$\dfrac{1}{2}(a + b + c)r = S$ …①、$S = \dfrac{1}{2}ab$ …②、$r = \dfrac{1}{2}(a + b - c)$ …③

②、③を①に代入すると、

$$\frac{1}{2}(a + b + c) \cdot \frac{1}{2}(a + b - c) = \frac{1}{2}ab$$

両辺を4倍し、左辺を$(a+b)$とcに分けて、和と差の積として展開すると、

$$(a + b)^2 - c^2 = 2ab$$

左辺の$(a + b)^2$を展開して、

$$(a^2 + 2ab + b^2) - c^2 = 2ab$$

両辺から$2ab$を引き、c^2を左辺から右辺に移項すると三平方の定理です。

$$a^2 + b^2 = c^2$$

08 ヘロンの公式とブラーマグプタの公式

辺の長さから面積を求める

三角形の面積の求め方は、底辺×高さ÷2を始めとしてさまざまありますが、3辺から直接求める公式として**ヘロンの公式**があります。

［ヘロンの公式］　△ABCの3辺の長さがa, b, cのとき、△ABCの面積Sは、

$$S = \sqrt{s(s-a)(s-b)(s-c)}$$

ただし、

$$s = \frac{a+b+c}{2}$$

なお、四角形にも、ヘロンの公式に似

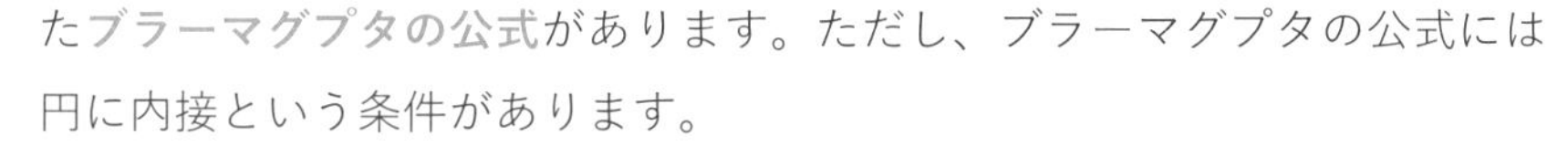

た**ブラーマグプタの公式**があります。ただし、ブラーマグプタの公式には円に内接という条件があります。

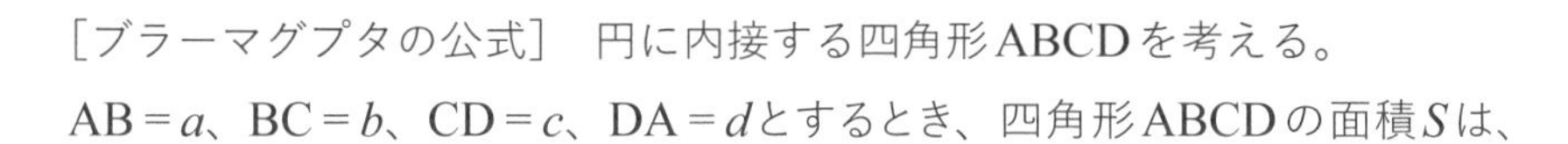

［ブラーマグプタの公式］　円に内接する四角形ABCDを考える。

AB＝a、BC＝b、CD＝c、DA＝dとするとき、四角形ABCDの面積Sは、

$$S = \sqrt{(s-a)(s-b)(s-c)(s-d)}$$

ただし、

$$s = \frac{a+b+c+d}{2}$$

とする。

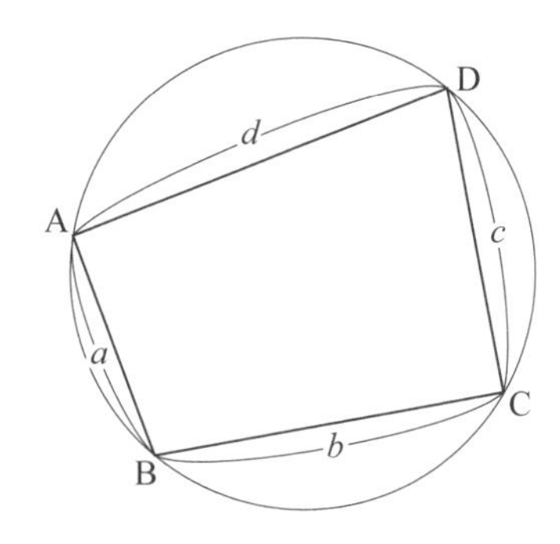

ブラーマグプタの公式は、円に内接する四角形にしか適用できないので、注意して使いましょう。

索引

記号・英数字

ア

カ

サ

タ

ナ

ハ

ワ

佐々木 淳（ささき・じゅん）

1980 年、宮城県出身。
下関市立大学教養教職機構准教授。
代々木ゼミナール数学科講師、防衛省海上自衛隊小月教育航空隊数学教官を経て、現職。
東京理科大学理学部第一部数学科卒業、東北大学大学院理学研究科数学専攻修了。
著書に『身近なアレを数学で説明してみる』
『いちばんやさしいベイズ統計入門』（ともに SB クリエイティブ）、
『図解かけ算とわり算で面白いほどわかる微分積分』（ソーテック社）、
『世界が面白くなる！身の回りの数学』（あさ出版）など。

◉── ブックデザイン　福田 和雄（fukuda design）
◉── DTP　清水 康広（WAVE）
◉── 本文図版　溜池 省三
◉── 本文イラスト　いげた めぐみ
◉── 校正　曽根 信寿

ざっくりわかる数学用語事典

2023 年 11 月 25 日　初版発行
2023 年 12 月 25 日　第 2 刷発行

著者　佐々木 淳
発行者　内田 真介
発行・発売　ベレ出版
〒162-0832　東京都新宿区岩戸町12 レベッカビル
TEL.03-5225-4790　FAX.03-5225-4795
ホームページ　https://www.beret.co.jp/
印刷　モリモト印刷株式会社
製本　根本製本株式会社

ISBN 978-4-86064-740-7 C0041　編集担当　永瀬 敏章